中国地质大学(武汉)地球系统科学实践教学系列教材

中国地质大学(武汉)教学改革项目(2021G01) 资助

三峡地区地质学实习指导手册

（第二版）

冯庆来　江海水　李益龙　等编著

图书在版编目(CIP)数据

三峡地区地质学实习指导手册/冯庆来等编著. —2 版. —武汉:中国地质大学出版社,2024.8. —(中国地质大学(武汉)地球系统科学实践系列教材). — ISBN 978 - 7 - 5625 - 5955 - 9

Ⅰ. P565

中国国家版本馆 CIP 数据核字第 20240H9U84 号

三峡地区地质学实习指导手册(第二版) 冯庆来 江海水 李益龙 **等编著**

责任编辑: 龙昭月 选题策划: 马 严 龙昭月 责任校对: 张咏梅

出版发行:中国地质大学出版社(武汉市洪山区鲁磨路 388 号) 邮政编码:430074

电话:(027)67883511 传真:67883580 E-mail:cbb@cug.edu.cn

经销:全国新华书店 https://cugp.cug.edu.cn

开本:787mm×1092mm 1/16 字数:352 千字 印张:13.75

版次:2016 年 8 月第 1 版 2024 年 8 月第 2 版 印次:2024 年 8 月第 1 次印刷

印刷:武汉市籍缘印刷厂

ISBN 978 - 7 - 5625 - 5955 - 9 定价:42.00 元

前　言

实践教学环节在高等学校人才培养方案中占据着极其重要的地位，它不是简单的学生培养手段，更重要的是被赋予了实践育人的使命，而实现这一使命的重要载体即是校外大学生实践育人基地。中国地质大学(武汉)秭归产学研基地是最具有代表性的地质类野外实践教学基地之一。从2014年开始，中国地质大学(武汉)地质学专业增设为期2周的秭归野外实践教学必修课程。为了满足教学需要，喻建新、冯庆来等16位教授、副教授于2015年编写了《三峡地区地质学实习指导手册》。该教材包含变质岩、岩浆岩和构造地质教学路线各1条，地层及古生物教学路线7条，于2016年出版。它被校内外广大师生使用，并得到大家的好评。但随着秭归地质学教学资源的更新和学科的发展，一些新开发的教学路线没有包括在该教材中，原有的教学路线已经远远不能满足目前的教学需要。所以，对该教材进行修订和补充，并尽快出版，对秭归地质学实践教学具有紧迫性和重要意义。

2023年8月，中国地质大学(武汉)地球科学学院组织17位副教授、教授启动对《三峡地区地质学实习指导手册》的修编工作。经过多次讨论，老师们对实习区10多年来研究开发的野外教学资源进行了梳理，通过分工协作，于今年4月完成初稿，后经交叉审阅，几易其稿，再经校内外专家评审和作者修改完善，形成本教材最终修编稿。

修编教材对原教材进行了详细修订，增加了常用地质分类图表，方便学生在野外描述地质现象时参考，特别是将原来的10条教学路线增加为20条(包括岩浆岩、变质岩、碳酸盐岩和碎屑岩教学路线各2条，构造地质学教学路线2条，地层学和古生物学教学路线8条，工程地质教学路线1条，地质遗迹开发及保护教学路线1条)，总字数由20万字增加到约35万字。主要教学内容涵盖2条或2条以上教学路线，保障教学工作免受交通等突发因素的影响；增加了中国地质大学(武汉)秭归产学研基地附近芝茅公路沿线的教学路线，提高实习效率；教学内容多样化，为师生提供了更多选择。从总体来看，修改后的教学路线具有4个方面的特点：突出实习区地质学特色，与周口店地质学教学内容互补，面向学科发展和社会需求，兼顾地学其他专业教学需要。

本书充分总结了前人的研究成果，针对本科生野外教学特点进行了编排。各章节内容分工如下：第一章，冯庆来。第二章第一节，江海水；第二节，王国庆；第三节、第四节，李益龙；第五节，王岸。第三章路线一和路线四，李益龙；路线二，彭松柏；路线三和路线十二，石敏；路线五，叶琴、童金南；路线六和路线十一，冯庆来；路线七，徐亚东；路线八，何卫红；路线九，郭华；路线十和路线十七，杨江海；路线十三，颜佳新；路线十四，曾佐勋和王岸；路线十五，王岸；路线十六，林启祥；路线十八和路线十九，江海水；路线二十，张雄华。第四章，王国庆和冯庆来；附录一和附录二，冯庆来和林启祥。

中国地质大学（武汉）张雄华教授、昆明理工大学张世涛教授和桂林理工大学蒙有言教授对教材进行了审阅，并提出了宝贵修改意见；中国地质大学（武汉）本科生院、地球科学学院大力支持本教材的修编工作，并资助出版；在修编过程中，杜远生、喻建新、边秋娟、刘鹏雷、余文超等老师提供了大量帮助；中国地质大学出版社编辑龙昭月进行了认真编辑和审读，在此一并表示衷心感谢！

编著者

2024年8月

目　　录

第一章　绪　论

第一节　自然地理

中国地质大学(武汉)秭归产学研基地(以下简称“秭归基地”)坐落于秭归县城西北缘，距三峡大坝水平距离约2km，基地于2002年立项，于2004年开始建设，于2005年完成一期基础建设工作，于2006年正式开展各类野外实践教学活动。

秭归县位于湖北省西部，东临宜昌市夷陵区，距离湖北省省会武汉市约400km。武汉至秭归的交通十分便利，主要经武汉至宜昌的汉宜高速或武汉至宜昌的高速铁路(每天十多个班次)到达宜昌市，再经由宜昌至秭归的专用公路抵达秭归，宜昌到秭归的班车每15min一趟。

截至2022年底，秭归全县辖8镇4乡，分别为茅坪镇、屈原镇、归州镇、沙镇溪镇、两河口镇、郭家坝镇、杨林桥镇、九畹溪镇，水田坝乡、泄滩乡、磨坪乡、梅家河乡(图1-1-1)，全县共有167个行政村、12个居民委员会，1111个村(居)民小组。全县常住人口约31.03万人，户籍人口36.19万人(2022年末)，国土面积2274km²。2022年，地区生产总值为205.04亿元。

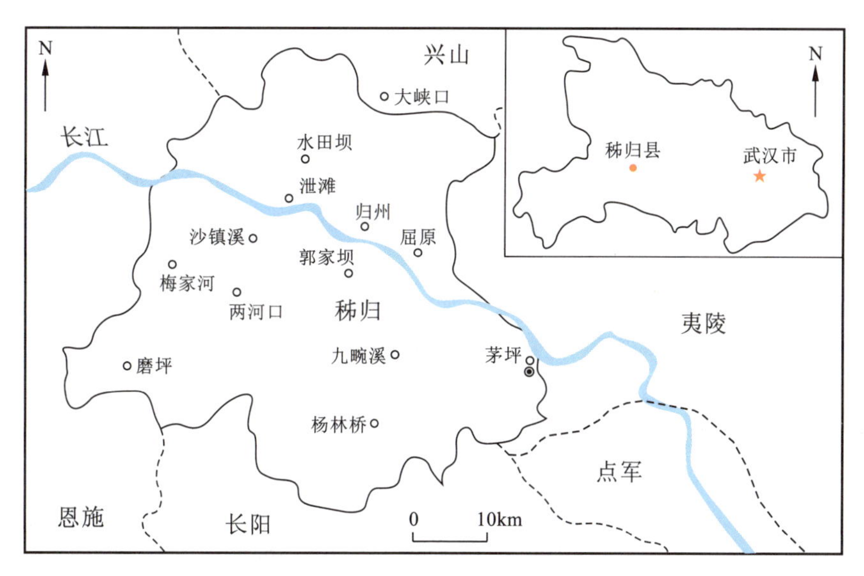

图1-1-1　实习区地理位置

秭归矿产资源丰富，县境内已探明的矿产资源有20多种，主要有铁矿、金矿、煤矿、石灰石、重晶石等。秭归水力资源也很丰富，长江横贯县境，水电开发潜力巨大，有中小型水电站20座，已成为全国农村水电初级电气化建设县，是全国农村水电中级电气化建设试点县。火电装机容量 3 万 kW,年发电量可达 1.8 亿 kW · h。

全县耕地面积为 2.23 万 hm^2($1hm^2=10\ 000m^2$),园地面积为 2.79 万 hm^2,林地面积为 15.16 万 hm^2,多以荒山、林地为主,是一个典型的山区农业县。近些年来,由于大力发展多种经济和市场农业,全县基本形成了高山烤烟和反季节蔬菜、中山茶叶、板栗、低山柑橘的农业生产基地格局。秭归县农特资源丰富多样,盛产柑橘、茶叶、烤烟、板栗、魔芋等,其中脐橙、锦橙、桃叶橙和夏橙号称"峡江四秀",尤以脐橙最为著名。全县脐橙种植面积已达 15 万亩(1 亩≈666.67m^2),因为规模大、品质好,秭归被农业部命名为"中国脐橙之乡",所产脐橙多次获得优质水果金奖和"中华名果"称号。

实习区处于我国地形三大阶梯的第二阶梯大巴山山系的东端,属长江上游下段三峡河谷地带的鄂西南山区,山脉走向为北东-南西向或北西-南东向。实习区属中亚热带季风性湿润气候,由于高山夹持,下有水垫,因此 600m 以下形成逆温层,即在冬天形成沿江两岸的冬暖带,年均气温 18℃,极端最低温只有-3℃,年无霜期为 306 天,空气相对湿度为 72%,年降雨量约 1016mm,夏季常有大到暴雨,容易造成洪涝灾害和水土流失。

第二节　区域地质研究历史

长江三峡黄陵穹隆地区是我国区域地质调查研究较早和研究程度较高的地区之一。1863—1914 年,先后有美国庞德勒、德国李希霍芬等人在三峡一带做过粗略的地质调查。20 世纪 20 年代,我国近代地质学主要奠基人李四光和赵亚曾(1924)完成了长江三峡两岸秭归—宜昌段地层地质构造调查,奠定了本区的地层构造格架。之后,老一辈著名地质学家谢家荣、赵亚曾、许杰、尹赞勋、卢衍豪、张文堂等先后又进行了更为深入的研究,为本区区域地质研究打下了坚实的基础。

1949 年后,先后有数十家单位和部门在本区进行了全面的地质调查或矿产勘查工作。20 世纪 50 年代末至 60 年代初,杨遵仪先生带领北京地质学院师生在本区开展了宜昌幅西半幅 1∶20 万区域地质调查,对三峡地区各时代地层进行了系统研究。此后,湖北省区域地质调查队开展了宜昌幅东半幅 1∶20 万区域地质调查,并于 1970 年与宜昌幅西半幅、长阳幅合并出版。

20 世纪 70 年代,湖北省地质局、湖北省地质博物馆和宜昌地质矿产研究所联合组成的三峡地层组(1978)和中国科学院南京地质古生物研究所(1978)又分别对本区震旦纪至二叠纪地层进行了深入研究。20 世纪 80 年代,由宜昌地质矿产研究所牵头,联合地质矿产部地质研究所和湖北省地质研究所,通过系统深入研究先后出版了震旦纪(赵自强等,1985)、早古生代(汪啸风等,1987)、晚古生代(冯少南等,1985)、三叠纪—侏罗纪(张振来等,1985)以及白垩纪—新近纪(雷奕振等,1987)的系统研究成果,对长江三峡地区的震旦纪至新近纪地层古生物进行了系统研究和总结,使该区有关岩石地层、生物地层、年代地层的研究达到了当时国内的领先水平,其中震旦系、震旦系/寒武系界线和奥陶系/志留系界线的研究成果达到了当时国际的先进水平。为配合宜昌市城市发展规划编制,由湖北省鄂西地质大队主导的团队,于 1986—1990 年利用已有资料编制完成了 1∶5 万宜昌市地质图,随后于 1991 年完成 1∶5 万莲沱(西)幅和三斗坪(西)幅区域地质填图。

20 世纪 90 年代中后期以来,在国土资源部(现为自然资源部)和国务院三峡移民局的支持下，由宜昌地质矿产研究所完成的《长江三峡珍贵地质遗迹保护和太古宙—中生代多重地层划分和海平面升降变化》(汪啸风等，2002)填补了该区层序地层和太古宙—中元古代研究的薄弱环节，进一步提高了该区地层古生物，尤其是地层层序和年代地层的研究水平。此间，湖北省地质局鄂西地质队又完成了 1∶5 万分乡场幅和 1∶5 万莲沱(东)幅区域地质填图。

21 世纪初，国土资源部开展新一轮国土资源大调查以来，中国地质调查局武汉地质调查中心(原宜昌地质矿产研究所，以下简称武汉地调中心)、中国地质科学院地质所、南京地质古生物研究所等单位先后围绕本区震旦纪生物多样性事件和年代地层单位划分，以及中国南方震旦系和下古生界年代地层单位的划分和对比开展了一系列研究，完成的震旦系年代地层单位划分和对比研究成果进一步完善了震旦系内部年代地层系统(陈孝红等，2002)。武汉地调中心、中国科学院南京地质古生物研究所分别牵头完成的宜昌王家湾上奥陶统赫南特阶和宜昌黄花场中/下奥陶统及奥陶系第三个阶(大坪阶)全球界线层型剖面和点位(global boundary stratotype section and point，GSSP)即“金钉子”的研究，极大地推动了全球和区内奥陶系年代地层学的研究。此外，中国地质大学(北京)和中国地质科学院地质所等单位在本区震旦系年代学研究方面也取得了可喜的成果，并相继在 *Nature*、*Episodes* 等国际刊物上发表，引起了国际同行的关注，使本区震旦系剖面在全球埃迪卡拉系再划分中的作用得到了极大的提升。

长江三峡黄陵穹隆地区不仅是我国地层学研究的热点地区，同时也是我国地质灾害调查和防治的重点地区。水利部长江水利委员会、长江三峡勘测大队及湖北省水文地质工程地质大队、四川南江水文队、湖北省地震局、湖北省地质局和武汉地调中心等多家单位在测区内围绕长江三峡大坝的建设开展了 1∶10 万、1∶20 万、1∶50 万区域水文、工程、灾害地质的普查及详查工作，编写了有关调查研究报告，并在山体稳定性和岩崩、滑坡的地质调查方面取得了重要的进展。此外，20 世纪 70 年代以来，武汉地震队、湖北省水文二队、长办地震台、湖北省地震局等对实习基地附近的仙女山、九畹溪、天阳坪断裂的活动性进行了多年系统观测。长江水利委员会、中国地质大学(武汉)等多家单位对本区断裂也进行了详细的研究。这些调查与研究工作极大地丰富了实践教学内容。

20 世纪 90 年代以后，国内外一大批大专院校、科研院所的研究人员、师生，在扬子克拉通黄陵穹隆地区前南华纪变质基底、新元古代花岗杂岩，以及南华纪以来沉积地层等方面进行了许多卓有成效的专题研究工作，特别是在黄陵穹隆北部太古宙灰色片麻岩(TTG 质片麻岩)的形成时代及地质意义(高山等，1990；马大铨等，1992)、古元古代构造-岩浆-变质热事件的时代及其地质构造意义(凌文黎等，2000；Qiu et al.，2000；Zhang et al.，2006；郑永飞等，2007；张少兵等，2007；熊庆等，2008；彭敏等，2009；Yin et al.，2013)、新元古代黄陵花岗杂岩的成因与时代(马大铨等，2002；李志昌等，2002；李益龙等，2007；Zhang et al.，2008，2009；Wei et al.，2013；Zhao et al.，2013)、震旦系陡山沱组底部“盖帽”白云岩中冷泉碳酸盐的发现与新元古代“雪球地球”事件的关系(Jiang et al.，2003；王家生等，2005，2012；Wang et al.，2008)、震旦纪及寒武纪古海洋研究(朱茂炎，2010；McFadden et al.，2008；Ling et al.，2013)、中—新元古代庙湾蛇绿混杂岩的发现识别及其大地构造意义(彭松柏等，2010；Peng et al.，2012)、中生代—新生代黄陵穹隆隆升的时代及成因机制(沈传波等，2009；刘海军等，2009；Ji et al.，2013)等方面取得了许多重要的新进展。这些新进展使黄陵穹隆地区成为研究华南扬子克拉通早前寒武纪大陆地壳生长演化、前寒武纪超大陆(哥伦比亚、罗迪尼亚超大陆)聚合与裂解、地球早期生命起源与演化、新元古代“雪球地球”事件、中新生代陆内伸展与裂解等地球科学前沿领域重大科学问题的热点地区，极大地丰富了实习基地的实践教学资源。另外，这些新进展为重新认识黄陵穹隆地区在我国华南地区乃至世界范围地质构造演化中独一无二的学术研究地位和本实习指导手册的编写提供了重要的科学研究基础。

第三节　实习目的、任务和要求

对于实践性极强的高等学校的地球科学专业来说，野外实践教学是高素质人才培养的关键环节。中国地质大学自1952年建校以来，十分注重学生野外实践教学和动手能力的培养，中国地质大学(武汉)周口店野外地质实践教学示范中心和北戴河野外实践教学基地历来是本校地质学专业本科生的重点野外教学实习基地。这两个实习区的地质现象丰富、经典，甚至有些地质景点是其他地区无法取代的。但院校管理部门和广大师生也越来越深刻地认识到，这样的实践教学仍存在一些问题：第一，随着人们对自然资源的开发和人类活动范围的扩大，这两个实习区一些经典的、不可再生的地质现象遭受破坏，严重影响室外教学的效果；第二，由于这两个实习区均位于华北地区，本校毕业生长期缺乏“华南型”地质作用及其地质记录的观察培训，这种偏北方型的教学模式影响了南方就业学生对工作区地质的熟悉程度，制约着他们的快速发展；第三，这两个实习区在“金钉子”剖面、沉积环境分析、火山岩岩石类型野外识别等方面均存在地质教学资源不足的现象。

根据上述野外教学现状分析，笔者制订秭归地区野外教学实习目标如下：①增加华南地区野外实践教学，指导学生观察华南型地层、岩石及构造特征，要求教员引导学生了解华南地区与华北地区地层层序及其演化规律的异同；②掌握华南地区地质历史发展过程，弥补在华北地区地质实习中的薄弱环节，使学生野外地质知识和地质技能得到全面发展；③设置专题路线，要求学生独立完成野外调查和地质资料的收集，培养学生独立观察和分析地质问题的能力，掌握举一反三的地学思维和地质工作方法。

秭归基地位于风景优美的鄂西三峡地区。该地区也是我国开展地质研究历史悠久的地区，从地质研究到矿产调查等各个方面，都进行了广泛而细致的工作，积累了大量的资料，取得了重大的研究成果。同时，三峡地区地质现象丰富、内容齐全，是一个天然的地质历史博物馆。区内沉积了从元古宙到新生代的一系列地层，记录华南板块沧海桑田的地质历程，保存的古生物化石丰富，门类齐全，如陡山沱组庙河生物群、灯影组雾河生物群等；实习区的岩浆岩不仅有著名的黄陵花岗岩，也有近年来研究较多的邓村变基性—超基性岩；区内地质构造现象发育，既有基底韧性变形构造，也有盖层脆性构造；区内长江三峡枢纽工程及库区地质灾害监测防治工程更是闻名世界。

教学资源的建设是野外实践教学基地建设的核心，是培养高素质人才的抓手。实践教学教材建设是教学资源建设的中心工作，野外地质教学路线开发和优选是实践教学教材建设的灵魂。秭归实习区地质现象丰富多彩，针对上述教学目标，本实习指导手册遴选和开发了20条教学路线供野外实践教学选择。这些野外地质教学路线如下：

路线一　茅垭崆岭杂岩地质观察

路线二　小溪口中—新元古代变基性—超基性岩、变质岩系地质观察

路线三　芝茅公路周家店新元古代黄陵花岗杂岩及岩脉观察

路线四　莲沱新元古代黄陵花岗岩地质观察

路线五 九龙湾新元古代南华纪—震旦纪地层层序观察
路线六 滚石坳埃迪卡拉纪—寒武纪地层层序和古生物观察
路线七 黄花场奥陶系大坪阶全球界线层型点位观察
路线八 王家湾上奥陶统赫南特阶全球界线层型剖面和点位观察
路线九 长阳向家口新元古代地层层序及沉积特征观察
路线十 青林口新元古界莲沱组—南沱组层序及沉积特征观察
路线十一 铁匠岩南华纪—寒武纪地层层序观察
路线十二 芝茅公路罗家新元古代南华纪—古生代寒武纪地层层序观察
路线十三 芝茅公路碳酸盐岩沉积特征及沉积环境分析
路线十四 长阳肖家台构造地质和寒武纪—奥陶纪地层层序观察
路线十五 周坪仙女山断裂及伴生构造观察
路线十六 五龙—文化晚奥陶世—二叠纪地层层序和古生物观察
路线十七 文化—王家岭中三叠纪—中侏罗世地层层序观察
路线十八 吕家坪晚古生代二叠纪地层层序和古生物观察
路线十九 链子崖地层层序及地质灾害观察
路线二十 G348 宜昌城区—三峡大坝地质科普公路地质遗迹及其保护开发

由于地质类不同专业的培养目标不同，不同时间段的气候和交通条件也不同，各教学团队可以根据教学需要和具体实习条件，从这 20 条野外地质教学路线中选择合适的教学内容，制订各自的教学计划。本教材为不同教学团队、不同实习条件提供了“菜单化”的野外地质教学路线，为秭归基地实践教学的顺利实施奠定了坚实的保障基础。

第二章 区域地质

第一节 区域地层与古生物

一、区域地层概况

实习区地处湖北省宜昌市，宜昌地区的地层区划属华南地层大区→扬子地层区→上扬子地层分区(湖北省地质矿产局，1996)。区内地层发育齐全，是扬子区地层研究的经典地区，包括新元古界南华系—下古生界志留系标准剖面以及2个“金钉子”剖面，依次出露有元古宇、古生界以及中新生界等，尤以新元古界至下古生界研究程度最高，晚三叠世以来全部为陆相地层。

二、实习区地层

实习区地处湖北省宜昌市秭归县，宜昌地区的大部分地层在实习区都能观察到，具体见表2-1-1。

表2-1-1 三峡地区综合地层表

年代地层单位				岩石地层单位			代号	厚度/m	岩性简述
界	系	统	阶	群	组	段			
新生界	第四系	全新统					Qh	0～50	砾石、砂砾、含砂黏土
		更新统					Qp_3	＞15	砾石层，黑色黏质砂土及黄褐色砂质黏性土
							Qp_2	102	砾石层、紫红色含砾石砂质黏性土，褐红色网纹状黏性土
							Qp_1	21～27	砾石层，黄褐色、棕黄色粉砂夹黏土质粉砂
	古近系	始新统			牌楼口组		E_2p	323～962	底部为灰黄色—浅紫红色厚层状砂岩，整体以砂岩为主，夹细砂岩、泥岩
					洋溪组		E_2y	100～520	以灰褐色、淡红色、灰白色中—厚层状灰岩为主，夹杂色泥岩
		古新统			龚家冲组		E_1g	60～470	底部棕红色厚层—块状角砾岩、砾岩或砂砾岩；中、上部紫红色泥岩和粉砂岩，夹褐黄色、棕红色、灰白色砂岩及灰绿色泥岩

续表 2-1-1

年代地层单位				岩石地层单位			代号	厚度/m	岩性简述
界	系	统	阶	群	组	段			
中生界	白垩统	上统			跑马岗组		K_2p	170～890	棕黄色夹灰绿色、黄绿色的杂色砂岩、粉砂岩、粉砂质泥岩和泥岩
					红花套组		K_2h	158～1080	鲜红色、棕红色块状细砂岩，夹砾岩及粉砂岩、泥岩
					罗镜滩组		K_2l	50～1000	灰红色、紫红色、灰色厚层—块状砾岩，夹粉砂岩透镜体
		下统			五龙组		K_1w	0～1696	紫红色、棕红色中—厚层状砂岩，含砾砂岩，夹砾岩、泥质砂岩
					石门组		K_1s	12～186	紫红色、紫灰色块状砾岩，夹砖红色细砂岩透镜体
	侏罗系	上统			蓬莱镇组		J_3p	1223～1943	紫灰色长石石英砂岩与泥（页）岩不等厚互层，夹黄绿色页岩及生物碎屑灰岩，含介形虫类、叶肢介类、轮藻及双壳类
					遂宁组		J_3s	571～1065	紫红泥（页）岩，夹岩屑长石砂岩、粉砂岩，含介形虫类、轮廓叶肢介类及双壳类
		中统			沙溪庙组		J_2sh	1986	黄灰色、紫灰色长石石英砂岩与紫红色、紫灰色泥（页）岩不等厚韵律互层
					千佛崖组		J_2q	390	紫红色、绿黄色泥岩、粉砂岩、细粒石英砂岩，夹介壳灰岩
		下统		香溪群	桐竹园组		J_1t	280	黄色、黄绿色、灰黄色砂质页岩、粉砂岩及长石石英砂岩，夹碳质页岩及薄煤层或煤线
	三叠系	上统			九里岗组		T_3j	41～142	以黄灰色和深灰色粉砂岩、砂质页岩、泥岩为主，夹长石石英砂岩及碳质页岩，含煤层或煤线3～7层
		中统			巴东组		T_2b	75～91	紫红色粉砂岩、泥岩，夹灰绿色页岩
		下统			嘉陵江组		T_1j	728	灰色中—厚层状白云岩、白云质灰岩，夹灰岩、岩溶角砾岩
					大冶组		T_1d	1000	灰色、浅灰色薄层状灰岩，中上部夹厚层状灰岩，下部夹含泥质灰岩或黄绿色页岩
上古生界	二叠系	乐平统	吴家坪阶		吴家坪组		P_3w	84～103	灰色中厚—厚层状、块状含燧石团块的泥晶灰岩、生物碎屑灰岩
		阳新统	冷坞阶		孤峰组		P_2g	0～50	深黑色薄层状硅质岩、硅质页岩，产菊石及苔藓虫化石
			茅口阶		茅口组		P_2m	88.9	灰色、浅灰色厚层—块状含燧石结核生物碎屑微晶灰岩，藻屑微(泥)晶灰岩，生物碎屑砂屑亮晶灰岩
			祥播阶		栖霞组		P_2q	88.9	深灰色、灰黑色厚层状含燧石结核（或团块）生物碎屑泥晶灰岩
			罗甸阶		梁山组		P_2l	3.8～4.2	下部为灰白色中厚层状细砂岩、粉砂岩、泥岩及煤层，上部为黑色薄层状泥岩夹灰岩透镜体

续表 2-1-1

年代地层单位				岩石地层单位			代号	厚度/m	岩性简述
界	系	统	阶	群	组	段			
上古生界	石炭系	上统	达拉阶 滑石板阶		黄龙组		C_2h	11.4	灰色、浅灰肉红色厚层状灰岩，含灰质白云岩角砾、团块
	泥盆系	上统	法门阶		写经寺组		D_3x	11.66	上部为砂页岩，时夹含鲕绿泥石菱铁矿及煤线；下部为泥灰岩、灰岩或白云岩，时夹页岩及鲕状赤铁矿层等
			弗拉阶		黄家磴组		D_3h	12.8～15	以黄绿色和灰绿色页岩、砂质页岩、砂岩为主，时夹鲕状赤铁矿层
		中统	吉维特阶		云台观组		$D_{2-3}y$	85.9	灰白色中—厚层状或块状石英岩、细粒石英砂岩，夹灰绿色泥质砂岩
下古生界	志留系	兰多维列统	特列奇阶		纱帽组	四段	S_1sh^4	205～800	灰黄色、灰褐色中—薄层状细砂岩，夹紫红色薄层状粉砂岩
						三段	S_1sh^3		黄绿色中厚层状长石石英砂岩，夹粉砂质泥岩、薄层状泥质粉砂岩
			埃隆阶			二段	S_1sh^2		黄绿色薄层状粉砂质泥质岩、泥质粉砂岩，夹灰白色薄层状细砂岩
						一段	S_1sh^1		灰黄色、黄绿色薄层状泥岩，灰色薄层状粉砂岩，黄绿色含粉砂质泥岩
					罗惹坪组		S_1lr	73.7～172	下部为黄绿色泥岩、页岩，夹生物灰岩、泥灰岩；中部为黄灰色泥岩、灰岩；上部为黄绿色泥岩、粉砂质泥岩
					新滩组		S_1x	400～1360	灰绿色、黄绿色页岩、砂质页岩、粉砂岩，夹薄层状粉砂岩
			鲁丹阶		龙马溪组		S_1l	576.5	黑色、灰绿色薄层状粉砂质泥岩、石英粉砂岩，偶夹薄层状石英细砂岩，产大量笔石
	奥陶统	上统	赫南特阶		五峰组	观音桥段	O_3w^g	0.17～0.3	黑灰色、黄褐色或浅紫灰色含石英粉砂黏土岩、黏土岩，产赫南特动物群
			凯迪阶			笔石页岩段	O_3w^b	5.44	黑灰色微薄—薄层状含有机质石英细粉砂质水云母黏土岩，夹黑灰色微薄—薄层状微晶硅质岩
					宝塔组		O_3b	8.4～18.4	灰色、浅紫红色或灰紫红色中厚层状龟裂灰岩夹瘤状泥质灰岩，以产头足类 *Sinoceras sinensis* 等为特点
		中统	桑比阶 达瑞威尔阶		庙坡组		$O_{2-3}m$	3.1～6.6	黄绿色、灰黑色钙质泥岩、粉砂质泥岩，黄绿色页岩，夹薄层状生物屑灰岩透镜体，富含笔石

续表 2-1-1

年代地层单位				岩石地层单位			代号	厚度/m	岩性简述
界	系	统	阶	群	组	段			
下古生界	奥陶系	中统	达瑞威尔阶		牯牛潭组		O_2g	20.06	青灰色、灰色及紫灰色薄—中厚层状生物碎屑灰岩、砾屑灰岩与瘤状泥质灰岩互层
			大坪阶		大湾组	上段	$O_{1-2}d^3$	21.55	黄绿色薄层状粉砂质泥岩夹生物碎屑灰岩或呈不等厚互层状
						中段	$O_{1-2}d^2$	7.7	紫红色、灰绿色或浅灰色薄层状生物碎屑泥晶灰岩、瘤状泥质灰岩，夹少许钙质泥岩
						下段	$O_{1-2}d^1$	25.5	灰绿色、深灰色、浅灰色薄层状灰岩，间夹极薄层状黄绿色页岩
		下统	弗洛阶		红花园组		O_1h	45.9	灰色、深灰色中—厚层状夹薄层状灰岩，下部偶夹页岩
					分乡组		O_1f	22～54	下部为灰色中厚层状灰岩夹灰绿色薄层状泥岩，上部为灰色薄层状生物碎屑灰岩夹泥岩
			特马豆克阶		南津关组		O_1n	209.77	底部为生物碎屑灰岩、灰岩；下部为白云岩；中部为含燧石灰岩、鲕状灰岩、生物碎屑灰岩，含三叶虫；上部为生物碎屑灰岩，夹黄绿色页岩，富含三叶虫、腕足类等
	寒武系	芙蓉统			娄山关组		$\in_2O_1l$	约673	灰色—浅灰色薄层—块状微细晶白云岩、泥质白云岩夹角砾状白云岩，局部含燧石
		第三统	台江阶		覃家庙组		$\in_2q$		以薄层状白云岩和泥质白云岩为主，夹中—厚层状白云岩及少量页岩、石英砂岩
		第二统	都匀阶		石龙洞组		$\in_1sl$	86.3	浅灰色—深灰色至褐灰色中—厚层状白云岩、块状白云岩，上部含少量钙质及燧石团块
					天河板组		$\in_1t$	88～108	深灰色及灰色薄层状泥质条带灰岩，含丰富的古杯类和三叶虫
					石牌组		$\in_1sh$	294	灰绿色—黄绿色黏土岩、砂质页岩、细砂岩、粉砂岩，夹薄层状灰岩、生物碎屑灰岩
			南皋阶		水井沱组		$\in_1s$	168.5	灰黑色或黑色页岩、碳质页岩，夹灰黑色薄层状灰岩
		纽芬兰统	梅树村阶 晋宁阶		岩家河组		$\in_0y$	20～50	灰色硅质泥岩、白云岩、黑色碳质灰岩，夹碳质页岩
新元古界	震旦系	上统			灯影组	白马沱段	Z_2dy^b	17.5	灰白色厚—中层状白云岩，局部层段硅质条带、结核发育
						石板滩段	Z_2dy^s	36	深灰色、灰黑色薄层状含硅质泥晶灰岩，极薄层状泥晶白云岩条带发育
						蛤蟆井段	Z_2dy^h	133.4	灰色—浅灰色中层状夹厚层状内碎屑白云岩

续表 2-1-1

年代地层单位				岩石地层单位			代号	厚度/m	岩性简述
界	系	统	阶	群	组	段			
新元古界	震旦系	下统			陡山沱组	四段	Z_1d^4	0～8.4	黑色薄层状硅质泥岩、碳质泥岩，夹透镜状灰岩
						三段	Z_1d^3	35～65	下部为灰白色厚层状夹中层状白云岩；上部为薄层状粉晶白云岩
						二段	Z_1d^2	75～235	深灰色—黑色薄层状泥质灰岩、白云岩与薄层状碳质泥岩不等厚互层
						一段	Z_1d^1	3.3～5.5	灰色、深灰黑色厚层状含硅质白云岩，发育帐篷状构造
	南华系				南沱组		Nh_2n	50～200	灰绿色夹紫红色块状冰碛砾岩、含冰砂砾泥岩，偶见薄层状粉砂质泥岩
					大塘坡组		Nh_2d	0～20	含碳质粉砂质页岩、粉砂岩、含锰质页岩夹菱锰矿
					古城组		Nh_2g	3～17	灰绿色块状冰碛砾岩，夹粉砂质泥岩
					莲沱组	上段	Nh_1l^2	39～63	紫红色、灰白色凝灰质砂岩，紫褐色、黄绿色砂岩，砂质页岩
						下段	Nh_1l^1	91～105	红色、棕紫色及黄绿色粗—中粒长石石英砂岩、长石砂岩
中元古界				崆岭岩群	庙湾岩组		$Pt_2m.$	864.12	具条带状、条纹状构造的斜长角闪片岩，夹石英岩、角闪斜长片麻岩及石榴角闪片岩
					小渔村岩组		$Pt_2x.$	799.85	中—下部为含石墨黑云斜长片麻岩、大理岩、钙硅酸盐岩-石英岩组合；上部为斜长角闪岩夹黑云斜长片麻岩、石英片岩及富铝片麻岩与片岩；顶部偶见大理岩透镜体
					古村坪岩组		$Pt_2g.$	>812	黑云(角闪)斜长片麻岩(或变粒岩)夹斜长角闪岩

(一)太古宇

实习区太古宇出露于古村坪村大桥以南，露头良好，局部地段风化严重，为组成扬子克拉通太古宙结晶基底的 TTG 质(tonalite-trondhjemite-granodiorite，英云闪长岩-奥长花岗岩-花岗闪长岩)片麻岩与镁铁质包体。岩石组合稳定，主体为 TTG 质片麻岩，普遍混合岩化，含有大量的镁铁质包体，另有大量的基性岩墙群侵入。与上覆小渔村岩组呈不整合接触。

(二)元古宇

实习区元古宇出露以新元古界为主，中元古界也有不少出露，古元古界除宜昌市、兴山县有少量出露的水月寺岩群片麻岩、片岩、斜长角闪岩、石英岩及大理岩外，其他地区很少出露古元古界，本书不再叙述。

1. 中元古界崆岭岩群($Pt_2K.$)

“崆岭岩群”由李四光等(1924)在长江三峡峡东地区创建的“崆岭片岩”演变而来。谢家荣等(1925)将“三斗坪群”中黄陵花岗岩之外的其他片麻岩与片岩称为“前震旦系结晶片岩、片麻岩”。北京地质学院(1950)将宜昌西部黄陵穹隆核部黄陵花岗岩之外的变质岩系称为“崆岭岩群”,并自下而上分为古村坪组、小以村组、庙湾组,时代归属前震旦纪。湖北省区域地质测量队(1984)将黄陵穹隆黄陵花岗岩体以南宜昌棒子厂一带的崆岭岩群划分为上、中、下3个岩组,时代归属元古宙。湖北省地质矿产局(1990)则将黄陵穹隆核部除黄陵花岗岩体和太平溪超基性岩体之外的所有中高级变质岩系均称“崆岭岩群”,内部仅划分上、中、下3个岩组,时代归属新太古代—古元古代。鄂西地质大队(1990)将“崆岭岩群”的地质实体定义为黄陵花岗岩体以南黄陵新穹南部结晶基底这套古老的变质岩系,内部自下而上仍沿用“古村坪组、小渔村组、庙湾组”,时代则归属为中元古代。1996年,该套地层在湖北岩石清理行动中称“崆岭岩群”,内部各组相应名称为“古村坪岩组、小渔村岩组、庙湾岩组”。

1)古村坪岩组($Pt_2g.$)

古村坪岩组是一套由巨厚层状黑云(角闪)斜长片麻岩(或变粒岩)夹斜长角闪岩组成的变质岩系,其特征是岩石组合稳定、单一,中、下部均不含石墨、大理岩,上部开始零星出现含石墨(矽线石)黑云斜长片麻岩,与上覆小渔村岩组的大量含石墨片麻岩呈整合接触,下部因黄陵花岗岩的侵入而不完整。厚度大于812m。

地质特征及区域变化:本岩组出露于宜昌市邓村地区古村坪跳鱼滩、红桂香、梅家湾及长岭—石牌岭等地,组成梅纸厂向斜的北翼。自下而上,斜长角闪岩夹层由多变少,上部尚见夹少量含黑云长石石英岩、含石墨(矽线石)黑云斜长片麻岩及黑云变粒岩。在区域上,本岩组延伸稳定,岩貌单一,岩石有轻度混合岩化现象。据岩石地球化学特征判别,本岩组原岩属玄武质、英安质、安山质、流纹质火山岩,陆源碎屑岩很少。

2)小渔村岩组($Pt_2x.$)

小渔村岩组上部为斜长角闪岩夹黑云斜长片麻岩、石英片岩及富铝片麻岩与片岩,顶部偶见大理岩透镜体,与上覆庙湾岩组呈整合接触。中—下部为含石墨黑云斜长片麻岩,大理岩,钙硅酸盐岩-石英岩组合,底部以开始大量出现含石墨片麻岩及长石石英岩为标志,与下伏古村坪岩组呈整合接触,厚度为799.85m。

地质特征及区域变化:本岩组主要出露在夷陵梅纸厂地区的天宝山、小趋村、猴子寨、青龙包、郭家垭、小溪口、白虎包、碑坪垭和橙树坪等地,组成梅纸厂向斜、端坊溪背斜及一些北东向小型褶皱的翼部。该岩组底部以长石石英岩与大量含石墨片麻岩组合为标志,与下伏古村坪岩组整合分界。岩组下部以黑云斜长片麻岩为主,夹含石墨黑云斜长片麻岩、含石墨黑云片岩、含黑云长石石英岩、含矽线石榴黑云斜长片麻岩、含石榴红柱二云石英片岩、黑云矽线红柱石英片岩以及少量黑云变粒岩与斜长角闪岩,即以富含石英岩、石墨、富铝矿物的片麻岩为特征,构成岩组下部富铝层;中部则以大理岩及钙硅酸盐岩为主,夹黑云斜长片麻岩及少量石英岩与斜长角闪岩,方解白云石(白云石、方解石)大理岩与透闪透辉岩、透辉岩、含方解斜长透辉岩及含方解透闪岩等钙硅酸盐岩共生,并且在区域上稳定延伸构成了显著的标志;上部以斜长角闪岩为主体,间有各类角闪岩及长英质、钙硅酸盐质、铁镁质、富铝质的石英片岩,角闪片岩或石英片岩以及多种类石英岩的产出显示其特有的岩貌。同时,石榴子石在上部各类岩石中普遍存在,并常与红柱石、矽线石、蓝晶石和刚玉等共生,构成了小渔村岩组上部富铝层。

3)庙湾岩组($Pt_2m.$)

庙湾岩组为一套厚度巨大,岩性单一,具条带状、条纹状构造的斜长角闪片岩,夹石英岩、角闪斜长片麻岩及石榴角闪片岩，以巨厚—厚层状斜长角闪片岩的出现为标志，与下伏小渔村岩组整合分界，顶被震旦纪莲沱组不整合覆盖。厚度为864.12m。

地质特征及区域变化：本岩组出露于宜昌市梅纸厂雀家坪、庙湾、青树岭、欢喜垭一带，构成梅纸厂向斜核部。该岩组以薄层状、中一厚层状、巨厚层状斜长角闪片岩为主，发育硅质条带状、条纹状构造，夹石英岩、角闪斜长片麻岩及石榴角闪片岩，在区域上稳定延伸。斜长角闪片岩的岩石地球化学特征反映其为海相喷发的玄武岩变质而成。因此，该岩组代表了崆岭岩群形成时代晚期玄武岩浆喷溢作用的产物。

4)崆岭岩群的时代讨论

崆岭岩群的原岩成岩时代被推定为中元古代，主要依据如下。

(1)崆岭岩群不但被黄陵花岗岩体与太平溪超基性岩体侵入，而且被震旦纪莲沱组不整合覆盖。

(2)鄂西地质大队在崆岭岩群小渔村岩组与庙湾岩组中曾采集到丰富的疑源类，其中一些与北方长城系特有的壳很薄、纹饰简单疑源类相当，仍然是一种相对原始的分子，如 *Trachysphaeridium simplex*、*Leiopsophosphaera minor*。“这些化石的分布层位比较稳定。虽然从建立这些属、种到现在已有近20年的时间，但至今未在更高的地层中发现”(邢裕盛等，1985)。但绝大多数为长城纪—蓟县纪具有承先启后和穿时特征的微古植物群，如 *Leiopsophosphaera apertus*、*L. densa*、*Asperatopsophosphaera umishanensis* 等。从整体来看，上述崆岭岩群的疑源类形成了中元古代长城纪—蓟县纪的微古植物群落。

(3)鄂西地质大队于崆岭岩群小渔村岩组含石墨黑云片麻岩中取4组锆石进行Pb-Th法同位素年龄测定，所获数据在韦瑟里尔谐和图上一致曲线的上交点年龄为(1991±30)Ma。同时，在庙湾岩组的斜长角闪岩中采取6种样品进行Sm-Nd法测定，所获数据的全岩等时线年龄为(1608±81)Ma。

(4)侵入于崆岭岩群的太平溪变基性—超基性杂岩体的梅纸厂变基性—超基性序列各单元岩石Sm-Nd法等时线年龄为(1282±86)Ma；侵入于崆岭岩群的三斗坪中粒角闪黑云中粒英云闪长岩锆石U-Pb法同位素年龄数据在韦瑟里尔谐和图一致曲线上的交点年龄为(931±38)Ma。此外，构成黄陵花岗岩深成杂岩体主体的黄陵庙花岗岩序列，不但侵入于崆岭岩群，而且侵入于梅纸厂序列与茅坪序列(包含三斗坪侵入体)，这些侵入体均被南华纪莲沱组不整合覆盖。因此，它们的年龄数据与相互关系为确定原岩成岩时代为中元古代提供了重要佐证。

2. 新元古界

实习区新元古界包括南华系(成冰系)和震旦系(埃迪卡拉系)，自下而上分为莲沱组、古城组、大塘坡组、南沱组、陡山沱组和灯影组。

1)莲沱组(Nh_1l)

“莲沱组”由刘鸿允、沙庆安(1963)所创的“莲沱群”演变而来。该地层曾为李四光等(1924)、王日伦(1960)、赵宗溥(1954)、湖北省地质矿产局地质科学研究所(1962)、湖北省区域地质测量队(1970)、中南地区区域地层表编写组(1974)置于南沱组下部。刘鸿允等(1963)将其独立分出创名为莲沱群。三峡地层研究组(1978)改称莲沱组，从此广为引用。

莲沱组指黄陵花岗岩与南沱组之间的一套紫红色—暗紫红色的中—厚层状砂砾岩、含砾粗砂岩、长石石英砂岩、石英砂岩、细粒岩屑砂岩、长石质砂岩，夹凝灰质岩屑砂岩、含砾岩屑凝灰岩，碎屑粒度由下而上由粗变细。其顶界与南沱组冰碛砾岩底面呈平行不整合接触，底界与黄陵花岗岩呈不整合接触。本组岩性可分为两段：下段为紫红色、棕黄色中厚—厚层状砂砾岩，含砾粗砂岩，长石质砂岩，凝灰质砂岩，凝灰岩等，底部有时具砾岩，厚 39～63m；上段为紫红色、灰绿色中厚层状细粒岩屑砂岩，长石质砂岩夹凝灰质岩屑砂岩、晶屑玻屑凝灰岩等，厚度为 91～105m。

据赵自强等（1988），本组产微古植物化石共计 11 属 19 种，其中主要是球藻亚群：*Leiopsophosphaera minor*、*Trachysphaeridium plamum* 等。另外，赵自强等（1985）采自峡东莲沱组凝灰岩的锆石 U－Pb 年龄为（748±12）Ma。

2）古城组（Nh_2g）

该组由马国干、李华芹、张自超于 1984 年命名，赵自强、张树森、丁启秀于 1985 年介绍。正层型为湖北长阳古城岭-张家坡子剖面，所指实体为平行不整合于莲沱组之上、又被间冰期沉积所覆盖的冰碛层。在古城剖面，其下部为灰绿色块状冰碛砾岩，所含砾石表面具擦痕、压坑等构造；上部为砂砾岩、含砾砂质黏土岩及粉砂质黏土岩（具微细水平层理，偶见坠石）。厚度为 3～17m。

3）大塘坡组（Nh_2d）

该组由江荣吉于 1967 年命名，命名地点位于贵州省松桃县大塘坡锰矿区，初指南沱组内的含锰层位。1980 年，马国干等将其引入湖北省长阳古城地区古城组之上的含碳质粉砂质页岩、粉砂岩、含锰质页岩夹菱锰矿这一含锰岩系。该组在古城地区厚 0～20m，与下伏古城组呈整合接触，与上覆南沱组呈平行不整合接触。

4）南沱组（Nh_2n）

该组由 Blackwelder（1907）于宜昌市南沱创名，李四光等（1924）称南沱层，后王日伦（1960）称南沱组，经刘鸿允、赵庆安（1963）修定，限李四光、王日伦等的南沱层或南沱组中之冰碛岩为南沱组，此后广为引用。

南沱组为灰绿色夹紫红色块状冰碛砾岩（杂砾岩）、含冰砂砾泥岩，上部夹层状砂岩透镜体，冰碛砾岩（杂砾岩）中的砾石分选性差，表面具擦痕，与上覆陡山沱组白云岩及下伏大塘坡组或莲沱组均呈平行不整合接触。厚度为 50～200m。

赵自强等（1988）在南沱组中已发现微古植物化石 11 属 24 种，其中主要为球藻亚群的 *Leiopsophosphaera minor*、*Trachysphaeridium rugosum* 等及柱面藻亚群、带状藻类、褐藻碎片等。

5）陡山沱组（Z_1d）

“陡山沱组”由李四光等（1924）创名的“陡山沱岩系”演变而来，命名地点在宜昌市陡山沱。北京地质学院（1961）将这段地层置于灯影群的下部，称陡山沱组；中国地质科学研究院地质研究所（1962）将它归于灯影组下部，称陡山沱层；刘鸿允等（1963）改称陡山沱组，此后一直沿用至今。

陡山沱组整合在灯影组之下，平行不整合于南沱组之上，顶部以黑色碳质页岩与上覆灯影组分界，底部以一层“盖帽”白云岩与下伏南沱组分界。它自下而上可以分为 4 段：一段为灰色、深灰黑色厚层状含硅质白云岩，薄—中层状白云岩、灰质白云岩，厚度为 3.3～5.5m；二段为深灰色—黑色薄层状泥质灰岩、白云岩夹薄层状碳质泥岩，呈不等厚互层状韵律，含泥质和硅质磷质结核，厚度为 75～235m；三段下部为灰白色厚层状夹中层状白云岩、粉晶—细晶白云岩，燧石结核及条带发育，上部为薄层状粉晶白云岩，厚度为 35～65m；四段为黑色薄层状硅质泥岩、碳质泥岩，夹透镜状灰岩，厚度为 0～8.4m。

陡山沱组的黑色页岩及含磷白云岩中含有丰富的微古植物化石，据赵自强等(1988)的统计有 50 属约 90 种，其中主要有球藻亚群、棱形藻亚群及开口的球形微古植物等。该组中钙质海绵、硅质海绵、几丁虫类等的出现，表明本组时代为震旦纪早期。

6)灯影组(Z_2dy)

"灯影组"由李四光等(1924)创建的"灯影石灰岩"演变而来，命名地点在宜昌市西北 20km 长江南岸石牌村至南沱村的灯影峡。该地层曾被北京地质学院(1961)称为"灯影群上部灯影组"。中国地质科学院(1962)将陡山沱层与灯影灰岩合称灯影组，刘鸿允等(1963)将灯影石灰岩称灯影组，后被沿用至今。灯影组原指平行不整合于牛蹄塘组(水井沱组)之下、整合于陡山沱组之上的一套地层。赵自强等(1985)曾将灯影组自下而上分为蛤蟆井段、石板滩段、白马沱段及天柱山段。由于现天柱山段时代划归寒武纪，因此笔者将灯影组分为 3 段：下部蛤蟆井段，灰色—浅灰色中层状夹厚层状内碎屑白云岩、细晶白云岩、含硅质细晶白云岩，厚度为 133.4m；中部石板滩段，深灰色、灰黑色薄层状含硅质泥晶灰岩，偶夹燧石条带，极薄层状泥晶白云岩条带发育，产宏观藻类，厚度为 36m；上部白马沱段，灰白色厚—中层状白云岩，夹中—薄层状细晶白云岩，局部层段硅质条带、结核发育，顶部硅磷质白云岩产小壳动物化石，厚度为 17.5m。

前人在峡东地区对灯影组古生物进行过系统的采集与研究，总计有微古植物化石 25 属 55 种，以及后生植物文德带藻属与基拉索带藻属、软体后生动物及其遗迹化石等，时代为震旦纪晚期。

(三)古生界

1. 寒武系

国际上的寒武系 4 分，分别为纽芬兰统、第二统、第三统和芙蓉统，本书分别以$\in_0$、$\in_1$、$\in_2$、$\in_3$ 标示。

1)岩家河组($\in_0 y$)

"岩家河组"由马国干、陈国平(1981)创名，标准地点在宜昌三斗坪岩家河，原归属于水井沱组底部非三叶虫段。其岩性主要是灰色硅质泥岩、白云岩、黑色碳质灰岩，夹碳质页岩，厚度为 20～50m。与下伏灯影组、上覆水井沱组均为连续沉积。小壳动物化石可以分为上、下两个组合，即下组合 *Circotheca* - *Anabarites* - *Protohertzina*，上组合 *Lophotheca* - *Aldanella* - *Maidipingoconus*，可与梅树村阶第 1、第 2 组合对比。

2)水井沱组($\in_1 s$)

1957 年张文堂从李四光(1921)所创立的石牌页岩下部发现一套新的三叶虫动物群层位，其中不含 *Redlichia*，遂创建水井沱组一名，标准地点在宜昌石牌村东南约 400m 的水井沱。后经北京地质学院(1960)及张树森等(1978)修订后，水井沱组由灰黑色或黑色页岩、碳质页岩，夹黑色薄层状石灰岩组成，含三叶虫 *Sinodiscus shipaiensis*、*S. similis*、*S. changyangensis*、*Tsunyidiscus ziguiensis*、*T. sanxiaensis*、*Hupeidiscus orientalis*、*H. elevatus*，以及腕足类、海绵骨针、软舌螺等，与下伏地层呈整合或平行不整合接触。

水井沱组岩性比较稳定：一般下部以碳质页岩为主，夹灰岩或白云质灰岩；上部以灰岩为主，夹黑色页岩或碳质页岩。厚度为 168.5m。水井沱组的三叶虫以古盘虫亚目的佩奇虫科分子为主，被称为峡东型动物群；其次有莱德利基虫目莱德利基虫科的分子。它们都是湖北省寒武纪早期的典型动物群分子。本组可与陕西南郑、宁强、勉目、镇巴等地的郭家坝组（或水井沱组），以及川西南、云南一带的筇竹寺组，重庆城口一带的凉水井组对比，属第二统（$\in_1$）。

3）石牌组（$\in_1 sh$）

"石牌组"由李四光等（1924）创名的"石牌页岩"演变而来，创名地点在宜昌市北 20km 长江南岸的石牌村。经张文堂等（1957）、北京地质学院（1960）、三峡地层研究组（1978）等的多次修正，厘定石牌页岩黑色地层之上的非黑色岩系为石牌组。本书统一采用鄂西峡东地区经三峡地层研究组（1978）厘定的石牌组含义。

石牌组由一套灰绿色—黄绿色黏土岩、砂质页岩、细砂岩、粉砂岩，夹薄层状灰岩、生物碎屑灰岩组成，含三叶虫化石。底界以灰绿色砂质页岩与水井沱组黑色页岩夹灰黑色薄层状灰岩呈整合接触；顶界以页岩、粉砂岩夹灰岩与天河板组灰色泥质条带灰岩呈整合接触。厚度为 294m。

石牌组化石丰富，以产以 *Redlichia* 为主的三叶虫生物群为特征，其中主要有 *R. kobayashi*、*R. meitanensis*、*Palaeolenus lantenoisi*、*Kootenia yichangensis*、*Ichangia conica*、*Neocobboldia hubeiensis* 等，尚有腕足类，说明本组属都匀期早期。

4）天河板组（$\in_1 t$）

"天河板组"由张文堂等（1957）创建的"天河板石灰岩"演变而来，创名地点在宜昌市西北约 20km，石牌村至石龙洞之间的天河板。

天河板组整合于石牌组之上、石龙洞组之下，由深灰色及灰色薄层状泥质条带灰岩组成，局部夹少许黄绿色页岩及鲕状灰岩，含丰富的古杯类和三叶虫。下部以泥质条带灰岩与石牌组灰绿色薄层状砂质页岩分界；上部以泥质条带灰岩与石龙洞组厚层状白云岩分界。厚度为 88～108m。

天河板组盛产古杯类和三叶虫，古杯类主要有 *Archaeocyathus hupeiensis*、*A. yichangensis*、*Retecyathus communis*、*Protophretra* sp.，*Sanxiacyathus hubeiensis* 等。三叶虫主要有 *Megapalaeolenus deprati*、*M. obsoletus*、*Palaeolenus minor*、*Kootenia ziguiensis*、*Xilingxia convexa*、*X. yichangensis* 等。天河板组时代为都匀期中期。

5）石龙洞组（$\in_1 sl$）

"石龙洞组"由王钰（1938）创建的"石龙洞石灰岩"演变而来，创名地点在宜昌市西北约 18km 的长江南岸石龙洞。张文堂等（1967）厘定原"石龙洞石灰岩"内中、上部不含古杯化石的大套厚层状白云岩为"石龙洞石灰岩"（狭义）。此后广为沿用，遂称石龙洞组。

石龙洞组系一套浅灰色—深灰色至褐灰色中—厚层状白云岩、块状白云岩，上部含少量钙质及燧石团块。底部以厚层状白云岩与下伏天河板组泥质条带灰岩呈整合接触，顶以厚层状白云岩与上覆覃家庙组亦为整合接触。厚度为 86.3m。

该组生物化石稀少，仅在通山珍珠口、南漳朱家峪两地采到了三叶虫化石：前者有 *Reldlichia* sp.、*Yuekesinszella* sp.；后者有 *Redlichia* sp.、*R.*（*Redlichia*）*guizhouensis coniformis*、*R.*（*Pteroredlichia*）*murakami*。根据以上所列三叶虫化石，石龙洞组时代属于都匀期晚期。

6）覃家庙组（$\in_2 q$）

"覃家庙组"由王钰（1938）创建的"覃家庙薄层石灰岩"演变而来，创名地点在宜昌市覃家庙。卢衍豪(1968)改称“覃家庙群”,孙振华等(1988)称“覃家庙组”,湖北省区域地质测量队(1968)创建为“茅坪组”,汪啸风等(1987)恢复为“覃家庙群”,湖北省地质矿产局(1996)整理邻近省区的协调意见,采用覃家庙组。

覃家庙组指位于石龙洞组和娄山关组(三游洞组)两套厚层碳酸盐岩层之间的一套以薄层状白云岩和薄层状泥质白云岩为主,夹中—厚层状白云岩及少量页岩、石英砂岩的岩层,岩层中常有波痕、干裂构造,并有石盐和石膏假晶的地层。该组上与娄山关组(三游洞组)中—厚层状白云岩呈整合接触,下与石龙洞组厚层状白云岩呈整合接触。

该组已获得三叶虫的主要分子有 *Solenoparina trogus*、*S.? pingshanpaensis*、*Xingrenaspis* sp.、*Schopfaspis hubeiensis*、*S. zhaojipingensis*,尚有腕足类等化石。据此,覃家庙组时代属台江期。

7)娄山关组($\in_2 O_1 l$)

本组组名由丁文江于1930年创建和1942年发表的“娄山关石灰岩”演变而来,创名地点在贵州省遵义与桐梓间的娄山关。此后,一直为广大地质工作者所沿用。

娄山关组为位于南津关组与覃家庙组或石龙洞组间的一套灰色—浅灰色薄—至块状微细晶白云岩、泥质白云岩夹角砾状白云岩,局部含燧石的地层层序。本组下以灰色、灰绿色粉砂质白云质泥岩及中厚—厚层状白云岩的消失与覃家庙组分界,上以浅灰色、灰白色中—薄层状白云岩的消失与南津关组生物碎屑灰岩分界。厚度约673m。

本组一般化石稀少,目前仅在一些含灰质较高的灰质白云岩、白云质灰岩、灰岩中获得较好的三叶虫化石,如在咸丰丁砦、土乐坪,恩施椿木槽、茶山至太阳河,宜昌新坪等地于本组下部靠上层位中发现三叶虫 *Paranomocare hubeiensis*、*P. guizhouensis*、*Paramenocephalites acis*、*Xianfengia binodus*、*X. puteata*、*Crepicephalina hubeiensis*、*Poshania* sp.等,据此,该层位应属寒武纪第三世晚期。本组中下部产三叶虫 *Fangduia subeylindrlca*、*Artaspis xianfengensis*、*Liaoningaspis sichuanensis*、*Stephanoare* sp.、*Blackwelderia* sp.等,相当于我国寒武纪芙蓉世早期。本组中上部产三叶虫 *Enshia typical*、*E. brevica* 等,上部产三叶虫 *Saukia enshiensis*、*Calvinella striata* 等及牙形石 *Teridontus nakamurai*、*Eoconodontus notchpeakensis*、*Cordylodus proavus*,说明本组中上部至上部是寒武纪芙蓉世中晚期。本组顶部(距顶界7～40m不等)产牙形石,主要以产 *Hirsutodontus simplex*、*Moncostodus sevierensis* 等为特征,其所在层位应属早奥陶世早期。总之,本组地质时代为寒武纪第三世至早奥陶世特马豆克期,是一个穿时较长的岩石地层单位。

2. 奥陶系

1)南津关组($O_1 n$)

“南津关组”由张文堂(1962)所创的“南津关石灰岩组”演变而来,创名地点在湖北宜昌南津关。该地层为李四光、赵亚曾(1924)“宜昌石灰岩”的上部,王钰(1938)“三游洞石灰岩”的顶部和分乡统,许杰、马振图(1948)“宜昌建造”的下、中部,杨敬之、穆恩之(1951,1954)“宜昌建造”和分乡页岩。湖北省地质局(1978)将张文堂(1962)所创名的“南津关石灰岩组”分为南津关组和分乡组,又于1996年将南津关组和分乡组合并称为南津关组。本书中的南津关组为湖北省地质局(1978)的涵义。

南津关组指整合于娄山关组与红花园组之间的一套以浅灰色、灰色中—厚层状碳酸盐岩为主的地层层序。底部为生物碎屑灰岩、灰岩，含三叶虫、腕足类等，其底界以生物碎屑灰岩的出现为标志；下部为白云岩；中部为含燧石灰岩、鲕状灰岩、生物碎屑灰岩，含三叶虫；上部为生物碎屑灰岩夹黄绿色页岩，富含三叶虫、腕足类等。厚度为 209.77m。

本组底部和上部普遍含有较丰富的三叶虫、笔石和腕足类，从下至上含有丰富的牙形石，尚有头足类、介形虫类等化石。其中，三叶虫主要以 *Asaphellus inflatus*、*Dactylocephalus dactyloldes*、*Asaphopsis immanis*、*Szechuanella szechuanensis*、*Tungtzuella szechuanensis* 等为代表，笔石为 *Dictyonema asiaticum*、*D. belliforme yichangensis*、*Callograptus curoithecalis*、*Dendrograptus yini*、*Acanthograptus sinensis*、*Adelograptus* sp. 等，牙形石以 *Codylodus angulodus*、*Sanxiagnathus sanxiaensis*、*Acanthodus costalus*、*Glyptoconus quadraplicatus*、*Paltodus deltifer*、*Acodus hamulus*、*Drepanoistodus pitjanti*、*Triangulodus bicostatus* 等为代表。以上化石足以说明本组时代属于早奥陶世早期。

2)分乡组(O_1f)

“分乡组”一名由张文堂(1962)率先从王钰(1938)的“分乡统”引申而来，标准地点在宜昌分乡镇西边女娲庙北山坡上。

分乡组下部为灰色中厚层状砂屑生物碎屑鲕粒灰岩夹灰绿色薄层状泥岩，或呈不等厚互层；上部为灰色薄层状生物碎屑灰岩夹泥岩。厚度为 22～54m。分乡组各门类化石均较丰富，笔石化石主要分布于上部，包括两个笔石化石带，下为 *Acanthograptus sinensis* 带，上为 *Adelogruptus* - *Kiaerograptus* 带，三叶虫主要有 *Dactylo phallus*、*Psilocephalina*、*Szechuanella* 及 *Asaphopsis*、*Tunghzuella*、*Goniophrys*、*Coscnia*、*Protopliomerops*、*Parapilekia*，牙形石主要有 *Paltodus deltifer*、*Acodus hamulosus*、*Paroitodus inistus*。分乡组时代为弗洛期。

3)红花园组(O_1h)

“红花园组”由张鸣韶、盛莘夫(1940)创名和刘之远(1948)介绍的“红花园石灰岩”演变而来。张文堂(1962)称“红花园石灰岩组”。穆恩之等(1979)将黄花场剖面富含头足类、腕足类及海绵化石之灰黑色厚层状灰岩称为“红花园组”。从此以后，在岩性方面均循穆氏之见。

红花园组指整合于南津关组灰岩夹页岩或灰岩之上，大湾组页岩之下，由灰色、深灰色中—厚层状夹薄层状微晶—粗晶灰岩和生物碎屑灰岩组成，常含燧石结核和透镜体，下部偶夹页岩，含丰富的头足类、海绵骨针及三叶虫、腕足类，局部为瓶筐石生物礁。厚度为 45.9m。

本组除富含头足类、海绵骨针外，还有牙形石、腕足类、三叶虫等化石，其中头足类为 *Coresanoceras*、*Manchuroceres*、*Clitendoceras*、*Oderoeras*、*Chaohuceras*、*Recorooceras*、*Hopeioceras*、*Kerkoceras*、*Teratoceras*、*Belmnoceras* 等；海绵骨针有 *Achaeocyathus* (*Achaeocyathus*) *chihiensis* 等；牙形石主要有 *Triangulodus bicostatus*、*Tropodus yichangensis*、*Acodus suberectus*、*Serratognathus* sp.。本组时代为早奥陶世。

4)大湾组($O_{1-2}d$)

“大湾组”由张文堂等(1957)创名的“大湾层”演变而来，创名地点在宜昌县(现称宜昌市)分乡场女娲庙大湾村。张文堂(1962)将“大湾层”扩大而包括计荣森(1940)的“湄潭页岩”和李四光等(1924)的“扬子贝层”，称“大湾组”，此后一直沿用至今。

大湾组为一套富含腕足类、三叶虫、笔石等泥质含量较高的碳酸盐岩地层，与上覆牯牛潭组中厚层状灰岩和下伏红花园组深灰色厚层状含头足类粗晶生物碎屑灰岩均呈整合接触。本组自下而上分为3段：下段为灰绿色、深灰色、浅灰色薄层状含生物碎屑泥晶灰岩、微晶灰岩间夹极薄层状黄绿色页岩，厚度为25.5m；中段为紫红色、灰绿色或浅灰色薄层状生物碎屑泥晶灰岩、瘤状泥质灰岩，夹少许钙质泥岩，厚度为7.7m；上段为黄绿色薄层状粉砂质泥岩夹生物碎屑灰岩或呈不等厚互层状，厚度为21.55m。

本组生物化石特别丰富，其中以笔石、牙形石、头足类、腕足类和三叶虫等的研究较详细。据汪啸风等(1983)研究，大湾组笔石从下而上建立4个笔石带：①*Didymograptus bifidus* 生物带，②*Azygograptus suecicus* 带，③*Glyptograptus sinodentatus* 带，④*G. austrodentatus* 带。据倪世钊等(1987)，本组牙形石从下而上建立4个牙形石生物带：①*Oepikodus evae* 生物带，②*Baltoniodus triangularis* 生物带，③*B. navis* - *Paroistodus parallelus* 生物带，④*P. originalis* 生物带。其中①～③生物带产于本组下部，④生物带产于本组中部。据赖才根、徐光洪(1987)，本组头足类从下而上建立3个带：①*Bathmoceras* 生物带，②*Protocycloceras depraty* 生物带，③*Protocycloceroides* - *Cochlioceroides* 生物带。腕足类以 *Yangtzeella*、*Sinorthis*、*Martellia*、*Leptella*、*Lepidorthis*、*Euorthisina* 等属特别繁盛。据卢衍豪(1975)，三叶虫有37个属种，后经项礼文、周天梅(1987)的进一步研究建立两个生物带，下部为 *Pseudocalymenea cylindrica* 生物带，上部为 *Hanchungolithus* (*Ichangolithus*)生物带。总之，综上所述，本组时代主要属早奥陶世弗洛期—中奥陶世中大坪期，顶部进入中奥陶世达瑞威尔期。其中大坪阶金钉子就在宜昌黄花场，以牙形石 *Baltoniodus triangularis* 的首现为大坪阶底界。

5)牯牛潭组(O_2g)

“牯牛潭组”由张文堂等(1957)所创建的“牯牛潭石灰岩”演变而来，创名地点在宜昌市分乡场牯牛潭。它指整合于大湾组和庙坡组之间的一套青灰色、灰色及紫灰色薄—中厚层状生物碎屑泥晶灰岩、砾屑灰岩与瘤状泥质灰岩互层，富含头足类和三叶虫等化石的地层层序，均以页岩(泥岩)的结束或出现作为划分其底、顶界的标志。厚度为20.06m。

本组化石中以头足类最为丰富，其次有牙形石、腕足类和三叶虫等。其中，头足类以 *Dideroceras wahlenbergi* 为代表产于本组下部，与下伏大湾组关系密切；上部以 *Ancistroceras* 和 *Paradnatoceras* 为代表。据倪世钊等(1983)，牙形石可建立上部 *Eoplacognathus fohaceus* 生物带和下部 *Amorphognathus variabilis* 生物带；腕足类有 *Yangtzeella*、*Nereidella*、*Skenidioides* 等属；三叶虫有 *Remopleurides*、*Nileus*、*Illaelus*、*Asaphus*、*Megalaspides*、*Birmanites*、*Lonchodomaas* 等属。

6)庙坡组($O_{2-3}m$)

“庙坡组”由张文堂等(1957)创建的“庙坡页岩”演变而来，创名地点在宜昌市分乡场庙坡。张文堂(1962)称庙坡页岩组，湖北省区域地质测量队(1970)称庙坡组，除卢衍豪等(1976)、三峡地层研究组(1978)和张建华等(1992)将庙坡组的下界扩至牯牛潭组顶部灰岩内之外，其他人均沿用张文堂等(1957)创建的“庙坡页岩”含义，即以页岩的出现和消失为其底、顶界，称庙坡组。

庙坡组指整合于牯牛潭组和宝塔组两套碳酸盐岩地层体之间的一套黄绿色、灰黑色钙质泥岩、粉砂质泥岩，黄绿色页岩，夹薄层状生物碎屑灰岩透镜体，富含笔石，亦有三叶虫、头足类等化石。它与上、下地层的岩性界线明显，以泥岩(页岩)的出现和消失为其底界和顶界。厚度为 3.1～6.6m。

本组富产笔石、三叶虫、介形虫以及腕足类、头足类、牙形石等化石。其中笔石可分上、下两个生物带：上部为 *Nemagraptus gracills* 生物带，下部为 *Glyptograptus teretiusculus* 生物带。三叶虫主要为 *Birmanites nileus*、*Telephina lonchodomas*、*Atractpyge*、*Tangyaia illaenus*、*Reedocalymane*、*Bumatus* 等。牙形石由下而上可建 3 个生物带：① *Pygodus serra* 生物带，② *P. anserinus* 生物带，③ *Prioniodus alobatus* 生物带。头足类以 *Lituites*、*Cyclolituites* 等为代表。从以上化石来看，本组属于中奥陶世晚期到晚奥陶世早期。

7）宝塔组（O_3b）

"宝塔组"由李四光等（1924）所创名的"宝塔石灰岩"直接引申而来，是我国唯一用化石形态特征创名的一个地层单位名称，创名地点在秭归新滩龙马溪雷家山（曾误称艾家山）。杨敬之、穆恩之（1954）将宝塔石灰岩限于含 *Sinoceras chinense* 的石灰岩（厚 13m），张文堂等（1957）将杨、穆二氏艾家山建造顶部厚 5m 含 *Glytograptus teretiusculus* 生物带的黑色页岩分出创名"庙坡页岩"，遂将宝塔石灰岩含义限于庙坡页岩与临湘石灰岩之间含 *Sinoceras* 的青灰色泥质薄层状灰岩和暗紫色干裂纹石灰岩。此后，行业基本承袭这一意见。

宝塔组为灰色、浅紫红色或灰紫红色中厚层状收缩纹泥晶灰岩夹瘤状泥质灰岩，以产头足类 *Sinoceras sinensis* 为特点。厚度为 8.4～18.4m。

本组含有丰富的头足类以及牙形石、三叶虫、腕足类和介形虫类等化石。其中头足类以 *Sinoceras chinense* 与 *Elongaticeras*、*Eosomichilinoceras*、*Dongkaloceras* 等为主要特色；牙形石以 *Hamarodus europaeus*、*Protopanderodus insculptus* 为代表；三叶虫主要产于本组中、上部，中部以 *Paraphillipsinella globosa* 为代表，上部以 *Nankinolithus* 为代表。综合上述化石特征，本组时代为晚奥陶世。

8）五峰组（O_3w）

"五峰组"由孙云铸（1931）所创立的"五峰页岩"一名演变而来，命名地点在五峰县渔洋关。

五峰组分为笔石页岩段和观音桥段。

笔石页岩段　相当于"五峰页岩"（孙云铸，1931）或张文堂（1962）的"五峰组"。岩性为黑灰色风化呈黄绿色、浅紫色或棕黄色的微薄—薄层状含有机质石英细粉砂质水云母黏土岩，夹黑灰色微薄—薄层状微晶硅质岩。厚度为 5.44m。

观音桥段（层）　该地层系由张鸣韶、盛莘夫（1958）在四川綦江（现称重庆市綦江区）观音桥南 2km 五峰页岩之上首次发现。卢衍豪（1959）称为"观音桥层"，张文堂（1964）改为"观音桥组"，盛莘夫（1971）、王汝植（1981）、曾庆生等（1983）改称"观音桥段"。

观音桥段岩性可分为 3 个部分：下部为黑灰色、黄褐色或浅紫灰色含石英粉砂、水云母黏土岩，中部为黄灰色、米黄色或浅紫灰色含石英水云母黏土岩（或流纹质凝灰岩），上部为黄灰色或浅灰色水云母黏土岩。其中的赫南特动物群以产大量 *Hirnantia*－*Kinnella* 为代表的腕足类动物群和以 *Mucronaspis* 为代表的三叶虫动物群为特点。该动物群主要有腕足类 *Hirnantia*、*Kinnella*、*Paromalomena*、*Eostropheodonta*、*Plectothyrella*、*Hindella* 等 28 属 35 种，以及三叶虫 *Mucronaspis*、*Platycoryphe*、*Leonaspis*。厚度为 0.17～0.3m。

五峰组产大量笔石，有 30 余属 200 多种，建立了 3 个笔石带和 1 个壳相动物群，自上而下如下。

(1)*Normalograptus perculptus* 笔石带:以 *Normalograptus perculptus* 的首现为该带的底界,以 *Akidograptus ascensus* 的首现为其顶界,共生的化石主要有 *N. caudatus*、*N. madernii*、*N. wangjiawanensis*、*Glyptograptus laciniosus* 等。该带所有化石均为双列攀合笔石,并以 *Normalograptus* 占主导,共计 10 属 29 种,以该带的顶界作为赫南特阶金钉子的顶界。

(2)赫南特动物群。

(3)*Normalograptus extraordinarius* 笔石带:主要有 *N. ojsuensi*、*Paraplegmatograptus uniformis*、*Neodiplograptus modestus*。该带在深水相区(如宜昌)共有 11 属 32 种,其中 *Normalograptus* 多达 9 种,成为该化石带的主要属,以该带的底界作为赫南特阶金钉子的底界。

(4)*Paraorthograptus pacificus* 笔石带:分为 3 个亚带。

A. *Diceratograptus mirus* 亚带(Ⅲ):底界与 *Paraorthograptus pacificus* 笔石带的底界一致,以 *Tangyagraptus typicus* 的首现为顶界,共生的分子除了 *P. brevispinus*、*Leptograptus planus*、*Dicellograptus tumidus* 之外,还有 *Pararetiograptus parvus*、*Pseudoreteograptus nanus*、*Paraplegmatograptus uniformis* 等。

B. *Tangyagraptus typicus* 亚带(Ⅱ):以 *Tangyagraptus typicus* 的首现为底界,以 *Diceratograptus mirus* 的首现为顶界,共生的分子有 *T. remotus*、*T. flexilis*、*D. mirabilis*、*Normalograptus angustus*、*N. normalis* 等。

C. 未命名亚带(Ⅰ):底界与 *Paraorthograptus pacificus* 笔石带的底界一致,以 *Tangyagraptus typicus* 的首现为顶界,共生的分子除了 *P. brevispinus*、*Leptograptus planus*、*Dicellograptus tumidus* 之外,还有 *Pararetiograptus parvus*、*Pseudoreteograptus nanus*、*Paraplegmatograptus uniformis* 等。

3. 志留系

最新的志留系划分方案为 4 分,自下而上分为兰多维列统、温洛克统、罗德洛统、普里道利统。实习区志留系均属兰多维列统。

1)龙马溪组(S_1l)

“龙马溪组”由李四光、赵亚曾(1924)所创建的“龙马页岩”演变而来,创名地点在秭归县新滩龙马溪。本书中的龙马溪组是指观音桥段(层)之上,以 *Akidograptus ascensus* 笔石首现开始,新滩组黄绿色页岩之下的一套地层:富含笔石的黑色、灰绿色薄层状粉砂质泥岩、石英粉砂岩,偶夹薄层状石英细砂岩、黄绿色粉砂质泥岩、泥质粉砂岩,偶夹钙质泥岩透镜体,含腕足类和三叶虫化石,在区域上往往被风化呈淡红色至褐紫色、紫灰色。

龙马溪组产大量笔石化石,自下而上分为 4 个笔石带。厚度为 576.5m。

(1)*Akidograptus ascensus* 笔石带:以 *Akidograptus ascensus* 的首现为底界,以 *Parakidograptus acuminatus* 的首现为顶界,共生的分子主要有 *Glyptograptus* sp.、*Neodiplograptus bicaudatus* 等。该笔石带共 6 属 22 种。

(2)*Parakidograptus acuminatus* 笔石带:以 *Parakidograptus acuminatus* 的首现为底界,以 *Cystograptus vesiculosus* 的首现为顶界,共生的分子主要有 *Normalograptus premedius*、*N. rectangularis*、*Pseudorthograptus illustris* 等。该笔石带共计 12 属 42 种,其中 6 属为新生属,24 种为新生种,新生分子大量出现标志着笔石动物群在该带发生了一次大的变革。

(3)*Orthograptus vesiculosus* 笔石带:以 *Orthograptus vesiculosus* 的出现为该带的底界,

以 *Orthograptus vesiculosus* 大量出现为特征，伴随有 *Dipiograptus modestus*、*D. longiformis*、*Climacograptus rectanguiaris*、*C. normalis*。

(4)*Coronograptus cyphus* 笔石带：以该带分子出现或以产 *Pseudopemerograptus revolutus*、*Pernerograptus austerus*、*Monoclimacis lunata* 等为标志。当上覆带（新滩组）*Demimurius triangulatus* 出现时，则本带结束。

2)新滩组(S_1x)

“新滩组”由 Willis 和 Blackwelder 于 1907 年命名，李四光、赵亚曾于 1924 年修订，正层型为湖北秭归新滩长江南岸沿江剖面。

新滩组岩性为灰绿色、黄绿色页岩、砂质页岩、粉砂岩，夹少量薄层状粉砂岩，含笔石化石，与下伏龙马溪组及上覆罗惹坪组均呈整合接触。厚度为 400～1360m。

3)罗惹坪组(S_1lr)

“罗惹坪组”由谢家荣、赵亚曾(1925)创建的“罗惹坪系”演变而来，创名地点在宜昌罗惹坪（又称大中坝）。尹赞勋(1949)对纱帽山剖面进行了重新划分，将其中 3～12 层称为“罗惹坪群”。穆恩之(1962)将罗惹坪群厘定为剖面的 7～12 层，归于中志留世。三峡地层研究组(1978)、葛治洲等(1979)、穆恩之等(1982)、汪啸风等(1987)改称“罗惹坪组”。

罗惹坪组指整合于新滩组与纱帽组之间的地层层序。下部为黄绿色泥岩、页岩夹生物灰岩、泥灰岩或透镜体，产腕足类、笔石等混合相生物群；中部为黄灰色泥岩、钙质泥岩与灰岩或泥灰岩互层，产珊瑚、腕足类等壳相生物群；上部为黄绿色泥岩、粉砂质泥岩，不含灰岩。底界以灰岩出现为始，顶界以砂岩底面为止。厚度为 73.7～172m。

本组下段含丰富的多门类化石，其中腕足类主要以 *Meifodia lissatrypaformts*、*Lisatrypa magna*、*Stricklandia transversa*、*Pentamerus* (*Pentamerus*) *robustus*、*P.* (*sulcupentamerus*) *hubeiensis*、*Apopentamerus hubeiensis*、*Katastrophomena depresa* 及 *Isorthi* sp. 等为代表；珊瑚以 *Palaeofauosites paulus*、*Favosites kogtdaensis*、*F. gothlandicus*、*Heliolites saiairicus*、*Onychophyilum pringlei*、*Halysttes* (*Acanthokalysites*) *pycnoblastoidu yabei*、*Pycnatis elegans* 等为代表；三叶虫以 *Scotokarpes sinensis*、*Sckaryio hubeiensis* 等为代表；笔石以 *Monoclmacis arcuata*、*Giyntograptus sinuatus*、*Pseitdociimacograptus enskiensh* 等为代表，以及牙形石、海百合茎、苔藓虫类、头足类、双壳类、腹足类等。上段化石相对逊色单调，其中笔石有 *Climacograptus nebula*、*Pristiograptus variabilisy*、*Oktavites planus* 等；腕足类有 *Katastrophomena maxima*、*K. depressa*、*Lsorthis* sp. 等；三叶虫有 *Latiproetus latilimbatus*、*Luojiaskanta* sp. 等，以及鱼化石 *Sinacanthus* 和双壳类、腹足类等。本组时代为早志留世中—晚期。

4)纱帽组(S_1sh)

“纱帽组”由谢家荣、赵亚曾(1925)创建的“纱帽山层”演变而来，创名地点在宜昌罗惹坪纱帽山。尹赞勋(1949)、穆恩之(1962)厘定纱帽山剖面的 13～20 层为“纱帽群”。中国科学院南京地质古生物研究所(1974)将“纱帽群”下、中部命名为“石屋子组”，上部改称“纱帽组”，三峡地层研究组(1978)将“石屋子组”并入“罗惹坪组”上部，属早志留世，其上为“纱帽组”。葛治洲等(1979)又弃石屋子组恢复纱帽群，并划分为下、中、上纱帽群。汪啸风等(1987)沿用葛治洲等划分意见，改称为“纱帽组”，划分为 4 段，将一段至三段归于早志留世，第四段归为中志留世。本组地质时代为早志留世晚期(戎嘉余等，2019)。厚度为 205～800m。

纱帽组指整合于罗惹坪组黄绿色含粉砂质泥岩之上、平行不整合于云台观组灰白色厚层状石英岩状砂岩之下的地层层序。下部(一段和二段)为黄绿色页岩、泥质粉砂岩、粉砂岩夹砂岩或紫红色细砂岩,上部(三段和四段)为灰绿色夹紫红色中厚层状细粒石英砂岩夹中—薄层状粉砂岩、砂质页岩。本组产腕足类、三叶虫、双壳类等化石。

本组在层型剖面的下部产笔石,主要分子有 *Monograptus marri*、*M.* cf. *drepanoformis*、*Pristiograptus regularris*、*Pr. variabis* 等,以及三叶虫、腕足类和牙形石 *Pterospathodus* cf. *celloni*、*Carniodus carnus*、*C. carnudus* 等;中部主要有腕足类 *Nalivkinia* cf. *elongata*、*Eospirifer* sp.、*Isorthis* sp. 等,三叶虫 *Coronocephallus* sp.、*Latiproetus* sp. 等;上部化石稀少,有腕足类 *Strispirifer* sp.。从上述化石来看,本组属早志留世兰多维列统。

4. 泥盆系

1)云台观组($D_{2-3}y$)

"云台观组"由俞建章、舒文博(1929)创"云台观石英岩",创名地点为钟祥市东桥镇之南云台观(现属钟祥市大口林场管辖)。岳希新(1948)和杨敬之、穆恩之(1951,1953)等称"云台观石英岩",此后王钰、俞昌民(1962)改称"云台观组",一直沿用至今。

云台观组为一套灰白色中—厚层状或块状石英岩、细粒石英砂岩,夹少许灰绿色泥质砂岩,区域上有时呈紫红色或肉红色,时夹薄层状粉砂岩或泥岩,底部时具底砾岩或含砾砂岩或黏土岩。它平行不整合于志留纪地层的不同层位上,整合于黄家磴组或平行不整合于大埔组、黄龙组或梁山组之下。云台观组一般含化石稀少。厚度为 85.9m。

2)黄家磴组(D_3h)

"黄家蹬组"由杨敬之、穆恩之(1951)所创的"黄家磴层"演变而来,创名地点在长阳县马鞍山东墙黄家磴。随后,杨敬之、穆恩之(1953)进一步研究,正式描述了黄家磴剖面,王钰、俞昌民(1962)改称"黄家磴组",后一直沿用至今。

黄家磴组以黄绿色和灰绿色页岩、砂质页岩和砂岩为主,时夹鲕状赤铁矿层,含植物类和腕足类等化石。它与下伏云台观组的纯质石英岩状砂岩和上覆写经寺组底部的泥灰岩、灰岩均呈整合关系,上、下界线均明显易分,由于剥蚀原因,亦可分别伏于二叠系大埔组、黄龙组、梁山组或栖霞组等地层之下,其时代属于晚泥盆世。本组是宁乡式铁矿的主要含矿地层,在松滋、宜都、长阳一带一般可见 1~3 层,有时可达 4 层,呈似层状或透镜状。其中,本组顶部一层发育较好,一般厚 1~3m,最厚达 11m,矿层沿横向变化大,常相变为铁质砂页岩。上述地区向西、向东在层数和厚度上都有递减的趋势或尖灭。厚度为 12.8~15m。

本组含有较丰富的动植物化石,其中:植物化石有 *Leptoploeum rhombicum*、*Cyclostigma kiltorkense*、*Archaeopteris macilenta*、*A. fissilis*、*Rhacophyton ceratangium*、*Lepidodendropsis ? arborecens* 等,腕足类有 *Cyrtospirifer anossafioides*、*C. pellizzariformis*、*C. sinensis*、*Lepotodema* cf. *naviformis*、*Tenticospirifer* sp. 等,鱼化石有 *Changyanophyton hupeiense*。综上所述,本组地质时代为晚泥盆世早期,属海陆交互相沉积,下部以陆相为主,上部以海相为主。

3)写经寺组(D_3x)

"写经寺组"由谢家荣、刘季辰(1929)所创的"写经寺含铁层"演变而来,创名地点在宜都县(现称宜都市)写经寺。后经杨敬之、穆恩之(1951,1953)和江涛(1965)的调查研究才有较明确的层序和含义，湖北省地质矿产局(1996)将狭义的写经寺组和其上的所谓“梯子口组”以岩石组合基本一致为由并入写经寺组。

写经寺组指整合于黄家磴组与大埔组之间的一套地层层序。其上部称砂页岩段，以灰绿色、灰黑色页岩，碳质页岩，粉砂岩，砂岩为主，时夹含鲕绿泥石菱铁矿及煤线，含腕足和植物化石；下部称灰岩段，以灰色、深灰色泥灰岩，灰岩或白云岩为主，时夹页岩及鲕状赤铁矿层或鲕状绿泥石菱铁矿层，含腕足化石。区域上因剥蚀所致，上覆地层因地而异。厚度为11.66m。

写经寺组下部灰岩段富含腕足类，亦有珊瑚类、苔藓虫类和介形虫类等化石，其中：腕足类有 *Yunnanella abrupta*、*Y. simplex*、*Y. zuangi*、*Yunnanellina hanburyi*、*Y. hunanensis*、*Y. simplex*、*Cyrtospirifer chaoi*、*C. davidsoni*、*C. pellizzarformis*、*Tenticospirifer hayasaki*、*T. tenticuium*、*Producttlla subacideatus*、*Athyis gurdoni*、*Hunanospirifer ninghsiangensis* 等；珊瑚类有 *Billingsastraea* sp.、*Pseudozaphrentis curvulena* 等；苔藓虫类有 *Rhombopora*、*Leptotrypa* sp. 等。据此，该部分层位无疑属于晚泥盆世。写经寺组上部砂页岩段的下部含植物化石和孢子，其中植物化石主要有 *Hamatophyton verticiliatum*、*Leptopkloeum rhombicumy Cyclostigma kiltorkense*、*Lepidodendropsis hirmeri*、*L. theodori*、*Archaeosigillaria vanuxemi*、*Preleptdodendron yiduense*、*Pseudobomia ursine*、*Barinopkyton citrulliforme*、*Drepanophycus spinaeformis*、*Eolepidodeodron wusihense*、*Subiepidodendron mirabiie* 等。从上述植物化石特征来看，该部分层位仍属晚泥盆世；该段上部却含较丰富的腕足类、介形虫类、牙形石及少量珊瑚类，其中主要的腕足类有 *Schucherteua gelaohoensis*、*S. gueizhouensis*、*Leptagonia analoga*、*Spirifer attenuatus*、*Crurithyris urei*、*Ptychomaletochia kinlingensis*、*Camarotoeckia kinlingensis* 等，牙形石有 *Leiiognathus levis*、*Polygnathus inomatus*、*Pseudopolygrtatkus originalis* 等，珊瑚类有 *Syringpora ramulom* 等。

5. *石炭系*

黄龙组(C_2h)

“黄龙组”由李四光和朱森(1930)创建的“黄龙石灰岩”演变而来，创名地点在江苏省南京龙潭镇西黄龙山。湖北省境最早由陈旭(1935)在湖北东南部从谢家荣(1924)命名的阳新石灰岩中划分出黄龙石灰岩。杨敬之等(1962)改称“黄龙群”后，一直沿用至20世纪80年代初。此后，顾威国(1982)、冯少南等(1984)分别把鄂东黄石地区和鄂西三峡地区“黄龙组”下部的白云岩划出，称“大埔组”，将黄龙组只限于上部较纯灰岩。本书所指黄龙组包括下部的白云岩段(大埔组)。

黄龙组为一套灰色、浅灰肉红色厚层状微晶灰岩、生物屑灰岩，底为粗晶灰岩，含灰质白云岩角砾、团块，含丰富的珊瑚类、腕足类等化石。上与二叠系梁山组砂岩呈平行不整合接触，下与写经寺组呈平行不整合接触。厚度为11.4m。

本组含有丰富的非蜓有孔虫类、蜓类、腕足类、珊瑚类等化石。非蜓有孔虫类由下而上以 *Tolypammina fortis* - *T. hubeiensis* 组合带及 *Bradyina minima* - *Plectogyra minuta* 组合带为代表。蜓类极其丰富，以 *Fusulinella*、*Fusulina*、*Beedeina*、*Fusiella*、*Pseudostaffella* 等属的种群为特色。腕足类有 *Ella simensis*、*Athyris planosulcata* var. *uralica*、*Neochonetes carbonifera*。珊瑚类主要是 *Chautetes* 及 *Caninia* 等。从蜓类和非蜓有孔虫类来看，本组时代为晚石炭世早期。

6. 二叠系

1)梁山组(P_2l)

“梁山组”由赵亚曾、黄汲清(1931)创名的“梁山层”演变而来,创名地点在陕西省南郑县(现称陕西省汉中市南郑区)农丰乡梁山中梁寺。该地层,谢家荣、刘季辰(1927)及俞建章、舒文博(1929)称“阳新灰岩底部煤系”,李捷等(1937)在鄂西创名“马鞍山煤系”,高振西、楚旭春(1940)在鄱东创名“麻土坡煤系”,杨敬之、穆恩之(1954)称“马鞍煤系”,北京地质学院(1960)称“梁山组”,此后沿用。

梁山组平行不整合于黄龙组之上,与上覆栖霞组呈整合接触。下部为灰白色中厚层状石英岩状细砂岩、粉砂岩、泥岩及煤层,上部为黑色薄层状泥岩夹灰岩透镜体。厚度为3.8～4.2m。

梁山组含较丰富的化石,其中:植物化石有 *Sigillaria acutaguia*、*Lepidodendron oculusfelis*、*Stigmaria ficoides*、*Pecopteris* sp.、*Sphenopteris* sp. 等,腕足类有 *Orthobichia magnifica*、*Ogbinia hexaspinom*、*Tyloplecta richthofeni*、*Neochonetes nantanensis*、*Plicatifera minor*、*Ambococelta* sp. 等,介形虫类有 *Hollinella liangshanensis*、*Rimndydla hubeiensis* 等。据上述化石及层位关系,其地质时代为早二叠世早期。

2)栖霞组(P_2q)

“栖霞组”由 Richthofen(1912)创名的“栖霞灰岩”演变而来,创名地点在南京市东郊栖霞山,是指梁山组与孤峰组(或茅口组)之间的一套碳酸盐岩。它与下伏黄龙组呈平行不整合接触(或与下伏梁山组呈整合接触),与上覆孤峰组含锰或磷质结核页岩呈整合接触(或与上覆茅口组呈整合接触)。

本实习区的栖霞组岩性较单一,主要为一套深灰色、灰黑色厚层状含燧石结核(或团块)生物碎屑泥晶灰岩序列。仅顶、底部发育灰黑色厚层状瘤状生物碎屑泥晶灰岩,且底部灰岩层间夹含钙碳质页岩。厚度为88.9m。

该组含生物化石丰富,尤以秭归兴山地区及鄂东南一带研究较详。产有蜓类 *Nankinella orbicularia*、*N. globularis*、*Sphaerulina hunanica*、*Pisolina ercessa* 等;珊瑚类 *Wentzellophyllum volzi*、*Cystomichelinia* sp.、*Hayasakaia elegantula*、*Polytecalis yangtzeensis*、*P. chinensis* 等;腕足类 *Orthotichia chekiangensis*、*Tyloplecta richthofeni* 等。其他还有苔藓虫类、介形虫类、牙形石等。据此,该组地质时代属早二叠世。

3)茅口组(P_2m)/孤峰组(P_2g)

二者为同期异相,以浅海陆棚碳酸盐岩为主的相区为茅口组,深水陆棚硅质岩为孤峰组。

茅口组　乐森浔(1929)创名“茅口灰岩”,创名地点在贵州省郎岱县(现称贵州省六枝特区)的茅口河岸一带。谢家荣(1924)在鄂东南对下二叠统创名“阳新石灰岩”后,相继有岳希新(1948)、杨敬之和穆恩之(1954)、周圣生(1956)等做过研究,盛金章(1962)提出对中国南方下二叠统由下至上划分为“栖霞组”与“茅口组”的方案,被我国地质工作者广为沿用。

茅口组整合于栖霞组深灰色燧石灰岩之上,平行不整合于吴家坪组之下,其岩性主要为一套灰色、浅灰色厚层—块状含燧石结核生物碎屑微晶灰岩、藻屑微(泥)晶灰岩、生物碎屑砂屑亮晶灰岩,中部夹2～3层细晶白云岩,中上部灰岩中常发育密集的燧石结核或条带。根据其岩相及生物学研究,此区具开阔台地相特征。厚度为88.9m。

茅口组富含生物化石，由下至上建立的䗴带有 *Verbeekina grabaui* 带、*Chusenella conicocylindrica* 带、*Neoschwagerina haydeni* 带、*Yabeina* 带，珊瑚类有 *Ipciphyllum subtimoricum* - *I. eligantum* 顶峰带、*Tachylasma elongatum* - *Paracaninia liangshunensis* 顶峰带等，其他生物门类如苔藓虫类、腕足类、非䗴有孔虫类等亦丰富。据此，其地质时代为中二叠世晚期。

孤峰组(P_2g) 来源于“孤峰层”或“孤峰硅质页岩”，由叶良辅、李捷于1924年命名，由朱森、刘祖彝于1930年介绍，命名地点在安徽泾县孤峰镇胡家村，指“栖霞灰岩”与“龙潭煤系”之间的一套深黑色薄层状含磷、含锰硅质岩和硅质页岩。盛金章(1962)称“孤峰组”。厚度为0～50m。

孤峰组产菊石 *Paraceltites* cf. *altudense*、*Altudoceras* cf. *zitteli* 和少量 *Neoschwagerina* sp. 以及苔藓虫 *Araxapora chenensis* 等。其地质时代与茅口组相当。

4)吴家坪组(P_3w)

“吴家坪组”由卢衍豪(1956)创建的“吴家坪灰岩”演变而来，创名地点在陕西省南郑县西北的吴家坪。盛金章(1962)修订含义，即代表长兴组之下、茅口组之上的一个地层单位。后来各家均遵循此含义。

吴家坪组指平行不整合于茅口组灰岩之上与整合于大冶组泥灰岩之下的地层层序，为灰色中厚—厚层状、块状含燧石团块的泥晶灰岩、生物碎屑灰岩。底部稳定地发育一层厚度不大的含鲕粒的铁铝质泥质岩(王坡段)，并以此层之底作为该组底界，以燧石灰岩结束或纹层状灰岩、薄层状泥质灰岩的出现为该组顶界。厚度为84～103m。

本组含有丰富的海相底栖生物化石，其中研究得较为系统的有䗴类、珊瑚类和腕足类，从下至上各自建立了生物地层单位：䗴类有 *Codonofusiella* 顶峰带、*Palaeofusulina sinensis* 带，珊瑚类有 *Plerophyllum guangxiense* - *P. xintanense* 组合带、*Waagenophyllum lui* - *Lophocarinophyllum* 组合带，腕足类有 *Tschernyschewia sinensis* - *Loipingia ruber* 组合带、*Squamularia grandis* 组合带。根据以上生物化石特征，其地质时代为晚二叠世。

三、中生界

1. 三叠系

1)大冶组(T_1d)

“大冶组”由谢家荣(1924)所创“大冶石灰岩”演变而来，创名地点在湖北省大冶县城北著名的铁山铁矿。次年他和赵亚曾引用到鄂西，将 Blackwelder (1907)巫山灰岩上部以薄层状为主的灰岩划为“大冶灰岩”。赵金科等(1962)将鄂西的大冶灰岩上部以白云岩为主的地层划为“嘉陵江组”，归于中三叠世；下部以薄层状为主的灰岩称“大冶群”，归于早三叠世或大冶统。此后，该划分方案在我国华南地区广为沿用，并在20世纪70年代以前多称群，之后称组。

大冶组指以灰色、浅灰色薄层状灰岩为主，中上部夹中—厚层状灰岩，时而夹鲕状灰岩、白云质灰岩或白云岩化灰岩，下部夹含泥质灰岩或黄绿色页岩。底界以页岩与下伏吴家坪组灰黑色厚层—块状夹中层状含燧石结核泥晶—微晶生物碎屑灰岩呈整合接触，顶界与上覆嘉陵江组白云岩呈整合接触。厚度为1000m。

本组以含菊石、双壳类、牙形石等化石为主。下部富含菊石，以 *Ophiceras*、*Lytophiceras* 为主，双壳类有 *Claraia wangi*、*C. griesbachi* 等，牙形石有 *Anchignathodus typicalis*、*Neogondolella carinata* 等。上部主要以双壳类 *Eumorphotis multiformis*、*Bakevellia medi-*

ocatics minor、*Leptochondria virgalensis* 等及牙形石 *Neospathodus hubeiensis*、*Neohindeodella triassica* 等为特点。据上述化石，本组地质时代属于早三叠世印度期。

2)嘉陵江组(T_1j)

赵亚曾、黄汲清于 1931 年将原"昭化灰岩"(赵亚曾，1929)更名为"嘉陵江石灰岩"，命名地点位于广元县城北 15 km 的嘉陵江沿岸带。赵金科等(1962)依罗志立等(1957)将之引用到湖北西部，湖北省地质矿产局地质科学研究所(1962)和湖北省区域地质测量队(1966)引用于鄂东南地区，分别称"嘉陵江组""嘉陵江群"，此后广为引用。

嘉陵江组岩性以灰色中—厚层状白云岩、白云质灰岩为主，夹微晶灰岩、岩溶角砾岩，含海相双壳类、有孔虫类，头足类罕见。它与下伏大冶组灰色薄层状石灰岩及上覆巴东组底部杂色泥岩、白云岩均呈整合接触。厚度为 728m。

由于本组是以白云岩为主要特征的地层，一般宏体化石较稀少。宏体化石以双壳类为主，亦有少量菊石和腕足类；微体化石有牙形石和有孔虫类。本组下部以双壳类 *Eumorphotis inaequicostata*、*Bakevellia exporrecta* 等，菊石 *Paragoceras sinense*，牙形石 *Pachycladina - Parachirognathus ethingtoni* 带以及有孔虫 *Aulotortus ckialingckiangensis* 为特征；中、上部以双壳类 *Leptochondria minima*、*Chlamys weiyuanensis* 等，牙形石 *Neospathodua triangularis - N. homeri* 带以及有孔虫 *Glomospira sinensis*、*Meandrospira insolita* 为特征；顶部普遍含有以双壳类 *Eumorphotis* (*Asoella*) *illyrica* 组合带为代表的化石。从上述化石来看，本组下部至上部属于早三叠世晚期。

3)巴东组(T_2b)

"巴东组"由 Richthofen (1912)所建的"巴东层"演变而来，命名地点在巴东县长江沿岸。谢家荣、赵亚曾(1925)更名为巴东系，广为后人沿用。赵金科(1962)改称巴东组。

巴东组岩性可分 3 个部分。上下部为紫红色粉砂岩、泥岩夹灰绿色页岩，偶含孔雀石薄膜；中部为灰岩、泥灰岩；底部普遍见有灰绿色页岩。它与下伏嘉陵江组及上覆香溪群九里岗组均呈整合接触。厚度为 75～91m。

该组以产双壳类为主，亦有菊石和植物化石，它们多富集于巴东组中、下部，底部次之，上段稀少。双壳类主要有 *Eumorphotis* (*Asoella*) *subillyrica*、*E.* (*A.*) *illyrica*、*Myophoria* (*Costatoria*) *goldfussi*、*M.* (*C.*) *submulthtriata*、*M.* (*C.*) *goldfussi mansuyi*，菊石有 *Progonoceratites* sp.，植物化石有 *Annalepis zeilleri* 等。本组地质时代属中三叠世。

4)九里岗组(T_3j)

野田势次郎于 1917 年创建的"香溪含煤砂岩系"，命名地点在秭归县香溪。李四光等(1924)称"香溪系"。谢家荣、赵亚曾(1925)称"香溪煤系"，斯行健等(1962)改称"香溪群"。北京地质学院(1960)将香溪群下煤组定为晚三叠世瑞替期，中、上煤组归入早侏罗世。湖北省区域地质测量队(1973)和湖北省地质矿产局(1990)等将鄂西香溪群下、中、上 3 个煤组分别新创名为"九里岗组、王龙滩组、桐竹园组"，前二者时代为晚三叠世，后者为早侏罗世。陈楚震等(1979)在秭归盆地，把香溪群下煤组新创名为"九里岗组"，时代为晚三叠世；把中、上煤组称"桐竹园组"(狭义)，时代为早、中侏罗世。湖北省地质矿产局(1996)称为"香溪群"：在秭归盆地，香溪群从下至上包含"九里岗组、桐竹园组"；在荆当盆地及鄂东南，本群由下至上包含"九里岗组、王龙滩组、桐竹园组"。

九里岗组以黄灰色、深灰色粉砂岩、砂质页岩、泥岩为主，夹长石石英砂岩及碳质页岩，含煤层或煤线3～7层，总厚度为41～142m。本组与上覆桐竹园组厚层状石英砂岩及与下伏巴东组均为连续沉积。

九里岗组植物群以苏铁类占优势，蕨类也很发育，尤以双扇蕨科为多，此植物群具有北方区和南方区植物群的双重特征。主要组合分子有 *Lepidopteris* – *Bernoulla* – *Pterophyllum bavieri* 和 *Drepanozamites* – *Cycadocarpidium*。其地质时代为晚三叠世。

2. 侏罗系

1)桐竹园组(J_1t)

桐竹园组以黄色、黄绿色、灰黄色砂质页岩、粉砂岩及长石石英砂岩为主，夹碳质页岩及薄煤层或煤线，底部为一套砾岩层。含植物化石和双壳类。本组与下伏九里岗组呈平行不整合接触，与上覆千佛崖组呈整合接触。厚度为280m。

本组古生物以 *Coniopteris* – *Ptilophyllum contiguum* – *Sphenobaiera huangi* 植物组合及 *Pseudocardonia* – *Qiyangia cuneata* 动物群为特征。其地质时代为早侏罗世。

2)千佛崖组(J_2q)

“千佛崖组”由赵亚曾、黄汲清(1931)命名于广元县(现称广元市)北、嘉陵江东岸的千佛崖，原称“千佛岩层”(Tsienfuyen Formation)。陈楚震等(1979)引用于秭归盆地，相当于谢家荣等(1925)最早命名的“归州系下部”、北京地质学院三峡地层队(1960)的“自流井组”、湖北省区域地质测量队(1984)创名的“聂家山组”，以及张振来等(1987)创名的“千佛崖组”和“陈家湾组”之和。湖北省地质矿产(1996)采用千佛崖组指位于桐竹园组与沙溪庙组之间的一套地层层序的这个定义。

千佛崖组底部为一层含砾石英砂岩，有时砾石富集成薄层，并为底界标志，与下伏香溪群桐竹园组绿黄灰色钙质泥岩呈整合接触。下部为紫红色、绿黄色泥岩、粉砂岩、细粒石英砂岩，夹介壳灰岩，含极为丰富的双壳类及孢粉化石；上部以紫红色为主，夹黄灰色泥岩、砂质页岩、粉砂岩、长石石英砂岩。它与上覆沙溪庙组底部黄灰色块状岩屑长石砂岩呈整合接触。厚度为390m。

本组含双壳类、植物及孢粉化石，以产双壳类为主，如 *Pseudocardinia kweichuensis*、*P. longa*、*Lamprotula* (*Eolamprotula*) *solita*、*L.* (*E.*) *cremeri*、*Psilunio crvalis* 等。据此，本组时代为中侏罗世早期。

3)沙溪庙组(J_2sh)

“沙溪庙组”由杨博泉、孙万铨(1946)从原“重庆系”(哈安姆，1931)中分出而创建的“沙溪庙层”演变而来，创名地点在四川省合川县(现称重庆市合川区)沙溪庙。谢家荣等(1925)在秭归盆地曾称“归州系中部”。北京地质学院(1960)首次引用该组，称“归州群沙溪庙组”。湖北省地质矿产局(1996)称“沙溪庙组”。

沙溪庙组岩性为黄灰色、紫灰色长石石英砂岩与紫红色、紫灰色泥(页)岩不等厚韵律互层，含双壳、介形虫、叶肢介、植物及脊椎动物化石，与下伏千佛崖组及上覆遂宁组底部砖红色岩屑长石砂岩均呈整合接触，亦可平行不整合超覆于自流井组不同层位之上，可以“叶肢介页岩”顶界分为两段。厚度为1986m。

沙溪庙组化石稀少，在秭归郭家坝该组底部发现 *Chungkingichthys xilingensis*，在下部和上部含介形虫 *Darwinula* aff. *Sarytirmenensis* 和 *Clinocypris xilingensis* 及孢粉 *Cya-*

thidites - Classopollis - Neoraistrickia 组合带等。其地质时代定为中侏罗世晚期。

4)遂宁组(J_3s)

该组名由李悦言等于1939年命名于四川遂宁县城郊。

遂宁组在实习区内连续沉积于沙溪庙组之上,按岩性可分为:下部紫红色钙质粉砂岩、粉砂质泥岩,夹灰绿色厚层状细粒长石砂岩、长石石英砂岩;上部灰白色中一厚层状细粒长石石英砂岩夹紫红色钙质泥质粉砂岩;底部在秭归盆地以一层厚10~20m砖红色石英粉砂岩为其底界。含介形虫类、轮廓叶肢介类及化壳类。厚度为571~1065m。

5)蓬莱镇组(J_3p)

该组名由杨博泉、孙万铨于1946年命名,由罗志立于1957年介绍,命名地点在四川遂宁蓬莱镇。

蓬莱镇组连续沉积于遂宁组之上,上部因剥蚀各地残存不全。下部为紫红色薄—中厚层状钙质粉砂岩、粉砂质泥岩与灰白色中厚—厚层状中粒石英砂岩、长石石英砂岩互层;上部为灰白色中厚一厚层状长石砂岩、长石石英砂岩,夹紫红色钙质细砂岩、粉砂岩,局部含砾或夹砾岩。厚度为1223~1943m。

3. 白垩系

1)石门组(K_1s)

"石门组"由李四光、赵亚曾于1924年所命名的"东湖系石门砾岩"转义而来,命名地点位于宜昌西北6km的石门。

本组分布于宜昌石头垭、潭家岭、小溪塔,秭归仙女山,长阳王家坝、象家嘴等地。下部为灰红色、黄灰色砾岩,局部夹紫红色泥质粉砂岩;上部为红色细砂岩夹灰色薄层状粉砂岩及砾岩。它不整合覆于前白垩纪地层之上。厚度为12~186m。

2)五龙组(K_1w)

"五龙组"由三峡水文队于1956年命名,命名地点在宜昌五龙口。

五龙组下部为灰红色块状砾岩、棕红色细砂岩、粉砂岩及灰色厚层状砂岩、粉砂岩、灰岩,夹砂砾岩及沥青质煤;上部为棕褐、黄灰色块状细砂岩、粉砂岩、砂质泥岩及含砾砂岩互层。它整合于石门组之上。厚度为0~1696m。

本组中产原始哺乳动物、恐龙类及古植物、孢粉等化石。

3)罗镜滩组(K_2l)

"罗镜滩组"由湖北省地质局石油队和石油部华北106队联队于1969年共同命名,命名地点在宜昌罗镜滩。

罗镜滩组岩性主要为灰红色、紫红色、灰色厚层—块状砾岩,夹棕红色粉砂岩透镜体,局部见橘红色块状粉砂岩。它整合覆于五龙组之上。厚50~1000m。

4)红花套组(K_2h)

"红花套组"由北京地质学院三峡队于1959年命名,命名地点在宜都红花套。

红花套组岩性为鲜红色、棕红色块状细砂岩夹砾岩、粉砂岩和泥岩等。它整合覆于罗镜滩组之上。厚度为158~1050m。

5)跑马岗组(K_2p)

"跑马岗组"由北京地质学院三峡队于1959年命名,命名地点在当阳跑马岗。

本组下部为杂色中厚层状细砂岩、粉砂岩与紫红色、灰绿色泥岩、砂质泥岩互层；上部为灰绿色、灰褐色薄—中厚层状细砂岩、粉砂岩与泥岩、粉砂质泥岩互层，夹2～3层灰绿色含铜页岩，偶夹泥灰岩。它整合覆于红花套组之上。厚度为170～890m。

本组化石丰富，化石一般含于泥岩中，有介形虫类、轮藻类、腹足类及叶肢介类等。

第二节　沉积岩与沉积作用

秭归实习区沉积岩分布广泛，是该区域新元古代—新生代地层的主要岩石类型，以陆源碎屑岩和碳酸盐岩的分布最为广泛。新元古界南华系主要为陆源碎屑岩，是在晋宁运动形成的风化剥蚀面上沉积的河流相、冰川相沉积地层。新元古界震旦系—下古生界奥陶系以碳酸盐岩沉积地层为主，仅在寒武系水井沱组—石牌组有较多的陆源碎屑岩发育，总体上为盆地边缘相—局限海台地相沉积环境。震旦系—寒武系的碳酸盐岩以白云岩为主，奥陶系开始以灰岩为主。下古生界志留系—上古生界泥盆系则以陆源碎屑岩为主，受加里东构造运动的影响，缺失中、上志留统和下泥盆统。上古生界石炭系—中生界下三叠统，以碳酸盐岩沉积为主，主要为碳酸盐岩台地相沉积环境。中生界中三叠统—新生界第四系以陆源碎屑岩沉积为主，多为河流相、湖泊相和山麓-洪积相沉积环境。

以下对实习区常见的陆源碎屑岩和碳酸盐岩进行简要的概括。

一、陆源碎屑岩

1. 粗碎屑岩

实习区出露的粗碎屑岩主要为砾岩(图2-2-1)。南华系莲沱组底部发育有厚度不大的暗紫红色中砾岩。底部砾岩层见于石板溪、花鸡坡、泗溪一带，砾石含量30%～40%，基质主要为细砂，呈基质支撑结构。砾石成分主要为花岗岩和石英岩，粒径大小为0.5～2cm，分选性中等—差，磨圆度为圆状—次圆状，向上砾石粒度变细，含量降低，具有较为典型的底砾岩特征(图2-2-1A)。中部砾岩层在芝茅公路青林口一带出露较好，砾石分选性差，大小混杂，次圆状，成分以石英质砾石为主，是辫状河河道相沉积(图2-2-1B)。南华系南沱组砾岩主要是杂砾岩，由冰川和冰水沉积作用形成，其典型特征是：砾石大小混杂，大者可达50cm以上，小者仅数厘米；形态多样，有棱角—次棱角状砾石，也有圆状—次圆状砾石；成分复杂，火成岩、沉积岩、变质岩砾石均可见(图2-2-1C)。侏罗系桐竹园组底部砾岩为深灰色中砾岩，砾石含量可高达70%，基质主要为粉砂—细砂，呈颗粒支撑结构，砾石成分主要为硅质岩和石英岩，粒径大小约3cm，分选性极好，磨圆度为圆状(图2-2-1D、E)。白垩系石门组底部砾岩为浅灰色—紫红色巨砾—粗砾岩，砾石含量高者可达80%，基质主要为中—细砂，呈颗粒支撑结构，钙质胶结，砾石成分以灰岩和白云岩为主，大小混杂，数厘米至20cm不等，分选性差，磨圆度为次圆状—次棱角状(图2-2-1F)。

2. 砂岩

实习区砂岩主要见于南华系莲沱组、志留系纱帽组、泥盆系云台观组和黄家磴组、三叠系九里岗组、侏罗系桐竹园组和千佛崖组(图2-2-2)。南华系莲沱组发育的砂岩，在中—下部为紫红色、灰绿色粗-中粒长石石英砂岩及长石砂岩，在上部为紫红色、灰白色晶屑或岩屑凝

图 2-2-1　实习区常见的粗碎屑岩类型

A. 莲沱组(Nh_1l)底部中砾岩(泗溪);B. 莲沱组(Nh_1l)中部砾岩(青林口);C. 南沱组(Nh_2n)冰碛砾岩(九龙湾);D,E. 桐竹园组(J_1t)底部中砾岩(郭家坝);F. 石门组(K_1s)底部粗砾岩(周坪界垭)

灰质砂岩及岩屑砂岩,岩屑中的火山岩岩屑比例较高(图 2-2-2A、B)。此套砂岩主要为河流相沉积,发育有丰富的水平层理和交错层理(图 2-2-2C、D)。志留系纱帽组中的砂岩主要出现在纱帽组上部,为灰绿色夹灰白色细粒岩屑石英砂岩,具交错层理和波痕构造,在下段和中段则主要以夹层出现在细碎屑岩层中(图 2-2-2E)。泥盆系云台观组主要由灰白色、肉红色细粒石英砂岩和长石石英砂岩组成(图 2-2-2F),石英砂岩成分成熟度和结构成熟度均较高,在野外可见交错层理,常可见铁质沿层理浸染(图 2-2-2G),形态好时可作观赏石,在镜下可见石英自生加大边结构,主要为滨海相沉积。黄家磴组中的砂岩常与细碎屑岩互层,主要类型为浅灰色细粒石英砂岩(图 2-2-2H)。三叠系九里岗组砂岩主要为灰黄色、灰绿色长石

图 2-2-2 实习区常见的砂岩类型

A,B. 莲沱组(Nh_1l)二段紫红色中粒石英砂岩(花鸡坡);C,D. 莲沱组(Nh_1l)砂岩中的交错层理(花鸡坡);E. 纱帽组(S_1sh)细粒石英砂岩(周坪界垭);F,G. 云台观组($D_{2-3}y$)细粒石英砂岩(九畹溪);H. 黄家磴组(D_3h)石英砂岩;I. 九里岗组(T_3j)砂岩与巴东组(T_2b)泥岩地层分界线(文化乡);J. 千佛崖组(J_2q)砂岩中的交错层理(王家岭桥)

石英砂岩(图 2-2-2I)。侏罗系桐竹园组砂岩在底部为深灰色中粗粒石英砂岩，中、上部与细碎屑岩共生，为灰黄色细砂岩；千佛崖组砂岩为灰黄色细粒石英砂岩，与细碎屑岩共生(图 2-2-2J)，具层理构造。

3. 细碎屑岩

细碎屑岩主要包括粉砂岩和泥质岩，两者经常共生，在实习区发育比较广泛(图 2-2-3)。南华系莲沱组中细碎屑岩主要为紫红色粉砂岩、泥岩，与紫红色砂岩呈互层状产出，共同构成河流一三角洲相沉积序列(图 2-2-3A)。南华系南沱组细碎屑岩在岩性上为灰绿色、紫红色含冰碛砾粉砂岩和含冰碛砾粉砂质泥岩，常与冰碛砾岩和含冰碛砾砂岩组成基本沉积层序(图 2-2-3B)。震旦系细碎屑岩主要见于陡山沱组二段和四段，陡山沱组二段中的细碎屑岩主要为黑色、深褐色含碳质泥岩或页岩，与含泥质、碳质白云岩互层，组成陡山沱组二段的基本沉积层序，含磷质结核，局部可见球形风化现象(图 2-2-3C、D)；陡山沱组四段中的细碎屑岩为黑色碳质页岩、硅质页岩和粉砂质页岩，夹灰岩透镜体。寒武系细碎屑岩主要见于水井沱组和石牌组，水井沱组中下部岩层以细碎屑岩为主，主要为黑灰色、灰黄色碳质页岩和粉砂质页岩，上部的钙质页岩则主要以夹层形式出现在灰岩岩层中，含锅底状碳酸盐岩结核(图 2-2-3E)；石牌组细碎屑岩产出在其下部和上部层位，下部层位为黄绿色粉砂质泥岩、粉砂岩，上部层位为紫灰色、灰绿色粉砂质页岩和含灰质团块粉砂质泥岩(图 2-2-3F)。奥陶系最特征的细碎屑岩出现在五峰组，其中：笔石页岩段以灰黑色—灰黄色硅质泥岩为主，产丰富笔石化石，水平层理发育(图 2-2-3G)；观音桥段为典型黏土岩。志留系龙马溪组基本由细碎屑岩组成，页理和水平层理发育，下部为黑色页岩、灰黑色粉砂质泥岩，上部为黄绿色粉砂岩、含泥质粉砂岩和泥岩(图 2-2-3H)。志留系罗惹坪组主要由细碎屑岩组成，水平层理发育，层面常见保存完好的不对称波痕，底部为灰绿色含粉砂质泥岩，中部为黄绿色粉砂质泥岩、页岩，上部为灰绿色钙质泥岩(图 2-2-3I)。志留系新滩组基本由细碎屑岩组成，以灰绿色、黄绿色页岩、砂质页岩为主。志留系纱帽组下部均以细碎屑岩为主，岩性主要为黄绿色泥岩、页岩、粉砂质泥岩，夹薄层状砂岩，水平层理发育。侏罗系桐竹园组中上部发育有灰黄色粉砂岩、泥岩，含丰富的植物化石(图 2-2-3J)。

二、碳酸盐岩

1. 灰岩

依据 Dunham 的碳酸盐岩分类方案，本实习区常见的灰岩主要有：①无沉积结构的结晶灰岩；②沉积时沉积成分黏结在一起的格架灰岩，主要是海绵礁骨架灰岩和珊瑚礁骨架灰岩；③沉积时沉积成分未被黏结的灰岩。为了便于总结，对于第三类灰岩，将自生颗粒含量大于10%者按主要自生颗粒类型的不同划分为生物碎屑灰岩、内碎屑灰岩、核形石灰岩和鲕粒灰岩，将自生颗粒含量小于10%者按 Dunham 分类方案命名为泥晶灰岩。

1)结晶灰岩

结晶灰岩在实习区内主要见于震旦系灯影组二段(石板滩段)局部层位，岩石比较致密，由颗粒状方解石呈镶嵌状排列组成，有可能为泥晶灰岩经重结晶作用形成的(图 2-2-4)。

2)格架灰岩

格架灰岩可由原地生长群体生物以其坚硬的钙质骨骼形成生物格架，格架内部孔隙及格

图 2-2-3　实习区常见的细碎屑岩类型

A. 莲沱组(Nh_1l)细碎屑岩与砂岩互层(青林口);B. 南沱组(Nh_2n)细碎屑岩与粗碎屑岩互层(九龙湾);C,D. 陡山沱组二段(Z_1d^2)含围棋子状结核碳质泥岩,可见球形风化(花鸡坡);E. 水井沱组($\in_1s$)碳质页岩(九曲垴);F. 石牌组三段($\in_1sh^3$)灰绿色粉砂质泥岩(茶园坡);G. 奥陶系五峰组(O_3w)硅质泥岩(王家湾);H. 龙马溪组(S_1l)粉砂质泥岩(王家湾);I. 罗惹坪组(S_1lr)粉砂质泥岩,层面发育波痕构造(五龙);J. 桐竹园组(J_1t)粉砂岩,可见保存完好的植物化石(郭家坝)

图 2-2-4　灯影组石板滩段(Z_2dy^s)结晶灰岩(雾河)

架之间多充填泥晶、内碎屑、生物碎屑、亮晶胶结物等构成障积灰岩或骨架灰岩;也可由微生物席原地生长黏结其他碳酸盐组分形成生物黏结格架,与化学沉积形成的碳酸盐矿物一起构成黏结灰岩。实习区内可见的格架灰岩主要是寒武系天河板组($\in_1t$)古杯生物礁骨架灰岩(图 2-2-5A)、二叠系吴家坪组(P_3w)海绵礁骨架灰岩和珊瑚礁骨架灰岩(图 2-2-5B、C)、寒武系—奥陶系娄山关组($\in_2O_1l$)叠层石黏结灰岩(图 2-2-5D)。

图 2-2-5　实习区出现的格架灰岩类型

A. 天河板组($\in_1t$)古杯生物礁骨架灰岩(九畹溪);B. 吴家坪组(P_3w)海绵礁骨架灰岩(链子崖);C. 吴家坪组(P_3w)珊瑚礁骨架灰岩(桂垭);D. 娄山关组($\in_2O_1l$)叠层石黏结灰岩(芝茅公路)

3)生物碎屑灰岩

在实习区内奥陶系—三叠系碳酸盐岩地层中,生物碎屑灰岩比较多见,主要为生物碎屑粒泥灰岩—泥粒灰岩。尤其以奥陶系分乡组、二叠系茅口组和吴家坪组灰岩中生物碎屑含量丰富,生物类型多样(图 2-2-6)。

图 2-2-6　实习区常见的生物碎屑灰岩类型

A. 分乡组(O_1f)生物碎屑泥粒灰岩,风化面上可见大量腕足类生物壳体(桂垭);B. 宝塔组(O_3b)生物碎屑粒泥灰岩,震旦角石中可见示底构造(五龙);C-F. 茅口组(P_2m)生物碎屑粒泥灰岩-泥粒灰岩,可见腹足类、介形虫类、蜓类、双壳类、苔藓虫类、珊瑚类等生物碎屑(链子崖);G,H. 吴家坪组(P_3w)生物碎屑粒泥灰岩-泥粒灰岩,可见海绵类、腕足类、介形虫类等生物碎屑(链子崖)

4)内碎屑灰岩

内碎屑灰岩在实习区内主要见于寒武系天河板组和奥陶系南津关组局部层位,为内碎屑泥粒灰岩(图 2-2-7)。内碎屑颗粒多为泥晶灰岩,呈棱角—次棱角状,含量为 40%～70%不等,呈过渡支撑结构。泥晶胶结,基底式—孔隙式胶结类型。内碎屑颗粒大小在天河板组中为 0.5～1cm,在南津关组中为 0.5～4cm。

图 2-2-7　实习区常见的内碎屑灰岩类型

A.寒武系天河板组($\in_1t$)内碎屑灰岩(九畹溪);B.奥陶系南津关组(O_1n)内碎屑灰岩(桂垭)

5)核形石灰岩

核形石灰岩在实习区内主要见于寒武系天河板组(图 2-2-8)。核形石大小为 1～1.5cm,含量约 50%,呈过渡支撑结构,泥晶胶结。

图 2-2-8　寒武系天河板组($\in_1t$)核形石灰岩(九畹溪)

6)鲕粒灰岩

鲕粒灰岩在实习区内主要见于寒武系天河板组和奥陶系分乡组等层位(图 2-2-9)。天河板组中的鲕粒灰岩常与核形石灰岩共生,鲕粒大小在 2mm 左右(图 2-2-9A),部分层位可达 1.5cm(图 2-2-9B),具有清晰的同心圈层结构,鲕粒含量为 40%～60%,过渡支撑,泥晶胶结,基底式—孔隙式胶结类型。分乡组鲕粒灰岩的鲕粒大小约为 1mm,鲕粒含量约为 80%,颗粒支撑,亮晶胶结,孔隙式胶结类型(图 2-2-9C、D)。

7)泥晶灰岩

泥晶灰岩在实习区内分布比较广泛,总体特征为自生颗粒含量少,以泥晶基质为主,较致密,参差状断口,常具水平层理(图 2-2-10)。

2. 白云岩

实习区内白云岩在新元古界—下古生界奥陶系分布较多,上古生界—中生界主要发育于

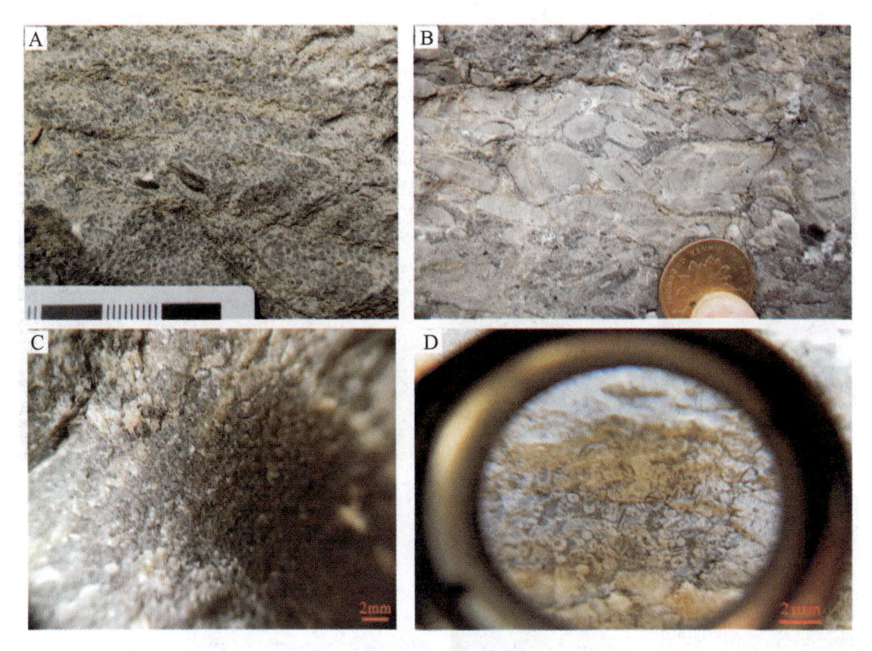

图 2-2-9　实习区常见的鲕粒灰岩

A. 天河板组($\in_1 t$)鲕粒泥晶颗粒灰岩，部分鲕粒内部有重结晶现象(芝茅公路)；B. 天河板组($\in_1 t$)豆粒泥晶颗粒灰岩，具有典型的同心圆状圈层结构(九畹溪)；C，D. 分乡组($O_1 f$)鲕粒颗粒灰岩，亮晶胶结物特征明显(长阳肖家台)

图 2-2-10　实习区常见的泥晶灰岩类型

A. 灯影组石板滩段($Z_2 dy^s$)含生物碎屑泥晶灰岩，可见藻化石(雾河)；B. 岩家河组($\in_0 y$)含碳质泥晶灰岩(滚石坳)；C，D. 灯影组石板滩段($Z_2 dy^s$)薄层状泥晶灰岩中发育有水平层理，可见雁列式、火炬状节理(北风垭)

三叠系嘉陵江组。其总体特征为灰白色，滴稀盐酸不起泡或缓慢起泡，风化面上发育“刀砍纹”。几种典型的白云岩如图 2-2-11 所示，白云岩中常见的沉积构造如图 2-2-12 所示。

图 2-2-11　实习区常见的白云岩类型

A,B. 灯影组白马沱段(Z_2dy^b)中的结晶白云岩，具有“砂糖状”结构(雾河)；C,D. 陡山沱组一段(Z_1d^1)“盖帽”白云岩，风化面上有明显的“刀砍纹”，底部有钙质结壳发育(棺材岩)；E,F. 灯影组蛤蟆井段(Z_2dy^h)纹层状白云岩和膏溶角砾白云岩(棺材岩)；G. 天河板组($\in_1t$)底部砾屑白云岩(茶园坡)；H. 覃家庙组($\in_2q$)上部岩溶角砾白云岩(芝茅公路)

图 2-2-12　实习区白云岩中常见的沉积构造

A,B. 灯影组蛤蟆井段(Z_2dy^h)发育有层内包卷层理构造、盐丘构造和帐篷状构造(棺材岩);C,D. 娄山关组($\in_2O_1l$)白云岩中可见叠层构造和缝合线构造,缝合线中可见残留的有机质(抬上坪)

第三节　岩浆岩与岩浆作用

黄陵穹隆地区侵入岩的活动时间主要集中于太古宙、古元古代和新元古代 3 个时代,主体为中酸性花岗岩类,是研究地球早期大陆地壳的形成与演化、早期板块构造的启动与模式、扬子克拉通前寒武纪基底的形成与改造等重大科学问题的窗口。太古宙—古元古代花岗质岩体受后期改造已普遍发育片麻状构造,以东冲河片麻状花岗质复式岩体、巴山寺片麻状花岗质复式岩体、晒甲冲片麻状二长花岗岩体、圈椅埫钾长花岗岩体为代表。新元古代花岗岩则以黄陵花岗质复式岩体为代表,是晋宁运动的记录,举世瞩目的三峡大坝就建于黄陵复式花岗质岩基之上。黄陵穹隆地区的侵入岩分布见图 2-3-1。

一、太古宙—古元古代花岗质侵入杂岩

太古宙—古元古代花岗质岩浆活动强烈,岩体主要分布于黄陵穹隆北部地区,南部太平溪、邓村一带也有零星出露,其中以黄陵穹隆北部太古宙东冲河片麻状花岗质复式岩体和古元古代巴山寺片麻状花岗质复式岩体最为典型。

1. 古—中太古代东冲河片麻状花岗质复式岩体

(1)地质特征:东冲河片麻状花岗质复式岩体分布于黄陵穹隆西北水月寺一带,与古元古界黄凉河岩组、南华纪—震旦纪沉积盖层为沉积接触,被古元古代圈椅埫钾长花岗岩侵入。

岩体中包体非常发育,主要分为两类:一类为围岩捕虏体,如斜长角闪岩、斜长角闪片岩、黑云斜长片麻岩、角闪辉石岩等,主要来自野马洞岩组,包体多呈棱角状、条带状、长条状、球状等,与花岗片麻岩之间具较清楚的界线;另一类为深源包体,如暗色包体,一般规模不大,矿物成分为角闪石、黑云母、斜长石、辉石等,可能为难熔残留体,包体形态多样,有棱角状、透镜状

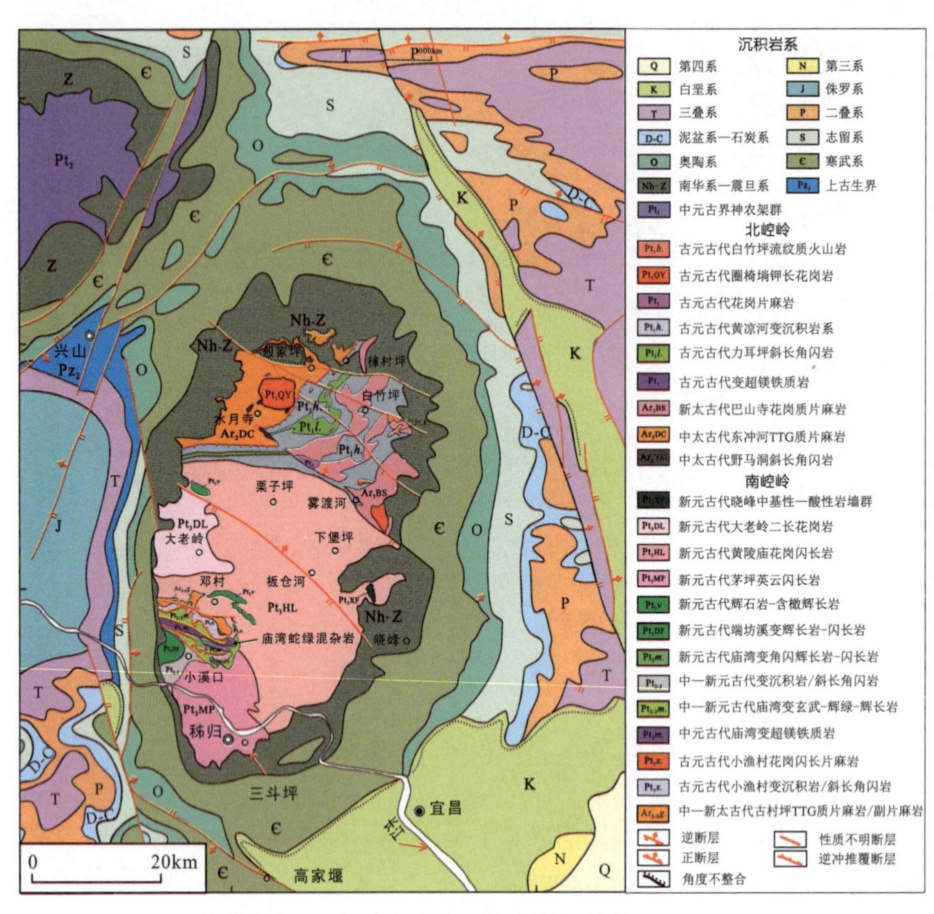

图 2-3-1　黄陵穹隆地区侵入岩地质略图（据彭松柏等，2010；Peng et al.，2012）

等不规则状，边缘圆化，并受剪切改造呈残斑状、石香肠状，与寄主岩边界局部清楚，局部呈过渡渐变。

(2)岩性组合特征：岩性主要为片麻状英云闪长岩、片麻状花岗闪长岩和片麻状奥长花岗岩（即 TTG 质片麻岩组合），其中片麻状奥长花岗岩和片麻状英云闪长岩分布广泛，片麻状花岗闪长岩出露较少，另有片麻状石英闪长岩与片麻状英云闪长岩呈过渡接触关系，露头上无明显界线。

A. 片麻状英云闪长岩：呈灰色，花岗结构，片麻状构造，主要由斜长石、石英、黑云母等矿物组成，含微量钾长石。斜长石属更长石类，多呈他形粒状，少数残留半自形或自形宽板柱粒状，发育细密聚片双晶，粒径为 0.5～2mm，个别可达 2～3mm，含有石英、黑云母包裹体，晶体表面具弱绢云母化蚀变。石英呈他形粒状，粒径为 0.2～2mm 不等，具波状消光。黑云母呈红棕色，多为半自形片状，少量他形片状，片径为 0.2～0.8mm。

B. 片麻状花岗闪长岩：呈灰黑色，粒状不等粒结构，片麻状构造，主要由石英、钾长石、斜长石组成，局部见约 3%的白云母。斜长石含量明显高于钾长石含量。钾长石为他形，粒径为 1.0～2.5mm，可见条纹状结构，内部常见斜长石、石英等矿物包裹体。斜长石呈粒状，粒径为 0.8～2.5mm，常见细密聚片双晶，表面绢云母化明显，有被钾长石交代现象。石英呈粒状，粒径为1.0～2.0mm。白云母呈片状，片径为0.1mm，有少量针柱状金红石与其伴生。

C.片麻状奥长花岗岩：呈灰白色，基本特征与片麻状英云闪长岩相似，只是在矿物组成上的暗色矿物较少，石英含量略高，岩石色调较浅。

东冲河片麻状花岗质复式岩体从片麻状英云闪长岩到片麻状奥长花岗岩，总体显示暗色矿物含量减少的趋势。岩石化学成分中的 SiO_2 含量较高，$Na_2O>K_2O$，显示低钙、低钾、富钠、偏铝—过铝质花岗岩的特征。

(3)形成时代：前人对东冲河片麻状花岗质复式岩体测得的同位素年龄值范围较大，但最新研究表明，其形成时代多集中于3300～2900Ma(Qiu et al.,2000；焦文放等，2009；Gao et al.,2011)。据此，将其形成时代划为古—中太古代。

2. 古元古代早期巴山寺片麻状花岗质复式岩体

(1)地质特征：巴山寺片麻状花岗质复式岩体主要分布于黄陵穹隆东北部雾渡河一带，与黄凉河岩组呈侵入接触，南部被新元古代黄陵花岗岩体侵入，东端与震旦系呈沉积接触关系。岩体分布面积为57km²，其中捕虏体发育，主要为斜长角闪岩、黑云斜长片麻岩等表壳岩系捕虏体，并且多有不同程度的同化混染作用，包体的分布走向总体上与区域性片麻理一致，局部截切关系明显。岩体经历了后期的变质作用，局部见有混合岩化变质，浅色体由斜长花岗质粗粒伟晶岩脉及中粗粒二长伟晶岩脉构成，多顺片麻理方向展布，局部斜切，均有不同程度的片麻理化。

(2)岩性组合特征：主要岩性为灰白色花岗质片麻岩，原岩包括黑云斜长花岗岩和黑云二长花岗岩。岩石具中细粒等粒—不等粒结构，片麻状、条带状构造，岩体中心具弱片麻状构造，并可见肠状等塑流褶皱。主要矿物为斜长石(20%～65%)、石英(20%～35%)、钾长石(0～30%)。斜长石呈他形粒状，少数为半自形晶，并可见聚片双晶、卡钠复合双晶，多为奥长石，粒径为0.3～0.5mm。副矿物组合为石榴子石、锆石、磷灰石、黄铁矿，成分较复杂，显示了深熔岩浆岩的特征。在岩石地球化学成分上，原岩 $Na_2O>K_2O$，原岩属于高铝型花岗岩类(鄂西地质大队，1994)。

(3)形成时代：1∶5万茅坪河幅区域地质调查研究认为，巴山寺花岗片麻岩的源岩为玄武质岩石与长英质岩石不同程度混合熔融的产物，其全岩Rb-Sr同位素年龄值为2332～2172Ma(姜继圣，1986；李福喜，1987)，显示其形成时代属古元古代。

3. 古元古代中期晒甲冲片麻状二长花岗岩体

(1)地质特征：古元古代中期片麻状二长花岗岩分布于晒甲冲、张家老屋、水月寺东等地，呈小岩株产出。岩体侵入于东冲河花岗片麻岩、巴山寺花岗片麻岩，局部见基性岩包体，受改造已发育有片麻理褶皱。在雾渡河一带还可见岩体被后期韧性剪切改造形成的变余糜棱岩。

(2)岩性组合特征：主要岩性为(含角闪)黑云二长片麻岩，其原岩为二长花岗岩。岩石具细粒状—鳞片状结构，片麻状、条带状构造，结构、构造较均一，主要矿物成分为钾长石(25%～47%)、斜长石(20%～49%)、石英(20%～35%)、黑云母(3%～15%)，少量磁铁矿等。黑云母断续分布于长英质矿物间，构成片麻状结构。黑云母呈红褐色，片径为0.2～0.7mm。长英质矿物定向排列，局部见细粒化，晚期发生重结晶。斜长石呈粒状变晶，个别残余呈半自形板柱状，具钠黝帘石化和绢云母化蚀变，粒径为0.2～1mm。显微镜下钾长石发育清晰的格子双晶，为微斜条纹长石，粒径为0.3～1.5mm。石英呈他形粒状变晶，粒径多为0.1～0.8mm，少量为1～1.5mm。混合岩化、钾化作用较发育，局部已变为钾长花岗质片麻岩。

(3)形成时代：晒甲冲片麻状二长花岗岩侵入东冲河花岗片麻岩和巴山寺花岗片麻岩，其岩石地球化学特征显示为钙碱性岩石系列演化晚期，因此，其时代应晚于巴山寺花岗片麻岩的形成时代。

4. 古元古代晚期圈椅埫钾长花岗岩体

(1)地质特征：圈椅埫钾长花岗岩在平面上呈近等轴状岩株产出，出露面积为21km^2。岩性以黑云母钾长花岗岩为主，分布于黄陵穹隆西北部，与太古宇野马洞岩组呈侵入接触关系，局部接触带附近具明显的同化混染现象。接触面产状：北部向南倾，倾角80°；南部倾向变化大，但总体倾向南偏东，倾角67°～84°，局部向北倾，倾角30°～68°。岩体与围岩接触产状主要受围岩片理、片麻岩控制，两者表现和谐一致。

在野马洞、东冲河等地出现边缘混合岩化，较多钾长质脉体切割早期太古宙TTG质片麻岩。岩体内常见有捕虏体，边缘常见石英岩、黑云母片岩、斜长角闪岩捕虏体，后期基性岩脉侵入现象常见。圈椅埫钾长花岗岩体在空间上有较明显的粒径变化，具明显的岩相分带现象。

(2)岩性组合特征：岩石类型以黑云母钾长花岗岩为主，次为黑云母碱长花岗岩、黑云母二长花岗岩、黑云母石英正长岩、黑云母石英二长岩、正长岩等，其中黑云母石英正长岩、黑云母石英二长岩及正长岩主要分布于岩体南部(表2-3-1)。

表2-3-1　黄陵穹隆核部圈椅埫钾长花岗岩体各类岩石特征表(据鄂西地质大队，1987)

岩石类型	主要矿物含量/%				结构构造
	钾长石	斜长石	石英	黑云母	
黑云母钾长花岗岩	44～48	20～28	23～30	1～4	花岗结构、交代结构；块状构造
黑云母碱长花岗岩	56～64	5～10	28～32	3～6	以花岗结构、交代结构为主，次为似斑状结构、显微文象结构、似文象结构；块状构造
黑云母二长花岗岩	27～47	25～30	25～36	3～4	以花岗结构为主，次为交代结构、显微文象结构、似文象结构、碎裂结构、似斑状结构；块状构造
黑云母石英正长岩	64～67	8～10	18～20	5～7	花岗结构；块状构造
黑云母石英二长岩	28～40	32～50	10～15	3～5	半自形—他形粒状结构、交代结构(花岗结构)
正长岩	70～80	1	2～3	1～2	交代结构；块状构造

岩石整体呈砖红色，斑状结构，块状构造，主要组成矿物为钾长石(65%～70%)、石英(20%～25%)、黑云母(<5%)、斜长石(<5%)，磁铁矿、磷灰石、锆石为其主要副矿物(<1%)。钾长石具明显的文象结构，粒径可达5mm，主要为微斜长石，含少量条纹长石。石英呈半自形至自形，粒径为1～2mm。

(3)形成时代：圈椅埫钾长花岗岩锆石U-Pb同位素定年、岩石地球化学特征研究表明，它为形成于古元古代晚期约1850Ma的A型花岗岩，是深部太古宙地壳在古元古代后造山伸展构造环境发生部分熔融形成的花岗岩(熊庆等，2008；Peng et al.，2012)。

二、新元古代花岗侵入杂岩

新元古代花岗侵入杂岩是指主要分布于黄陵穹隆南部的新元古代黄陵花岗质复式岩体，也称黄陵花岗岩岩基、黄陵复式花岗岩体。综合武汉地质调查中心1∶5万莲沱幅和三斗坪幅区域地质填图(2012)、Wei等(2012)新元古代花岗侵入杂岩划分方案，以及马大铨等(2002)、1∶25万荆门幅区域地质调查(2006)等研究成果，将新元古代黄陵花岗杂岩划分为由早到晚4个岩浆活动阶段对应的4个岩石组合(详见图2-3-1和表2-3-2)。

1. 新元古代第一期中—基性侵入岩组合

该侵入岩组合主要分布于太平溪镇端坊溪、寨包一带，总体呈北西西向，由变辉长岩和角闪辉长岩体组成，岩石具中细粒等粒结构，块状构造，各岩石单元均具较弱的绿泥石化、绿帘石化、绢云母化等。根据其岩性、结构和接触关系等的不同，它可划分为垭子口、寨包两个岩浆侵入单元(侵入岩体)。

1)垭子口变中细粒辉长岩体($Pt_3^1\delta$)

(1)地质特征：垭子口岩体侵入于小渔村岩组，局部被黄陵庙超单元穿切，在黄陵庙超单元中见有大量垭子口单元捕虏体。

(2)岩性组合特征：该岩体主要由变中细粒辉长岩组成，局部暗色矿物分布不均而显斑杂状，偶见紫苏辉石、普通辉石残晶。主要矿物含量分别为斜长石75%～80%，普通角闪石20%～25%，黑云母1%～2%，辉石为1%左右。副矿物种类少，磁铁矿占据主导，次为黄铁矿、磷灰石。

岩体中含有斜长角闪岩、角闪石岩、黑云斜长片麻岩等包体。斜长角闪岩和斜长片麻岩包体特征与围岩崆岭岩群具相似性。包体与围岩呈渐变关系，应为深源岩浆熔融残留体。

(3)形成时代：根据垭子口岩体被黄陵庙超单元穿切的野外现象推测，该岩体形成时代应早于860Ma。

2)寨包变细中粒辉长岩体($Pt_3^1\delta z$)

(1)地质特征：寨包岩体侵入垭子口岩体，接触界面清晰且呈港湾状，向内倾斜，内接触带可见宽约1m的较密集叶理带。西北部被震旦系莲沱砂岩沉积接触掩盖。

(2)岩性组合特征：该岩体主要由变细中粒辉长岩构成，主要矿物含量分别为斜长石55%～60%，角闪石30%～35%，辉石约5%，黑云母约1%。岩石副矿物种类较少，磁铁矿占主导，次为黄铁矿、磷灰石等。

岩体中的包体较少，主要为斜长角闪岩，分布于内接触带附近。

(3)形成时代：根据地质接触关系，本岩体单元形成时代应略晚于垭子口变中细粒辉长岩体。

2. 新元古代第二期中—酸性侵入岩组合

新元古代第二期中—酸性侵入岩组合位于黄陵穹隆西南部，分布于三斗坪、黄家冲一带，总体呈北北西向展布，西北侧侵入庙湾岩组，南端被南华系莲沱组沉积不整合覆盖，东侧被黄陵庙超单元侵入。主要岩性为石英闪长岩-英云闪长岩，具细—粗粒不等粒结构，块状构造，主要矿物组成为斜长石、角闪石、石英、黑云母等，属次铝质钙碱性中酸性岩类。

表 2-3-2　黄陵穹隆地区新元古代侵入岩划分对比表

马大铨等(2002)			1∶5 万区调(1991,1994)			1∶25 万区调(2006)			1∶5 万区调(2012)			彭松柏等(2023)			同位素年龄/Ma
岩套	单元	主要岩性	超单元	单元	主要岩性	超单元	单元	主要岩性	序列	侵入体	主要岩性	超单元	侵入体	主要岩性	
晓峰	七里峡	花岗斑岩、花岗闪长斑岩	七里峡	七里峡岩墙群	花岗斑岩、花岗闪长斑岩	七里峡	七里峡岩墙群	花岗斑岩、花岗闪长斑岩	晓峰	七里峡岩墙群	花岗斑岩、花岗闪长斑岩	晓峰	七里峡岩墙群	花岗斑岩、花岗闪长斑岩	806～797、804
大老岭	马滑沟	中细粒含石榴子石二云二长花岗岩	大老岭	龚家冲	中粗粒钾长花岗岩	华山关	龚家冲	中粗粒钾长花岗岩	华山关	龚家冲	中粗粒正长花岗岩	大老岭	马滑沟	中细粒含石榴二云二长花岗岩	795
				王家山	中(细)粒黑云母二长花岗岩		王家山	中(细)粒黑云母二长花岗岩		王家山	中(细)粒黑云母二长花岗岩				
				马滑沟	中细粒含石榴子石二云二长花岗岩	大老岭	马滑沟	中细粒黑云母二长花岗岩	大老岭	马滑沟	中细粒二长花岗岩				
	田家坪	似斑状角闪石黑云母二长花岗岩		田家坪	似斑状角闪石黑云母二长花岗岩		田家坪	似斑状角闪石黑云母二长花岗岩		田家坪	似斑状角闪石黑云母二长花岗岩		田家坪	似斑状角闪石黑云母二长花岗岩	
	鼓浆坪	不等粒黑云母二长花岗岩		鼓浆坪	不等粒黑云母二长花岗岩		鼓浆坪	不等粒黑云母二长花岗岩		鼓浆坪	黑云母二长花岗岩		鼓浆坪	黑云母二长花岗岩	
	凤凰坪	角闪石黑云母石英二长闪长岩		凤凰坪	角闪石黑云母石英二长闪长岩		凤凰坪	角闪石黑云母石英二长闪长岩		凤凰坪	角闪石黑云母石英二长闪长岩		凤凰坪	角闪石黑云母石英二长闪长岩	
黄陵庙				龙潭坪	细粒斑状黑云母花岗岩		陈家湾	中粒斑状黑云母斜长花岗岩		龙潭坪	细粒斑状黑云母花岗岩		龙潭坪	细粒斑状黑云母花岗岩	844
				陈家湾	中粒斑状黑云母斜长花岗岩		金龙沟	中细粒闪长岩		金龙沟	中细粒闪长岩		金龙沟	中细粒闪长岩	
	下堡坪	淡色似斑状黑云母花岗闪长岩	黄陵庙	总溪坊	中粒黑云母花岗岩	黄陵庙	总溪坊	中粒二长花岗岩	黄陵庙	总溪坊	中粒黑云母二长花岗岩	黄陵庙	总溪坊	中粒黑云母二长花岗岩	
				内口	中粒斑状黑云母花岗闪长岩		内口	中粒斑状黑云母花岗闪长岩		内口	中粒斑状花岗闪长岩		内口	中粒斑状花岗闪长岩	835
	蛟龙寺	淡色似斑状黑云母奥长花岗岩								茅坪沱	中粒含斑花岗闪长岩		茅坪沱	中粒含斑花岗闪长岩	844
				鹰子咀	中粒花岗闪长岩		鹰子咀	中粒花岗闪长岩		鹰子咀	中粒花岗闪长岩		鹰子咀	中粒花岗闪长岩	850
	乐天溪	含角闪石黑云母奥长花岗岩		路溪坪	中细粒斜长花岗岩		路溪坪	中细粒斜长花岗岩		路溪坪	中细粒奥长花岗岩		路溪坪	中细粒黑云母斜长(奥长)花岗岩	852

续表 2-3-2

马大铨等(2002)			1∶5 万区调(1991,1994)			1∶25 万区调(2006)			1∶5 万区调(2012)			彭松柏等(2023)			同位素年龄/Ma
岩套	单元	主要岩性	超单元	单元	主要岩性	超单元	单元	主要岩性	序列	侵入体	主要岩性	超单元	侵入体	主要岩性	
三斗坪	小溪口	中细粒角闪英云闪长岩	茅坪	王良楚垭	中细粒角闪黑云英云闪长岩	茅坪		中细粒角闪黑云英云闪长岩(脉)	茅坪		中细粒角闪黑云英云闪长岩(脉)	茅坪		中细粒角闪黑云英云闪长岩(脉)	
	堰湾	粗粒含角闪石黑云英云闪长岩		金盘寺	粗中粒含角闪黑云英云闪长岩		金盘寺	粗中粒含角闪黑云英云闪长岩		金盘寺	粗中粒角闪黑云英云闪长岩		金盘寺	中粗粒角闪黑云英云闪长岩	842
	西店咀	角闪黑云英云闪长岩		三斗坪	中粒角闪黑云英云闪长岩		三斗坪	中粒黑云角闪英云闪长岩		三斗坪	中粒黑云角闪英云闪长岩		三斗坪	中粒黑云角闪英云闪长岩	863、838～844
	太平溪	中粗粒黑云角闪英云闪长岩		东岳庙	中细粒黑云角闪石英闪长岩		太平溪	粗中粒黑云角山石英闪长岩		太平溪	粗中粒石英闪长岩		太平溪	中粗粒石英闪长岩	
				太平溪	粗中粒黑云角闪石英闪长岩										
	美人沱	中细粒石英闪长岩		中坝	中细粒角闪石英闪长岩		中坝	中细粒角闪石英闪长岩		中坝	中细粒石英闪长岩		中坝	中细粒石英闪长岩	
				文昌阁	细粒黑云角闪石英闪长岩										
	肖家猪	石英辉长岩		肚脐湾	粗粒角闪闪长岩		肚脐湾	粗粒角闪闪长岩		肚脐湾	变粗中粒辉长岩		肚脐湾	变中粗粒辉长岩	
			端坊溪	寨包	细中粒闪长岩	端坊溪	寨包	细中粒闪长岩	端坊溪	寨包	变中细粒辉长岩	端坊溪	寨包	变细中粒辉长岩	>860
				垭子口	中细粒角闪闪长岩		垭子口	中细粒角闪闪长岩		垭子口	变中细粒辉长岩		垭子口	变中细粒辉长岩	

岩体中微粒包体较发育。根据岩性、矿物成分、结构构造、包体及接触关系等特征，将其划分为中坝中细粒石英闪长岩体($Pt_3^2\delta o$)、太平溪中粗粒石英闪长岩体($Pt_3^2\delta o$)、三斗坪中粒黑云角闪英云闪长岩体($Pt_3^2\gamma o\beta$)、金盘寺中粗粒角闪黑云英云闪长岩体($Pt_3^2\gamma o\beta$)4 个岩浆侵入岩体(单元)。

1)中坝中细粒石英闪长岩体($Pt_3^2\delta o$)

(1)地质特征:中坝单元(岩体)总体呈近南北—北东向弧形展布。西侧侵入崆岭岩群，南段被震旦系莲沱组角度不整合覆盖，东侧与太平溪单元呈平行式侵入不整合接触，南东侧被三斗坪单元斜切式穿切。

(2)岩性组合特征:主要岩性为中细粒石英闪长岩。主要矿物组成为斜长石(50%～55%)、普通角闪石(30%～35%)、石英(10%～15%)、黑云母(约 2%)。岩石中副矿物类型少，磁铁矿占主导，含少量锆石、磷灰石、黄铁矿等。

岩体中包体发育，类型较多，有细微粒闪长(玢岩)质、斜长角闪岩、(角闪)黑云斜长片麻岩等包体，后两类包体特征与崆岭岩群变质岩具相似性，且多产于崆岭岩群的内接触带附近。包体集中成带或孤立产出，与围岩呈截变或弥散状接触，偶见包体具黑云母环边。此外，还见有石英闪长岩、辉绿玢岩包体。

(3)形成时代:根据侵入接触关系，中坝中细粒石英闪长岩形成时代应早于三斗坪中粒黑云角闪英云闪长岩体，即早于 860 Ma，但晚于新元古代第一期的寨包变细中粒辉长岩体。

2)太平溪中粗粒石英闪长岩体($Pt_3^2\delta o$)

(1)地质特征:太平溪中粗粒石英闪长岩体呈近南北—北北东向带状展布，南东侧被三斗坪单元穿切，北侧侵入崆岭岩群。

(2)岩性组合特征:主要岩性为中粗粒石英闪长岩。主要矿物组成为斜长石(60%～66%)、石英(10%～15%)、普通角闪石(10%～15%)和黑云母(约 5%)。副矿物种类较少，磁铁矿占主导，磷灰石、褐帘石含量较高。

岩体中的包体非常发育，主要为闪长(玢岩)质包体，呈长条—透镜状产出，外形圆滑，多密集呈条带状产出，带宽一般 3～5m 不等，顺叶理产出，其成分与中坝中细粒石英闪长岩体中的闪长(玢岩)质包体相近，但含斜长石斑晶(5%～8%)。

(3)形成时代:根据侵入接触关系，太平溪中粗粒石英闪长岩体形成时代应早于三斗坪中粒黑云角闪英云闪长岩体，即早于 860Ma，但晚于中坝中细粒石英闪长岩体。

3)三斗坪中粒黑云角闪英云闪长岩体($Pt_3^2\gamma o\beta$)

(1)地质特征:三斗坪中粒黑云角闪英云闪长岩体是新元古代第二期侵入岩的主体，分布于三斗坪、王良楚垭一带，呈近南北向展布，其北部侵入崆岭岩群小渔村岩组、庙湾岩组，南侧被南华系莲沱组沉积不整合覆盖，东侧被金盘寺中粗粒角闪黑云英云闪长岩体($Pt_3^2\gamma o\beta$)、路溪坪中细粒黑云母斜长(奥长)花岗岩体($Pt_3^2\gamma o$)穿切。

(2)岩性组合特征:主要岩性为中粒黑云角闪英云(石英)闪长岩。岩石风化面呈灰褐色，新鲜面呈暗灰色—黑白相间的斑杂色，以中粒结构为主，长英矿物粒径为 2～4mm，少量可达 5mm，块状构造。主要矿物组成为斜长石(55%～65%)、石英(10%～15%)、黑云母(10%～20%)和普通角闪石(5%～10%)。常见副矿物为磁铁矿，次为磷灰石、钛铁矿、褐帘石、锆石等。锆石颜色较杂，以玫瑰色、浅黄色为主。地球化学数据特征显示岩体为过铝质钙碱性花岗岩类。

包体较发育，多为闪长(玢)岩、暗色闪长岩、斜长角闪岩等。

(3)形成时代:三斗坪中粒黑云角闪英云闪长岩体侵入中元古界庙湾岩组,但又被新元古代第三期的黄陵庙花岗岩侵入。在中粒角闪黑云英云闪长岩获得的锆石 SHRIMP U-Pb 同位素成岩年龄为(863±9)Ma(Wei et al.,2012)。

4)金盘寺中粗粒角闪黑云英云闪长岩体($Pt_3^2\gamma o\beta$)

(1)地质特征:该岩体呈北北西向带状展布,西侧与三斗坪中粒黑云角闪英云闪长岩体呈涌动接触,南侧被南华系沉积不整合覆盖,东侧被路溪坪中细粒黑云母斜长(奥长)花岗岩体侵入。

(2)岩性组合特征:主要岩性为中粗粒角闪黑云英云闪长岩。中粗粒结构,块状构造。主要矿物组成为:斜长石(55%~65%),呈半自形板条状,粒径 2~5mm;石英(10%~15%);黑云母(10%~15%),多呈鳞片状集合体,片径 2~5mm,大者可呈 7~10mm,多为集合体;普通角闪石(7%~12%),呈半自形长柱状,柱长多为 3~6mm,少量可达 8cm。常见副矿物为磁铁矿、磷灰石、锆石、褐帘石等。地球化学数据显示它为铝质钙碱性花岗岩类。

岩体中常见闪长玢岩、斜长角闪岩等包体,包体多呈单体出现,外形圆滑,边缘偶见黑云母晕圈。

(3)形成时代:金盘寺中粗粒英云闪长岩体侵入中元古界庙湾岩组,但又被新元古代第三期黄陵庙花岗岩侵入。在中粗粒角闪黑云英云闪长岩获得的锆石 SHRIMP U-Pb 同位素成岩年龄为(842±10)Ma(Wei et al.,2012)。

3. 新元古代第三期侵入岩

新元古代第三期侵入岩是黄陵花岗岩岩基的主要组成部分,分布于鹰子咀、内口、古城坪等地,西侧侵入新元古代第二期中—酸性侵入岩组合,南端被南华系莲沱组沉积不整合覆盖。总体具细—粗中粒等粒或连续不等粒结构,块状构造,包体类型单调,零星出露。根据岩石成分、结构、构造及地质接触关系等,新元古代第三期侵入岩可划分为:路溪坪中细粒黑云母斜长(奥长)花岗岩体($Pt_3^3\gamma o$)、鹰子咀中粒花岗闪长岩体($Pt_3^3\gamma\delta$)、茅坪沱中粒含斑花岗闪长(二长花岗岩)岩体($Pt_3^3\pi\gamma\delta$)和内口中粒斑状花岗闪长岩体($Pt_3^3\pi\gamma\delta$)4 个岩浆侵入单元。

1)路溪坪中细粒黑云母斜长(奥长)花岗岩体($Pt_3^3\gamma o$)

(1)地质特征:路溪坪单元呈北北西—北西向带状展布。该侵入体呈斜切式侵入新元古代第二期侵入岩中的金盘寺粗中粒英云闪长岩体,并侵入中—新元古代庙湾蛇绿混杂岩,东侧与鹰子咀中粒花岗闪长岩体多呈涌动接触,局部为脉动接触。在葛后坪一带呈近南北向的带状,其北西侧与中粒花岗闪长岩呈涌动接触,其余地方被南华系或震旦系沉积不整合覆盖。

(2)岩性组合特征:主要为中细粒黑云母斜长(奥长)花岗岩(部分为英云闪长岩)。岩石风化面呈灰黄色,新鲜面呈灰色,具中细粒花岗结构,块状构造,矿物粒径多为 1~2.5mm。主要矿物组成为:斜长石(65%~70%),呈他形—半自形板条状,聚片双晶发育,偶见卡钠复合双晶,具环带状构造;石英(25%~30%);黑云母(4%~8%),多呈鳞片状,少量呈书页片状定向分布;角闪石(1%~3%),呈针柱状;钾长石(2%~5%)。副矿物有磁铁矿,少量独居石、石榴子石、锆石等。锆石呈玫瑰色—浅玫瑰色,环带构造较发育。地球化学数据特征显示它为铝过饱和钙碱性花岗岩类。

岩体内偶见粗中粒或似斑状黑云母石英闪长岩及中细粒黑云母英云闪长岩包体,与崆岭岩群接触处见斜长角闪岩及黑云母斜长片麻岩包体。

(3)形成时代：路溪坪中细粒黑云母斜长(奥长)花岗岩体侵入中元古界庙湾岩组和中细粒英云闪长岩体，被鹰子咀中粒花岗闪长岩体侵入。在路溪坪中细粒黑云母斜长(奥长)花岗岩获得的锆石 SHRIMP U－Pb 同位素成岩年龄为(852±12)Ma(Wei et al.,2012)。

2)鹰子咀中粒花岗闪长岩体($Pt_3^3\gamma\delta$)

(1)地质特征：该岩体分布于鹰子咀一带，空间上呈环状分布，东侧为呈北西向分布的6个小岩体，西侧为1个呈北西向带状展布的大岩体。它侵入路溪坪中细粒黑云母斜长(奥长)花岗岩体，被后期茅坪沱中粒含斑花岗闪长岩体涌动侵入，被内口中粒斑状花岗闪长岩体脉动侵入。

(2)岩性组合特征：主要为中粒花岗闪长岩。中粒结构，矿物粒径为2～5mm，多为3mm左右。主要矿物组成为：斜长石(50%～55%)，呈半自形板条状，聚片双晶发育，偶见卡钠复合双晶，部分岩石中斜长石晶体表面浑浊，呈黄褐色，见黏土化和绢云母化，并见白云母穿插交代斜长石现象；石英(25%～30%)，呈他形粒状，局部由于构造作用有波状消光及重结晶现象；钾长石(8%～15%)，呈他形粒状—半自形板状，具格子双晶，不均匀分布于岩石中，偶见条纹长石(正条纹长石)；黑云母(4%～5%)，呈鳞片状，少数为叶片状，具浅黄色—暗褐色多色性，在南沱附近的侵入体中可见部分黑云母被白云母穿切交代，少量被绿泥石交代。副矿物以磁铁矿为主，次为磷灰石、锆石及褐帘石。锆石颜色较杂，以淡玫瑰色、浅黄色为主，其次为淡紫色。常见暗色闪长玢岩质、粗粒闪长质包体，偶见斑状黑云石英闪长质、中细粒黑云英云闪长质包体，与崆岭岩群接触处可见有斜长角闪岩、片麻岩包体。地球化学数据显示它属铝过饱和型钙碱性花岗岩类。

(3)形成时代：鹰子咀单元与路溪坪中细粒黑云母斜长(奥长)花岗岩体、茅坪沱中粒含斑花岗闪长岩体均呈涌动接触，被内口中粒斑状花岗闪长单元脉动侵入。鹰子咀中粒花岗闪长岩获得的锆石 SHRIMP U－Pb 同位素成岩年龄为(850±4)Ma(Wei et al.,2012)。

3)茅坪沱中粒含斑花岗闪长岩体($Pt_3^3\pi\gamma\delta$)

(1)地质特征：茅坪沱中粒含斑花岗闪长单元分布于乐天溪附近的茅坪沱一带，其与鹰子咀中粒花岗闪长岩体、内口中粒斑状花岗闪长岩体均呈涌动侵入接触。

(2)岩石特征：主要为中粒含斑花岗闪长岩。岩石风化面呈灰黄色，新鲜面呈浅灰色，矿物粒径为2～5mm。主要矿物组成为斜长石(55%～60%)、石英(28%～35%)、钾长石(3%～8%)，以及少量的黑云母(3%～5%)。副矿物以磁铁矿为主，其他副矿物含量低。具似斑状结构，块状构造。斑晶主要为石英和少量斜长石，钾长石斑晶少见，部分地方钾长石含量低，接近浅色英云闪长岩的成分。

茅坪沱中粒含斑花岗闪长岩体以含斜长石和石英斑晶与鹰子咀中粒花岗闪长岩体相区分。它与内口中粒斑状花岗闪长岩体的区别是：内口中粒斑状花岗闪长岩以钾长石斑晶为主，斑晶含量大于10%，且钾长石斑晶较大，而茅坪沱中粒含斑花岗闪长岩体中的钾长石斑晶少，主要为石英聚斑晶。地球化学数据显示它属铝过饱和型钙碱性花岗岩类。

茅坪沱中粒含斑花岗闪长岩体中见有闪长玢岩质、暗色粗粒闪长质包体，偶见斑状黑云母石英闪长质、中细粒黑云母英云闪长质包体，与崆岭岩群接触处见斜长角闪岩、片麻岩包体。

(3)形成时代：茅坪沱中粒含斑花岗闪长岩单元侵入中元古界庙湾岩组和细中粒英云闪长岩体。在茅坪沱中粒含斑花岗闪长岩中获得的锆石 SHRIMP U－Pb 同位素成岩年龄为(844±11)Ma(Wei et al.,2012)。

4）内口中粒斑状花岗闪长岩体（$Pt_3^3\pi\gamma\delta$）

（1）地质特征：该岩体主要分布于乐天溪、古城坪、钟鼓寨一带，与茅坪沱中粒含斑花岗闪长岩单元呈涌动侵入接触，与总溪仿侵入体呈脉动侵入接触。

（2）岩石特征：主要为中粒斑状黑云母花岗闪长岩，部分地方钾长石含量偏高，可定名为二长花岗岩。斑状结构，块状构造。岩石风化面呈灰黄色，新鲜面呈浅灰色，基质矿物粒径为2～5mm。主要矿物组成为斜长石（50%～55%）、石英（28%～33%）、钾长石（10%～20%）、黑云母（3%～5%）。副矿物以磁铁矿为主，见少量褐帘石、榍石、锆石等。钾长石中常见明显环带状构造。地球化学数据显示它属铝过饱和型钙碱性花岗岩类。

岩体中零星见斑状黑云母英云闪长质、斑状黑云母石英闪长质、闪长玢岩质、黑云母片岩等包体，一般呈次圆—次棱角状，中细粒黑云母英云闪长质包体呈条带状产出，与围岩呈截变接触。

（3）形成时代：内口中粒斑状花岗闪长岩体侵入鹰子咀中粒花岗闪长岩体，部分地段可见其脉动侵入茅坪沱中粒含斑花岗闪长岩体。内口单元中粒斑状黑云花岗闪长岩获得的锆石SHRIMP U－Pb同位素成岩年龄为（835±14）Ma（Wei et al.，2012）。

4. *新元古代第四期侵入岩*

新元古代第四期侵入岩主要分布于黄陵花岗岩岩基西北部大老岭林场一带，包含4个岩浆侵入单元，西部被震旦纪地层沉积不整合覆盖，北、东、南三面侵入新元古代第三期侵入岩和崆岭岩群，形成时代为795Ma（凌文黎等，2006）。

1）凤凰坪角闪石黑云母二长闪长岩岩体（$Pt_3^4\eta\delta$）

该岩体分布于大老岭超单元东北缘，总体呈弧形。岩石特征为：色率较高，中粒结构，块状构造（局部呈条带状），略具面状构造。

2）田家坪似斑状角闪石黑云母二长花岗岩体（$Pt_3^4\pi\eta\gamma$）

该岩体呈近东西向分布，以含大量粗大的钾长石斑晶及明显的角闪石区别于鼓浆坪单元，二者之间的直接接触关系未能查明。这两个单元相比，田家坪单元的色率和角闪石含量较高，而SiO_2较低，按岩浆演化规律，田家坪单元应早于鼓浆坪单元。

3）鼓浆坪黑云母二长花岗岩体（$Pt_3^4\eta\gamma$）

该岩体为大老岭超单元最大的岩体单元，主要分布于之子拐、大老岭林场场部、天柱山、长冲一线及其以西地区，与凤凰坪单元呈截切式侵入，有时也可见渐变过渡接触关系。

4）马滑沟中细粒含石榴子石二云二长花岗岩体（$Pt_3^4\eta\gamma$）

该岩体单元包括了马滑沟、沙坪、龙潭寺等岩体，以及许多未圈入的岩脉状小岩体。本单元分别侵入黄陵庙超单元和三斗坪超单元，未见与大老岭超单元等其他单元相接触。根据结构、矿物成分特点，暂将其置于大老岭超单元中最晚的侵入单元。

三、新元古代中—基性岩墙（岩脉）群

新元古代中—基性岩墙群主要分布于黄陵穹隆核部东侧晓峰一带，前人称其为晓峰岩套、七里峡岩墙群。该类岩墙群单个脉体的规模较小，数量多，且岩性变化大，脉岩十分发育，走向多为NE30°～70°。北、西、南分别侵入路溪坪单元和内口单元，皆为超动接触。该岩墙群由大量密集的北东向陡立岩墙（脉）组成，单个脉体一般宽1～10m，沿走向长30～70m，多数倾向

南东，少数倾向北西。形成时代为806～797Ma(Zhang et al.，2008)。

七里峡岩墙群岩性较复杂，主要岩性为细粒闪长岩、闪长玢岩、石英闪长玢岩、石英二长闪长玢岩、斜长花岗斑岩等。该类岩脉与围岩具有清晰截然的边界，其相互之间侵入关系为：斜长花岗斑岩脉侵入围岩，闪长玢岩脉侵入细粒闪长岩，石英闪长玢岩脉侵入闪长玢岩脉，石英二长闪长玢岩脉侵入闪长玢岩脉等。

七里峡岩墙群的侵位顺序为：细粒闪长岩→闪长玢岩→石英闪长玢岩→石英二长闪长玢岩→花岗斑岩。另外，还有少量微晶闪长岩脉及辉绿(玢)岩脉随机分布，产状与上述岩脉一致，并明显穿切上述岩脉。斜长花岗斑岩脉中还可见暗色包体，形态多样，有圆形、树叶状、不规则状等，一般来说，包体越大则其形态越不规则。

(1)细粒闪长岩脉：本类岩脉常被闪长玢岩脉侵入，界线截然，细粒闪长岩脉边部见1～2mm烘烤边，接触面产状300°∠79°。灰色，细粒结构，块状构造，主要矿物为斜长石、角闪石、黑云母及少量石英。斜长石呈他形和半自形粒状、板状，粒径为0.5～2mm；角闪石呈短柱状，粒径为1～2mm；黑云母呈细鳞片状。副矿物主要为磁铁矿及榍石等。

(2)闪长玢岩脉：常侵入细粒闪长岩脉，被石英二长闪长玢岩脉侵入。深灰色，斑状结构，块状构造，主要矿物成分见表2-3-3。斑晶主要由斜长石、角闪石组成，含少量黑云母。角闪石呈自形柱状；斜长石多呈自形板状，少数因熔蚀呈浑圆状，最大粒径为3～5mm，基质为隐晶质结构，约占总量的70%。岩石副矿物为磁铁矿、磷灰石、锆石。

表2-3-3　七里峡岩墙群各岩石类型矿物含量表

(据《1∶5万莲沱幅、分乡场幅、三斗坪幅、宜昌市幅区域地质调查报告》，2012)

单位名称	岩性	主要矿物含量/%				
		钾长石	斜长石	石英	黑云母	角闪石
七里峡岩墙群	斜长花岗斑岩	2～3	60	30	1～2	
	石英二长闪长玢岩	10(斑晶)	12(斑晶)			
	石英闪长玢岩	5	30～40	15～20	3～5	5～10
	闪长玢岩		60	5	10	10～20
	细粒闪长岩		60	5	4～5	20

(3)石英闪长玢岩脉：灰色，斑状结构，块状构造，主要矿物成分见表2-3-3。斑晶主要为钾长石，自形—半自形板状，为中长石，粒径为0.4mm×10mm～1mm×4mm，可见环带结构、卡斯巴双晶和聚片双晶，具绢云母化、绿帘石化，基质为细粒结构。副矿物为磷灰石、锆石、绿帘石、榍石等。

(4)石英二长闪长玢岩脉：常包裹细粒闪长岩脉、闪长玢岩脉。紫红色，斑状结构，块状构造。斑晶为钾长石和斜长石，自形板状，粒径为3mm×2mm，斜长石发育卡钠复合双晶，钾长石为卡斯巴双晶，基质为细粒结构。副矿物为磁铁矿、磷灰石。

(5)斜长花岗斑岩脉：常侵入石英二长闪长玢岩脉。浅红色—紫红色，斑状结构，块状构造，主要矿物成分见表2-3-3。斑晶主要为斜长石，自形板条状，少数因熔蚀呈浑圆状，粒径为(4×3)～(8×5)mm，发育聚片双晶，具环带结构；次为石英，自形或不规则粒状，粒径为2mm×1.5mm。基质为石英、斜长石、黑云母，显微晶质—隐晶质结构。副矿物为磷灰石、金红石、锆石等。

黄陵穹隆核部地区七里峡岩墙（岩脉）群具明显的优选方位，空间展布总体呈北东向，与围岩的接触界面陡立，并可见冷凝边等岩浆侵入构造，明显地受北东向和北西向两组断裂控制，属典型的岩墙扩张侵位，意味着该时期已转入造山后伸展构造演化阶段，并有明显的抬升作用。

四、中—新元古代镁铁—超镁铁质岩

20 世纪六七十年代，湖北鄂西地质大队、宜昌地质矿产研究所等单位对分布于黄陵穹隆南部太平溪、邓村一带的变镁铁—超镁铁质岩开展过铬铁矿的地质勘查找矿和研究工作，以及 1∶5 万区域地质填图工作，并将其命名为庙湾组（岩组）。近年来，彭松柏等（2010）、Peng 等（2012）、Deng 等（2016）对庙湾岩组变镁铁—超镁铁质岩的详细野外地质调查、岩相学、地球化学和构造变形特征研究，认为这套变镁铁—超镁铁质岩实际上是一套中—新元古代蛇绿岩残片，其形成时代为 1115～970Ma，并将其命名为庙湾蛇绿混杂岩。

中—新元古代变镁铁—超镁铁质岩主要分布于邓村、小溪口一带，总体呈北西西向带状展布，也是中南地区出露的最大超镁铁质岩体。变超镁铁质岩连续出露最大长度达 13km，宽度近 2km。变超镁铁质岩以蛇纹岩、蛇纹石化纯橄岩、辉石橄榄岩为主。似层状变镁铁质岩及变沉积岩分布于变超镁铁质岩两侧。变镁铁质岩以似层状细粒斜长角闪岩为主，层状、块状变辉长岩岩体（脉）和辉绿岩岩脉分布于似层状细粒斜长角闪岩和蛇纹石化纯橄岩、方辉橄榄岩之间（图 2-3-2）。此外，变镁铁质—超镁铁岩空间上紧密伴生的还有少量透镜状、似层状、薄层状大理岩和石英岩等变沉积岩。

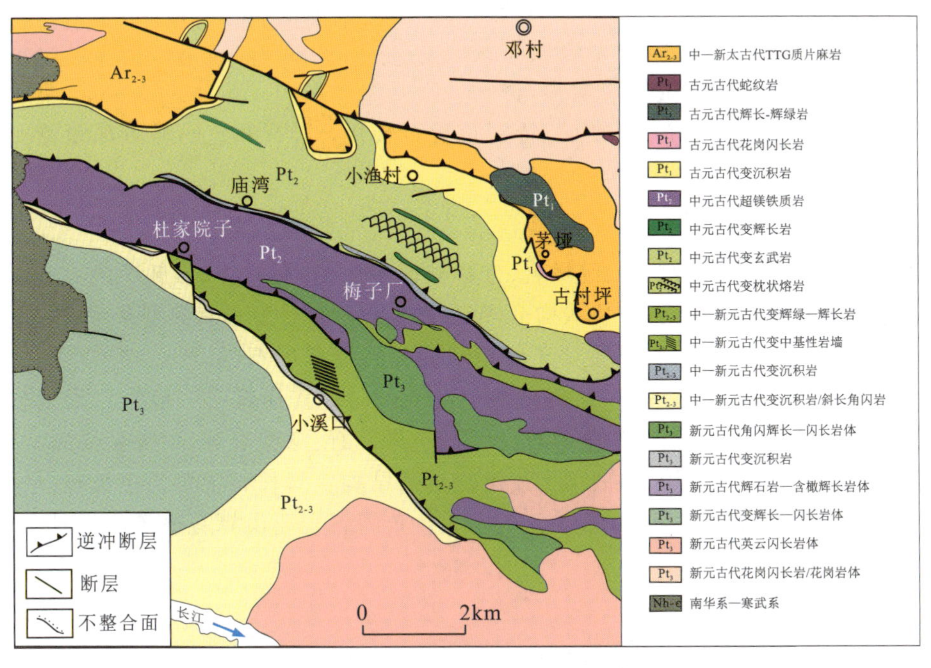

图 2-3-2　黄陵穹隆南部地区地质构造略图（据彭松柏等，2010；Peng et al，2012）

1. 蛇纹石化方辉橄榄岩

蛇纹石化方辉橄榄岩呈透镜状岩块、岩片产出。岩石呈深灰黑色、灰绿色，他形—半自形柱状结构，网脉状构造、块状构造。岩石蛇纹石化强烈，矿物具定向排列，糜棱面理发育。主要矿物组成为辉石（45%～50%）、橄榄石（35%～45%）、角闪石（3%～5%）、磁铁矿（1%～2%），蚀变矿物主要为蛇纹石、滑石和绿泥石。橄榄石呈半自形—自形柱状，粒径 3～5mm，多已被蛇纹石、滑石取代，并常见包橄结构。辉石主要为单斜辉石，多蚀变为透闪石、阳起石，呈半自形柱—粒状，粒径 5～10mm，长轴具定向分布特征。

2. 蛇纹石化纯橄岩

蛇纹石化纯橄岩与方辉橄榄岩紧密共生，呈透镜状岩块、岩片产出。岩石为深灰黑色、灰绿色，他形粒状结构，蛇纹石化强烈，矿物具定向排列，糜棱面理发育，常见有豆状、豆荚状铬铁矿（图 2-3-3），块状构造。主要矿物组成为橄榄石（30%～40%）、蛇纹石（50%～60%）、斜方辉石（2%～3%）、铬铁矿（1%～3%）。橄榄石呈他形粒状，晶体较粗，粒径可达 3～5mm，沿网状裂隙大多橄榄石蚀变为蛇纹石、滑石，呈残余孤岛状，蚀变较弱的部位可见橄榄石呈线状排列。斜方辉石为半自形—他形粒状，粒径大小为 1～3mm，几乎全被蛇纹石、透闪石、绿泥石交代呈假象，偶见柱状辉石被叶蛇纹石置换成绢石，局部可见透闪石穿插、包裹橄榄石。随交代变质作用增强，橄榄石向透闪石、蛇纹石、斜硅镁石、菱镁矿，特别是滑石转化，岩石颜色明显由深绿色变为灰黑色、灰绿色。

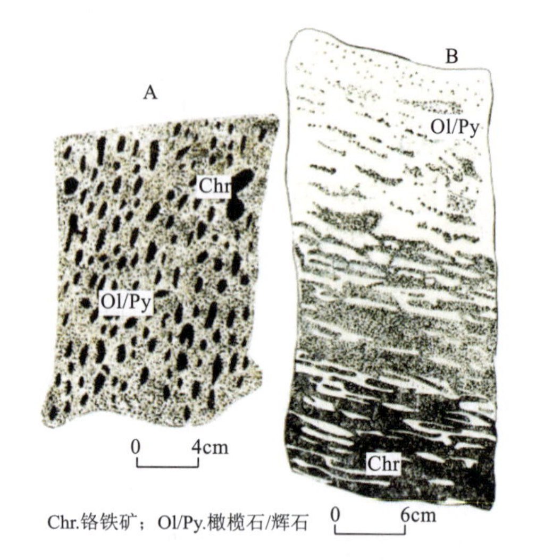

图 2-3-3 湖北太平溪地区铬铁矿结构构造
（据湖北省地质科学研究所，1973）
A. 流动豆状铬铁矿；B. 流变变形的块状到浸染状铬铁矿

3. 变辉长岩

变辉长岩主要分布于蛇纹石化纯橄岩、方辉橄榄岩南侧，呈岩体、岩脉产出。岩石呈深灰色，变余堆晶结构，层状韵律构造、块状构造，部分发生强烈韧性变形具典型条带状—眼球状构造，显微镜下可见变余辉长结构。主要矿物组成为镁普通角闪石（40%～45%）、基性斜长石（40%～45%）、普通辉石（3%～5%）、磁铁矿（1%～2%）。普通辉石一般为自形板柱状—板状，粒径一般为 5～8mm，多退变为角闪石、纤闪石、绿帘石、绿泥石等，少数呈孤岛状残留，常包嵌自形柱状斜长石，有的呈半包嵌结构或熔蚀港湾结构。斜长石主要为拉长石，呈柱状，自形程度较高，粒径比辉石的略小，一般为 3～5mm。角闪石主要由辉石退变而成，呈半自形柱粒状，粒径一般为 2～3mm。

4. 变辉绿岩

变辉绿岩主要分布于蛇纹石化纯橄岩、方辉橄榄岩的南侧，与变辉长岩密切共生，相互穿切，呈岩脉、岩墙产出。岩石为深灰绿色，变余辉长—辉绿结构，块状构造，部分强烈韧性变形具条纹状构造。主要矿物组成为普通辉石（35%～40%）、基性斜长石（40%～45%）、普通角闪石（5%～10%）、磁铁矿（1%～2%）。普通辉石一般为他形不规则状，粒径一般为 1～2mm，多退变为角闪石、绿帘石、绿泥石等，少数呈孤岛状残留。斜长石主要为拉长石，呈柱状—粒状、自形—半自形，粒径一般为0.5～1mm。

5. 变玄武岩

变玄武岩主要分布于蛇纹石化纯橄岩、方辉橄榄岩、变辉长岩和变辉绿岩的北侧，呈似层状产出。岩石为深灰色，变余斑状结构，条纹状—条带状构造，普遍经历了韧性变形。变余斑晶斜长石的粒径一般为2～4mm，部分变余斑晶表现为角闪石斑晶、角闪石矿物集合体，但仍保留有辉石的形态特征。基质为阳起石、拉—培长石、绢云母，粒径一般为0.1～0.3mm。主要矿物含量：镁普通角闪石40%～45%，基性斜长石35%～40%，透辉石1%～2%，石英5%～10%，绢云母2%～3%，磁铁矿2%～3%。镁普通角闪石呈短柱状，颗粒边缘多呈圆滑状，波状消光明显，偶见透辉石交代残晶保留短柱状辉石的外形。斜长石呈板状，多被钠—更长石、绢云母、绿泥石呈假象交代。石英常呈透镜状和扁豆状，具定向排列，波状消光明显，亚晶粒发育。钠—更长石则呈微粒状、透镜状集合体相间分布，定向排列，显示变玄武岩经历了强烈的韧性剪切变形。

第四节　变质岩与变质作用

长江三峡黄陵穹隆地区的变质岩主要为前寒武结晶基底中出露的区域变质岩，其次为接触交代变质岩和动力变质岩。

一、古—中元古代区域变质岩

古—中元古代区域变质岩主要分布于黄陵穹隆核部，包括野马洞岩组、黄凉河岩组、力耳坪岩组、小渔村岩组，以及古元古代侵入体。岩石普遍发育定向构造，变质程度普遍为角闪岩相—麻粒岩相，显示中高级变质。受原岩类型控制，区域变质岩化学类型多样，泥质、长英质、钙质、基性、镁质、硅质等类型均有出露。

（一）泥质变质岩

黄陵穹隆核部地区泥质变质岩较发育，以片岩、片麻岩为主，按变质程度可分为绿片岩相、角闪岩相和麻粒岩相。

1. 绿片岩相

绿片岩主要分布于黄凉河岩组，常见岩性为含石墨十字石（或矽线石、红柱石）二云母片岩、含石墨十字石（或矽线石、红柱石）二云母石英片岩。岩石呈浅灰色—深灰色，具鳞片—粒状变晶结构、斑状变晶结构，片状构造。矿物组成以黑云母、白云母、石英为主，普遍含不定量石墨、富铝矿物（红柱石、十字石、矽线石）及斜长石，不含或少含钾长石。原岩为含有机质的泥岩或黏土质粉砂岩。

黄凉河岩组中还常见石墨片岩、石墨二云母片岩，呈层状或透镜状与富铝片岩、大理岩伴生。岩石呈黑色，具鳞片变晶结构、片状构造。矿物组成以黑云母、白云母、石墨为主，含少量长石、石英及石榴子石，其中石墨为20%～40%，局部高达60%以上，构成石墨矿床（如三岔垭、后山寺等地）。石墨经鉴定含有微古化石（宜昌地质大队，1987），表明属有机成因，因此原岩为有机质泥岩。

2. 角闪岩相

角闪岩分布于黄凉河岩组，一般为细粒—鳞片变晶结构、斑状变晶结构，片麻状构造。棕红色黑云母含量较高(20%～30%)，经常有石榴子石变斑晶(10%～20%)和细针柱状矽线石(10%～15%)，长英质矿物为更长石和含量不定的石英、钾长石，此外常还有1%～3%的石墨鳞片。最常见的岩石类型为含石墨石榴子石矽线石黑云斜长片麻岩和含石墨黑云斜长片麻岩等。在上述岩层中有若干云母片岩夹层，一般为较深色细鳞片变晶结构，黑云母和白云母共占40%～50%，其余以石英为主，可有少量酸性斜长石，部分含红柱石、石榴子石、十字石等变斑晶，最常见的是含石墨红柱石石榴子石二云母片岩和红柱石十字石二云母片岩，此外还常见石墨含量较高的二云母片岩和作为矿石的(黑云母)石墨片岩，它们一般为极细粒(0.02～0.03mm)鳞片变晶结构和近似千枚状构造。原岩为黏土质粉砂岩或含有机质泥岩。

含石墨黑云斜长片麻岩：主要矿物组成为石英(10%～27%)、斜长石(25%～55%)、黑云母(7%～15%)、石墨(3%～7%)。石英常呈不等粒压扁形态，内部破碎细粒化，后经重结晶彼此镶嵌排列，斜长石表现为绢云母化、细粒化，黑云母具褐红—浅黄色多色性，并伴有铁质析出，石墨呈条带伴随黑云母定向分布。

含石墨石榴子石矽线石黑云斜长片麻岩：主要矿物组成为石英(1%～23%)、斜长石(25%～50%)、黑云母(7%～25%)、矽线石(2%～21%)、石榴子石(5%～20%)。矽线石有毛发状和棱柱状两种形态，前者常与黑云母呈反应边关系，后者与黑云母平衡接触。

含石墨二云斜长片麻岩：呈鳞片—粒状变晶结构，片麻状—条带状构造。主要矿物组成为石英(30%～57%)、斜长石(30%～36%)、黑云母(15%～25%)、白云母(10%～30%)、石墨(<5%)。黑云母常不均匀退变为白云母。

含榴红柱石十字石黑云斜长片麻岩：呈鳞片—粒状或斑状变晶结构，片麻状—条带状构造。主要矿物组成为石英(25%～30%)、斜长石(25%～30%)、黑云母(20%～25%)、白云母(5%～10%)、红柱石(约5%)、十字石(约5%)、石榴子石(<5%)。含零星石墨、锆石、磷灰石、黄铁矿、电气石等副矿物。长英质矿物多聚集呈条带或透镜体顺片麻理分布，且见较多云母和石墨包体。

3. 麻粒岩相

该类变质岩分布于黄凉河岩组，此类岩石的 Al_2O_3 含量一般为22.2%～29.2%，属典型孔兹岩系。常见岩石类型为含刚玉石榴子石矽线石片岩或片麻岩、矽线石十字石石榴子石片岩、榴线英岩。它们均以夹层状或透镜状产于富铝片岩或片麻岩中，常与石英岩共生，具片麻状—块状—斑杂状构造。原岩可能为铝质—硅质胶结的高岭石黏土岩。

含刚玉石榴子石矽线石片(麻)岩：呈灰白色，纤维－斑状变晶结构，片状或片麻状构造。主要矿物组成为矽线石(20%～40%)、斜长石(25%～45%)、石榴子石(5%～10%)、黑云母(2%～3%)、刚玉(5%～10%)。含少量锆石、金红石副矿物。矽线石呈棱柱状集合体顺片理展布。

矽线石十字石石榴子石片岩：呈灰白色，斑状变晶结构，片状构造。主要矿物组成为矽线石(5%～10%)、十字石(10%～15%)、石榴子石(45%～50%)、石英(15%～20%)、黑云母(5%～10%)。含少量锆石、钛铁矿、磁铁矿等副矿物。

榴线英岩：呈淡褐色，纤维状—斑状变晶结构，斑杂—块状构造。主要矿物组成为石榴子石(25%～60%)、石英(10%～40%)、矽线石(10%～40%)、黑云母(2%～5%)、十字石(0～5%)、斜长石(0～2%)。副矿物含量极少。

(二) 长英质变质岩

黄陵穹隆核部地区长英质变质岩最为发育,普遍发育片理和片麻理,有少量变粒岩,具有正变质岩和副变质岩两类。副变质岩主要分布于黄凉河岩组、野马洞岩组;正变质岩则分布于东冲河片麻杂岩、巴山寺片麻杂岩和晒家冲片麻岩中。按变质程度的不同,它可分为绿片岩相、角闪岩相和麻粒岩相。下文主要介绍绿片岩相和角闪岩相。

1. 绿片岩相

(1)云英质片岩:黄凉河岩组有少量分布。常见岩性有二云母石英片岩、含榴二云母石英片岩。岩石以云母和压扁石英的定向排列为特征,矿物组成以云母、石英为主,偶见石榴子石。副矿物以锆石、磷灰石、黄铁矿为主。原岩为石英杂砂岩。

(2)变粒岩:分布于黄凉河岩组及野马洞岩组,前者常见岩性为黑云斜长变粒岩,后者常见岩性为角闪斜长变粒岩,均呈细粒均粒镶嵌变晶结构,块状—片麻状构造。矿物组成以角闪石、黑云母、斜长石、石英为主,含少量透辉石,铁铝榴石。副矿物为锆石、磷灰石、钛铁矿、赤铁矿、褐铁矿。锆石一般浑圆程度较高。原岩为长石砂岩及中酸性火山岩。

(3)黑云斜长变粒岩:分布于黄凉河岩组,呈厚层状与富铝片(麻)岩共生,主要矿物组成为斜长石(44%～60%)、石英(20%～30%)、黑云母(15%～25%),含不定量石榴子石、石墨。斜长石多绢云母化或帘石化,石榴子石和黑云母边缘多被绿泥石交代。原岩为长石砂岩。

2. 角闪岩相

(1)含矽线石二云母石英片岩:鳞片粒状变晶结构,片状构造。主要矿物组成为石英(60%～65%)、白云母(20%～25%)、黑云母(5%～10%)、矽线石(约3%)。白云母、黑云母定向排列构成片理,黑云母铁质析出向白云母转变,石英呈晶粒分布于片状矿物间,矽线石呈毛发状、针状、束状,常被石英包裹,总体呈不均匀定向排列。原岩为石英杂砂岩。

(2)斜长片麻岩:分布于黄凉河岩组、野马洞岩组。前者常见岩性为含榴黑云斜长片麻岩,矿物组成以黑云母及长英质矿物为主,有的含少量石榴子石,总体以鳞片粒状变晶结构为主,部分岩石保留有较好的变余砂状结构,原岩为长石石英砂岩。后者常见岩性为角闪斜长片麻岩、黑云角闪斜长片麻岩,据岩石化学成分恢复的原岩为英安质火山凝灰岩。

含榴黑云斜长片麻岩分布于黄凉河岩组,主要矿物组成为石英(30%～35%)、斜长石(30%～45%)、石榴子石(10%～15%)、黑云母(5%～20%),含少量绿帘石和钛铁矿。石榴子石呈压扁透镜状,并沿裂隙被绿泥石交代成网状外观。斜长石强烈绢云母化,仅保留粒状残晶。黑云母强烈绿泥石化,仅在核部保留红色残晶。原岩为长石石英砂岩。

角闪斜长片麻岩分布于野马洞岩组,常与斜长角闪岩互层。矿物组成以斜长石(30%～56%)、石英(15%～30%)、角闪石(3%～36%)、黑云母(5%～10%)为主。矿物均平衡共生。受混合岩化作用,其边缘发育蠕英结构。原岩为英安质火山凝灰岩。

(3)花岗质片麻岩:英云闪长质—奥长花岗质—二长花岗质片麻岩,与围岩呈侵入接触,宏观上具花岗岩外貌,常见部分熔融的暗色残留体。有关描述见岩浆岩部分。

(三) 钙质变质岩

钙质变质岩主要分布于黄凉河岩组,呈透镜状或夹层状产出。

1. 大理岩

大理岩常见透闪石大理岩、橄榄石大理岩，矿物组成以白云石、透闪石、方解石为主，含有不等量透辉石、钙铝榴石、方柱石、橄榄石及石墨鳞片，常与石英岩、石墨片岩及富铝岩石相伴生。副矿物较少，以锆石、磁铁矿、帘石类为主。原岩应为含泥质白云质灰岩。

透闪石大理岩：呈白色，细粒变晶结构，块状构造，主要矿物组成为白云石(30%)、方解石(60%)、透闪石(10%)。矿物均平衡共生。

橄榄石大理岩：呈淡黄色—灰白色，细粒变晶结构，块状构造，主要矿物组成为白云石(40%～60%)、方解石(10%～20%)、橄榄石(10%～25%)，含少量金云母、钙铝榴石、透辉石。橄榄石与方解石、白云石平衡共生，且多遭蛇纹石化。

2. 钙硅酸盐粒岩

钙硅酸盐粒岩常见透辉方柱石岩、透闪岩、透闪透辉岩、斜长透辉岩。岩石呈灰白色，细粒变晶结构，块状构造。矿物组成以钙镁硅酸矿物(如透辉石、方柱石、透闪石、黝帘石)为主，含不等量斜长石、石英、石墨。原岩为白云质灰岩、钙质粉砂岩。

透辉方柱石粒岩：呈灰白色，粗粒变晶结构，块状构造。主要矿物组成为透辉石(38%～42%)、方柱石(50%～55%)，含少量斜长石及副矿物。

透闪岩：岩石呈淡绿色，粗粒变晶结构，块状构造。主要矿物组成为透闪石(85%)、白云石(10%)，含少量橄榄石及斜长石。

透闪透辉岩：岩石呈深绿色，粗粒变晶结构，块状构造。主要矿物组成为透闪石(5%～48%)、透辉石(50%～69%)，含少量石英、云母。

(四) 基性变质岩

黄陵穹隆核部地区基性变质岩广泛分布。按变质程度的不同，它可分为绿片岩-绿帘角闪岩相、角闪岩相和麻粒岩相。

1. 绿片岩-绿帘角闪岩相

绿片岩-绿帘角闪岩主要分布于野马洞岩组、力耳坪岩组。常见岩性为含黝帘阳起-透闪片岩、绿帘角闪片岩、绿泥角闪黑云片岩。矿物组成以阳起石-透闪石、绿泥石、角闪石、黑云母、斜长石为主，原岩为拉斑玄武岩。

(1)含黝帘阳起-透闪片岩：广泛分布于野马洞岩组，主要矿物组成为阳起石-透闪石(57%～70%)、斜长石(20%～40%)、黝帘石(10%～20%)、绿泥石(1%～5%)，含少量黑云母及钛铁质矿物。岩石具粒柱状变晶结构，片状构造。黝帘石呈聚集状分布于阳起石-透闪石间隙中，斜长石强烈绢云母化或钠长石化，仅保留板柱状晶形。原岩为镁铁质岩石。

(2)绿帘角闪片岩：具粒柱状变晶结构，片状构造。主要矿物组成为角闪石(50%～70%)、绿帘石(12%～25%)、斜长石(10%～20%)，含少量黑云母、方解石、钛铁矿、榍石。角闪石呈淡绿色，均匀定向排列，其内部见黑云母包裹体，边缘偶见无色角闪石冠状体。绿帘石呈细粒状伴随角闪石分布。斜长石分布于角闪石矿物间隙中，其牌号较低(An<8)，为钠长石。钛铁矿或榍石零星分布，其内部见较多钠长石、角闪石包裹体。原岩为镁铁质岩石。

(3)绿泥角闪黑云片岩：具粒柱状鳞片变晶结构，片状构造。主要矿物组成为黑云母(20%～45%)、斜长石(10%～20%)、角闪石(5%～10%)、绿泥石(1%～8%)、石英(1%～5%)。角闪石呈淡绿色，均匀定向排列，黑云母呈棕褐色伴随角闪石分布，斜长石零星分布于角闪石或黑云母矿物间隙中，且广泛绢云母化或钠长石化。淡绿色角闪石或棕褐色黑云母边缘见大量退变的浅红色黑云母或黄绿色绿泥石。原岩为镁铁质岩石。

2. 角闪岩相

角闪岩分布于黄凉河岩组、力耳坪岩组及野马洞岩组中，常见以下岩性。

(1)石英斜长角闪岩：呈薄层状或夹层状产出，夹于黄凉河岩组富铝片麻岩及野马洞岩组，区域上零星分布。具粗粒柱状变晶结构，芝麻点状或片状构造。主要矿物组成为角闪石(30%～45%)、斜长石(20%～40%)、石英(10%～20%)，含不等量的石榴子石、黑云母、透辉石。角闪石呈粒柱状，浅绿色，具浅绿－浅黄绿多色性。斜长石呈粒状，表面绢云母化、绿泥石化明显。石英呈不等粒状，分布于斜长石和角闪石间隙中。

(2)石榴斜长角闪岩：分布于野马洞岩组及力耳坪岩组。前者呈大小不等包体分布于东冲河片麻杂岩中，多与片麻岩和变粒岩互层；后者岩性单一，厚度变化大。具细－中粒变晶结构，条纹状—斑点状构造。主要矿物组成为角闪石(45%～60%)、斜长石(15%～40%)、石榴子石(5%～15%)。角闪石以蓝绿色为主。原岩为基性火山凝灰岩。

(3)黑云斜长角闪岩：呈岩墙状产出，为核桃园变基性—超基性岩的组成部分。镜下可见单斜辉石残余及变余辉绿结构，块状构造，边缘具片理化。粒度中部粗大，边缘细小。副矿物为榍石、磁铁矿、钛铁矿、磷灰石。原岩为辉绿岩及辉长—辉绿岩。

(4)角闪斜长变粒岩：分布于野马洞岩组，夹于斜长石片麻岩中或与斜长角闪岩互层。矿物组成以斜长石(30%～50%)、石英(15%～40%)、角闪石(10%～15%)、黑云母(5%～10%)为主，含不定量阳起石-透闪石、绿帘石。角闪石以蓝绿色为特征，其边缘常被透闪石或黑云母交代。斜长石多绢云母化或帘石化。原岩为英安质凝灰岩。

3. 麻粒岩相

基性麻粒岩主要分布于秦家坪—周家河—坦荡河一线，二郎庙、李家屋场亦有分布，常呈透镜状夹于黄凉河岩组角闪岩相变质岩中。常见以下几种岩性。

(1)含紫苏辉石斜长角闪岩：暗灰色，具中—细粒变晶结构，条纹状—芝麻点状构造。主要由角闪石(40%～62%)、斜长石(25%～44%)、紫苏辉石(2%～7%)、石英(3%～4%)、石榴子石(1%～4%)组成。紫苏辉石呈粒状、淡绿色—淡红色，有时可见少量角闪石呈细粒残留于紫苏辉石中。

(2)紫苏辉石麻粒岩：暗褐色，具粗粒变晶结构，斑杂状构造。主要由紫苏辉石(36%～60%)、石榴子石(1%～34%)、石英(＜1%)组成。石榴子石多呈断续条纹分布，似麻粒结构。紫苏辉石被透闪石交代，但保持假象。

(3)紫苏辉石黑云斜长片麻岩：灰白色，细粒斑状变晶结构，条带状构造。主要由黑云母(＜15%)、斜长石(55%)、石榴子石(15%)、紫苏辉石(5%～10%)、石英(5%)组成。紫苏辉石常见角闪石反应边。矿物成分以出现紫苏辉石、石榴子石为特征，含有或不含石英。

(五) 镁质变质岩

该类变质岩主要分布于变基性—超基性岩体，野马洞岩组中亦有分布，常见岩性为绿泥透闪片岩、透辉石岩、滑石岩、蛇纹岩、蛇纹石化橄榄岩、辉橄岩，原岩为辉长岩、橄榄岩、辉橄岩。

(六) 硅质变质岩

硅质变质岩主要以透镜状产于黄凉河岩组富铝岩和含石墨片(麻)岩中，常见长石石英岩、含榴石英岩和角闪石英岩，均呈致密块状，以石英含量＞80％为特征，同时含一定量的石榴子石、斜长石、石墨、角闪石。副矿物为锆石、磷灰石、磁铁矿。原岩为石英砂岩。以下主要介绍长石石英岩和含石榴子石石英岩。

1. 长石石英岩

常与富铝片(麻)岩共生，他形粒状变晶结构，块状构造。主要矿物组成为石英(68％～88％)、长石(10％～25％)，含少石墨、黑云母、白云母。长石以斜长石为主，含少量钾长石(微斜条纹长石)。石英呈不等粒状，内部见黑云母包裹体。

2. 含石榴子石石英岩

常与榴线英岩共生，呈褐红色—灰白色，细—粗粒斑状变晶结构，偶见变砂屑结构，块状—斑杂状构造。主要矿物组成为石英(80％～85％)、石榴子石(10％～15％)、角闪石(5％～10％)，含不等量磁铁矿。石榴子石呈变斑晶，内部裂隙发育，并见角闪石包裹体。磁铁矿呈零星条纹形态与围岩片理一致。

二、接触交代变质岩

黄陵穹隆地区的接触交代变质岩主要为气液交代形成的矽卡岩，见于松树坪和刘家湾两地。黄陵花岗岩路溪坪单元与小渔村岩组二段大理岩的接触带上可见矽卡岩型铜钼矿化。

1. 透辉石矽卡岩

透辉石矽卡岩主要由透辉石(＞90％)、石英(0～5％)、阳起石、方解石组成，含微量辉钼矿、黄铜矿、磁铁矿等金属矿物。透辉石多被纤闪石化及绿泥石化。

2. 透辉石英矽卡岩

透辉石英矽卡岩主要由石英(75％～80％)、透辉石(约15％)、斜长石(约5％)，以及少量石榴子石、绿泥石、黑云母等组成。石英是他形粒状，其间常见透辉石呈粒状和柱状集合体分布。

3. 石榴绿帘透辉矽卡岩

石榴绿帘透辉矽卡岩主要由透辉石与绿帘石(70％～75％)、石榴子石(约15％)、黄铁矿、榍石组成。透辉石、帘石多呈他形粒状，少数呈短柱状产出。石榴子石呈粒状集合体不均匀产出。

4. 石英绿帘透辉矽卡岩

石英绿帘透辉矽卡岩主要由透辉石与绿帘石(二者约占50％)、石英(40％～45％)、阳起石、榍石、磷灰石、黄铁矿等组成。透辉石及帘石呈半自形短柱状和他形粒状产出。石英呈他形粒状集合体，均匀分布。

三、动力变质岩

黄陵穹隆地区在长期地质演化历史中经历了不同时期的韧性和脆-韧性变质变形事件及脆性破坏和改造事件，形成了各种各样的动力变质岩。区域上常呈线状或带状分布，其宽度及延伸长度变化较大，根据动力变质成因及环境可划分为韧性构造变质岩、脆-韧性构造变质岩和脆性构造变质岩三大类(表2-4-1)。

(一)韧性构造变质岩

黄陵穹隆北部高级变质岩-花岗片麻岩区，以及黄陵穹隆南部庙塆蛇绿混杂岩区中韧性变形动力变质岩普遍发育，主要岩石类型有构造片麻岩、糜棱岩和变晶糜棱岩。

1. 构造片麻岩

构造片麻岩在野外露头上呈强直片麻理外观，常见长英质构造片麻岩。其长英质矿物强烈压扁拉长重结晶形成矩形条带状、针柱状角闪石及黑云母鳞片沿片麻理定向排列，变形分异的长英质脉体不对称褶曲，显示运动学标志。它多形成于角闪岩—麻粒岩相变质环境。

表 2-4-1　动力变质岩分类表

类型	常见岩石	主要特征	形成环境
脆性构造变质岩	断层角砾岩、碎裂岩化岩、碎斑岩、碎粒岩、碎粉岩	发育碎裂结构，块状构造，常见“砾包砾”多期活动现象，伴生擦痕线理及牵引褶曲	水热蚀变
脆-韧性构造变质岩	云英质构造片岩、长英质构造片岩	宏观上呈叶片状、瓦片状构造，伴生长英质拉伸线理、绢云母条纹线理，常见塑性变形“云母鱼”及剪切-压溶裂隙脆性变形	低绿片岩相
韧性构造变质岩	糜棱岩化岩、初糜棱岩、糜棱岩、超糜棱岩、变晶糜棱岩	具典型糜棱结构，流动构造，发育各种塑性运动学标志，伴生角闪石生长线理、黑云母条纹线理	绿片岩相-角闪岩相
	构造片麻岩	呈强直片麻状、条带状，常见变余糜棱结构及重结晶的长英质矩形条带，伴生角闪石生长线理	角闪岩相

2. 糜棱岩

它在野外露头与显微尺度均以典型糜棱结构及流状构造为特征，常见长英质糜棱岩、斜长角闪质糜棱岩，按糜棱碎斑含量可进一步划分为糜棱岩化岩、初糜棱岩、糜棱岩、超糜棱岩。碎斑以钾长石、斜长石、石英、角闪石为主。糜棱岩常发育多种显微运动学标志，如 S-C 组构、“σ”型旋转残斑、不对称压力影、书斜构造等，多显示低角闪岩相-高绿片岩相变质环境。

(1)糜棱岩化岩：基质含量小于 10%，是糜棱岩中变形程度较低的一种岩石类型，具糜棱结构，长英质矿物边缘出现亚颗粒化，石英出现流动构造及波状消光，残斑系中斜长石机械双晶发育，黑云母解理纹出现轻微扭折，常见岩石类型有糜棱岩化二长花岗岩、糜棱岩化粒岩。

(2)初糜棱岩：基质含量为 5%～10%，流动构造明显，石英具波状消光，斜长石双晶发生弯曲，黑云母解理纹弯曲变形，偶见核幔结构，常见岩石为长英质初糜棱岩和斜长角闪质初糜棱岩。

A. 长英质初糜棱岩：表现为长英质矿物受糜棱岩化作用发生破碎、拉长，定向排列，粒径为 1～2mm，具糜棱结构。长石呈碎裂状随定向拉长呈透镜状，石英则广泛出现波(带)状消光、亚颗粒、拔丝构造等。

B. 斜长角闪质初糜棱岩：表现为岩石结构、构造遭破坏，转变为糜棱结构，流状(条带状)构造。岩石中碎斑含量占 50%～80%，主要为绿帘石，常呈透镜状集合体，并发生“σ”型旋转效应。基质为钠长石、透闪石-阳起石等。

(3)糜棱岩：在本区北东向或北西西向剪切带中较发育。糜棱岩的基质含量大于 50%，碎斑以斜长石、钾长石为主，长石残斑呈眼球状、透镜状，石英呈拉长状，可见石英丝带及波状消光，石英重结晶明显。部分地方可见“σ”型和“δ”型长石旋转残斑，部分长石残斑显微破碎具明显书斜构造，黑云母在应力作用下形成"云母鱼"，局部地方可见黑云母退变为绿泥石，依据"σ"型及"δ"型旋转残斑、书斜构造、"云母鱼"构造及糜棱岩中的 S－C 组构可判别剪切带的剪切特点。常见糜棱岩有花岗质糜棱岩、云英质糜棱岩。

3. 变晶糜棱岩

变晶糜棱岩分布于野马洞一带变质杂岩中，属地壳中深构造层次塑性变形的产物。岩石多经历了明显的静态重结晶作用，发育明显的变余糜棱结构和长英质矩形多晶条带，依糜棱岩化差异，可分为变晶初糜棱岩和变晶糜棱岩两类。

(1)变晶初糜棱岩：该类岩石均在应力作用下发生塑性流变，再经静态重结晶而形成。变余碎斑较多，塑性变形程度因矿物不同而存在显著差异，石英强烈塑性变形，而长石类矿物轻度塑性变形，呈透镜状或压扁粒状，斜长石机械双晶发育。主要岩石类型为花岗质变晶初糜棱岩。

(2)变晶糜棱岩：具较强烈的糜棱岩化作用特征，定向构造及条带状构造发育，"云母鱼"常见，部分黑云母可见退变现象，偶见长石残斑。残斑呈眼球状、透镜状，部分残斑具旋转迹象。岩石重结晶明显，韧性基质颗粒加大，石英呈多晶条带，在碎斑附近，石英条带弯曲，显示变余糜棱结构。长石类矿物颗粒均已亚颗粒化，并在剪切应力作用下呈定向排列，经静态重结晶作用，颗粒间呈"三连点"镶嵌排列，在部分岩石中可见磷灰石呈链状排列现象。区内常见岩石为花岗质变晶糜棱岩。

(二)脆-韧性构造变质岩

脆-韧性构造变质岩主要为构造片岩，沿脆韧性剪切带分布，有的单独呈线状产出，有的叠加于早期韧性剪切带上，常见二云石英构造片岩、绿泥绢云构造片岩及绢云石英构造片岩。露头上常见一组不连续劈理与区域片(麻)理不一致，并伴生长英矿物拉长线理、黑云母或白云母条纹线理，显微镜下见"云母鱼"、压力影及剪切压溶现象，多显示低绿片岩变质环境。

(1)二云石英构造片岩：发育条带状构造，条带由长英质和云母矿物相间排列而成。长英质矿物强烈压扁定向，且具波状消光。云母矿物呈透镜状或"云母鱼"，且解理弯曲，裂隙发育，裂隙内有碳质颗粒充填。

(2)绿泥绢云构造片岩：发育强烈叶理构造，矿物干涉色极不均匀，且具波状消光，云母和绿泥石矿物被拉成丝带状，矿物边缘呈不规则状或锯齿状，内部解理弯曲，沿解理有石英脉贯入。

(三)脆性构造变质岩

脆性动力变质岩多沿晚期脆性断裂分布，主要为中生代—新生代以来黄陵穹隆构造隆升事件使先存的变质岩、沉积岩及花岗岩遭受破坏和改造，形成不同形态碎裂岩，包括断层角砾岩、碎裂岩、碎斑岩、碎粒岩和碎粉岩，常发生硅化、绢云母化等热蚀变现象。在区域性大断裂带中常见碎裂岩包裹糜棱岩，甚至碎裂岩包裹碎裂岩现象，如断层角砾岩包裹碎斑岩、碎斑岩包裹碎粒岩，即"砾包砾"现象，显示断裂的多期活动特征。

1. 断层角砾岩

断层角砾岩具砾状结构，角砾大于 2mm，碎基含量小于 30%。按角砾形态的不同，它可分为张性角砾岩、压性角砾岩。

(1)张性角砾岩：角砾碎块多呈棱角状，大小混杂，排列紊乱。胶结物为钙质、泥质、铁质、硅质，其本身破碎物亦可作为充填物。

(2)压性角砾岩：角砾碎块为扁豆状、次圆—浑圆状。角砾大小差别不大，碎基增多，次生胶结物相对少，且常具定向排列趋势。

2. 碎裂岩

碎裂岩具碎裂结构，位移不大，碎块间可大致拼接。碎块间充填物为泥质、铁质、硅质，含量小于50%。

3. 碎斑岩

碎斑岩具碎斑结构，即由破裂作用产生的碎粒、碎粉物质包围残留碎斑，碎斑多于碎基。碎斑大都发生位移、转动，但在不同程度上保存了原岩性质和结构。碎斑中常见边缘粒化及撕裂现象，还可见到变形纹、扭折带等塑性变形现象。

4. 碎粒岩

碎粒岩具碎粒结构，大部分矿物破碎为碎粒、碎粉，原岩结构难以辨认，碎斑较少，碎粒较少，且均趋于圆化，其中可见塑性变形现象。

第五节　地质构造

华南扬子克拉通前南华纪基底的形成及大地构造演化问题一直受到国内外地质学者的高度关注，但扬子克拉通内由于大部分地区被自南华纪以来的沉积覆盖，其前南华纪基底的组成、结构及构造演化特征主要是依据深部地球物理资料和出露极少的前南华纪基底(如黄陵穹隆核部地区)研究推测分析得出的。一般认为，扬子克拉通内可能普遍存在前南华纪太古宙结晶基底，并由若干微型古陆核增生拼贴形成(花友仁等，1995；袁学诚等，1995；白瑾等，1996；Zheng et al.，2006)。

近年来，扬子克拉通核部黄陵背斜南部中元古代末—新元古代早期1.1～0.98Ga庙湾蛇绿混杂岩的发现识别(彭松柏等，2010；Peng et al.，2012)、扬子克拉通内前南华纪基底深部隐伏新元古代或古元古代俯冲带的发现(董树文等，2012；Dong et al.，2013)以及黄陵背斜北部前南华基底古元古代(2.0～1.95Ga)高压麻粒岩相构造变质事件与1.86～1.85Ga裂解岩浆作用事件(凌文黎等，2000；熊庆等，2008；彭敏等，2009；Peng et al.，2011；Yin et al.，2013)的确认，表明扬子克拉通前南华纪基底不仅存在新元古代俯冲-碰撞造山的地质记录(Zhang et al.，2009；Qiu et al.，2011；Peng et al.，2012；Wei et al.，2012；Bader et al.，2013)，而且存在古元古代俯冲-碰撞造山与裂解作用的重要记录。这些新发现和新成果表明，扬子前南华纪克拉通基底是由若干古地块或地体经多期俯冲-碰撞造山拼贴增生形成的，而且最早的俯冲-碰撞造山作用至少可追溯到古元古代。

扬子克拉通黄陵地区的区域构造演化大体可划分为：前南华纪基底与盖层演化两大构造演化阶段，而且前南华纪基底经历了两期重要俯冲-碰撞造山拼贴，其中新元古代晚期的俯冲-碰撞造山拼贴最终形成扬子克拉通基底的基本轮廓并进入稳定沉积盖层构造演化阶段，自晚中生代开始受太平洋板块俯冲与青藏高原隆升影响，以陆内挤压-伸展构造为特征。现将不同地质构造演化阶段的主要地质构造特征简述如下。

一、太古宙TTG质片麻岩韧性变形构造

太古宙TTG质片麻岩主要分布于黄陵穹隆北部地区，以中深层韧性剪切流变为特征，与上覆地层具有明显不同的变形变质特点。近东西向塑流褶皱构造发育，岩石普遍遭受角闪岩相区域变质作用，同时伴随着区域性构造面理、片麻理作用。其主要表现如下。

(1)太古宙TTG质片麻岩中普遍发育透入性韧性剪切片麻理、构造片麻理面，长英质或花岗质脉体常形成剪切非对称褶皱，两翼紧闭(图2-5-1)。由于后期构造改造，该期面理常发生变形变位，恢复其原始产状为200°～240°∠30°～50°。由于强烈的剪切拉伸，部分褶皱被拉断，常形成转折端显著加厚的无根褶皱。东冲河片麻杂岩中的斜长角闪岩包体或脉体常形成构造透镜体和石香肠构造，透镜体长轴方向与片麻理平行一致。

图2-5-1　水月寺镇南东太古宙TTG质片麻岩野外照片(韩庆森　摄)

(2)太古宙TTG质片麻岩中韧性剪切面理、构造片麻理面常发育有部分熔融形成的长英质脉体，脉体常平行于新生面理断续发育，与暗色矿物组成的条纹相间排列，构成条纹状、条带状构造，宽一般几毫米至几厘米不等。脉体在韧性剪切变形过程中常形成无根褶皱、石香肠或构造透镜体。片麻理表现为角闪石、黑云母的定向排列。该期构造面理由于后期构造的改造而发生变形或被置换，仅在弱应变域中有少量残留。

总之，该期韧性剪切构造面理、片麻理可能主要发生在太古宙，为地壳在高地温梯度背景下塑性变形的产物，受后期构造叠加、改造，该期构造形迹仅在弱应变域中残留。

二、古元古代造山混杂岩带构造

古元古代造山带构造主要记录于黄陵穹隆北部的黄凉河岩组、力耳坪岩组等，包括与造山作用相关的一系列构造变形：韧性剪切带、北北东—北东向褶皱、北东向片麻理及晚期造山后伸展滑脱构造。

近年来，对扬子克拉通内黄陵背斜北部水月寺、雾渡河、巴山寺、殷家坪一带前南华纪基底进行的野外地质调查和研究表明，其从西向东可划分为3个不同地质构造单元：西部水月寺微陆块、东部巴山寺微陆块，以及其间的崆岭变质杂岩系，即崆岭混杂岩带。西部水月寺微陆块主要由中太古代(2.95～2.90Ga)的东冲河TTG质片麻岩(高山等，1990，2001；Qiu et al.，2000；Zhang et al.，2006；魏君奇等，2009)以及分布于其中大小不等的中太古代(3.05～3.0Ga)斜长角闪岩包体组成(富公勤等，1993；魏君奇等，2012，2013)。东部巴山寺微陆块主

要由古元古代(2.33～2.17Ga)的花岗片麻杂岩(黑云斜长花岗质片麻岩、黑云二长花岗质片麻岩等),以及其中发育的斜长角闪岩、黑云斜长片麻岩等包体组成(姜继圣,1986;李福喜,1987)。新的研究表明,巴山寺微陆块不仅存在古元古代(2.33～2.17Ga)的花岗片麻岩,而且还存在新太古代(2.7～2.6Ga)的A型花岗片麻岩(Chen et al.,2013),以及华南目前最老的古太古代(3.45～3.30Ga)的TTG质片麻岩(Guo et al.,2014)。

因此,黄陵穹隆北部地区的东部巴山寺微陆块主体无论是形成于古元古代、新太古代,还是古太古代,其与西部中太古代水月寺微陆块的形成时代和演化历史明显不同,这也表明西部水月寺微陆块与东部巴山寺微陆块之间应存在一条连接两者的碰撞造山拼贴带,即古元古代俯冲-碰撞造山形成的崆岭混杂岩带,但造山混杂岩带中岩块(岩片)与基质结构组成、时空分布,以及成因演化特征尚待进一步深入研究。

(一)韧性剪切变形构造

研究区内几个重要的岩性分界面是这期韧性剪切带发育的基础,如黄凉河岩组与东冲河片麻杂岩之间的分界面、黄凉河岩组与力耳坪岩组之间的分界面,其在黄凉河岩组和力耳坪岩组内部亦较为发育。韧性剪切变形构造以原生层理或能干性差异较大的岩性分界面为变形面,主要表现为韧性剪切变形带,以及大量发育的剪切无根褶皱、黏滞型石香肠和构造透镜体。

研究表明,黄凉河林场一带,黄凉河岩组与东冲河片麻杂岩的接触面呈半环状,片麻理向南东(外)倾斜。沿接触面还发育宽约7m的近东西向韧性剪切带,由宽约3m的初糜岩带和宽约4m的剪切褶皱带组成,发育花岗质、黑云斜长质糜棱岩,拉伸线理和旋转碎斑显示早期右行顺层推覆和晚期右行顺层滑覆(图2-5-2)。黄凉河岩组与东冲河片麻杂岩接触面发育的顺层韧性剪切带成型于古元古代末,可能为近水平滑脱型,后受圈椅埫钾长花岗岩浆底辟上侵改造而产状陡立(熊成云等,2004)。

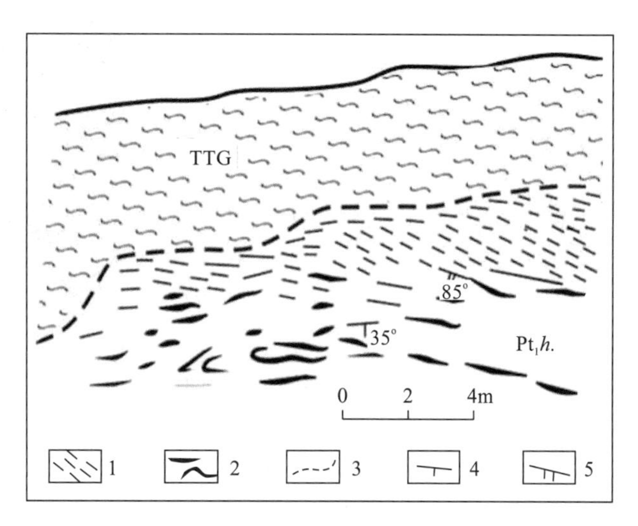

1.糜棱岩带;2.长英质条带;3.岩性界线;4.片麻理产状;5.糜棱面理产状。

图2-5-2　黄凉河岩组($Pt_1h.$)与东冲河片麻杂岩(TTG)接触关系图(据熊成云等,2004)

黄凉河岩组和力耳坪岩组中还广泛发育石香肠构造、构造透镜体、斜长石旋转残斑和S-C组构等,多产于顺层韧性剪切带之中,表明岩石遭受较强烈的垂向压扁作用(图2-5-3、图2-5-4)。宏观上,在黄陵基底二廊庙、覃家河等地见大量的大理岩构造透镜体,透镜体长轴方向与片麻理平行,在区域上断续分布,经历过强烈的构造置换,总体显示地层展布方向为北北东—北东向。

图 2-5-3　雾渡河—殷家坪公路剖面 TTG 质片麻岩中发育的构造变形体，岩石长英质与暗色矿物呈条带状分布，长英质变形体具左旋特征（韩庆森　摄）

图 2-5-4　雾渡河—殷家坪公路剖面 TTG 质片麻岩受韧性剪切作用形成的构造变形体具左旋特征（韩庆森　摄）

(二)透入性片麻理构造

黄陵穹隆北部地区的变质岩系广泛发育一组北东向的透入性新生片麻(片)理(130°～180°∠40°)，其与韧性剪切带同步形成。黄凉河岩组和力耳坪岩组中的构造变形面理主要是沿原生层理(S_0)面发育而成，表现为片麻岩、大理岩和斜长角闪岩之间明显的岩性界面，而在单一的岩性层内部，它已被强烈发育的韧性构造片麻理(或片理)所置换(图 2-5-5)。片麻理广泛发育于黑云斜长片麻岩、斜长角闪片麻岩、二云斜长片麻岩等岩石中，由斜长石、角闪石、黑云母和石英等矿物的平行定向排列组成，外貌呈条带状；而片理主要发育于大理岩和斜长角闪岩中，由方解石或角闪石等矿物的平行定向排列组成，形成条纹状或纹带状构造。

图 2-5-5　雾渡河—殷家坪公路剖面条带状含石榴黑云斜长片麻岩，片麻理走向为北东向，条带一般宽数毫米至数厘米（韩庆森　摄）

区域性片麻理受后期韧性剪切带的影响，在雾渡河断裂带以北，面状构造走向由北向南(殷家坪—二郎庙—马粮坪)，由北东向过渡为北东东向、近东西向，甚至是北西向，形成向南东凸起的弧形构造，面理倾角一般小于 50°。而雾渡河断裂带以南，面理走向为近东西—北西西向，面理倾角变化较大，一般大于 50°，这可能是新元古代黄陵花岗岩基底辟侵位与该期构造变形共同作用的结果。

(三)北北东—北东向褶皱构造

黄陵穹隆北部高级变质岩区雾渡河—殷家坪段地质剖面上露头尺度北北东—北东向褶皱较为常见。在区域尺度上，北东向褶皱包括圈椅埫穹状复背形、巴山寺复向形、白竹坪背形构造。熊成云等(2004)曾以 SE120°方向为切面作地质构造剖面图(图 2-5-6)。圈椅埫穹状复背形轴向 NE30°，是利用改造圈椅埫穹隆的产物，向南东倾伏，南东翼次级褶皱发育。巴山寺复向形、白竹坪背形均向北西向倒转；巴山寺复向形构造形迹呈 NE25°的 S 形，由巴山寺、横登向形及官庙背形组成，北西翼可见三期叠加褶皱；白竹坪背形轴迹为 NE25°～30°，轴部基本被巴山寺片麻杂岩侵位占据。

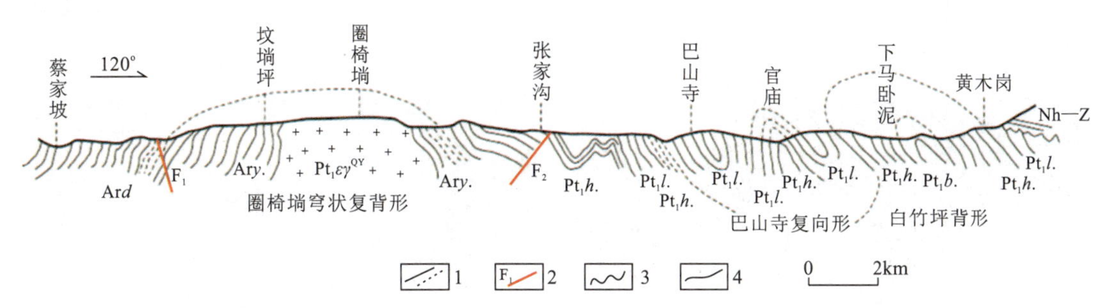

1.韧性剪切带；2.断裂及编号；3.角度不整合；4.地质体界线；Ary.，Ard.太古宇野马洞岩组、东冲河片麻杂岩；$Pt_1l.$，$Pt_1h.$.古元古界力耳坪岩组、黄凉河岩组；$Pt_1b.$.古元古界巴山寺岩组片麻杂岩；$Pt_1\varepsilon\gamma^{QY}$.古元古代圈椅埫钾长花岗岩超单元。

图 2-5-6 黄陵穹隆核部构造剖面示意图(据熊成云等，2004)

(四)伸展变形构造

1.基性辉绿岩墙(岩脉)

黄陵穹隆北部变质基底中常见基性辉绿岩脉呈岩墙产出，辉绿岩岩脉走向以北北西向、北东向为主，倾角接近于 90°，其与围岩呈明显侵入关系，边部偶见冷凝边。部分岩脉中含有片麻岩围岩包体(图 2-5-7)。这些基性岩脉宽 0.4～3m，少数在 10m 以上，岩性主要为辉绿岩或辉长岩，无明显变质变形特征。大部分辉绿岩脉受后期构造作用，发育两组相互近垂直的节理，致使岩体破碎不堪(图 2-5-8)。根据野外测得的 40 条基性岩脉产状的统计分析，发现主要有两组优选方位：NW 330°～340°、NE40°～50°。大量发育的基性岩脉反映其形成于伸展构造环境。

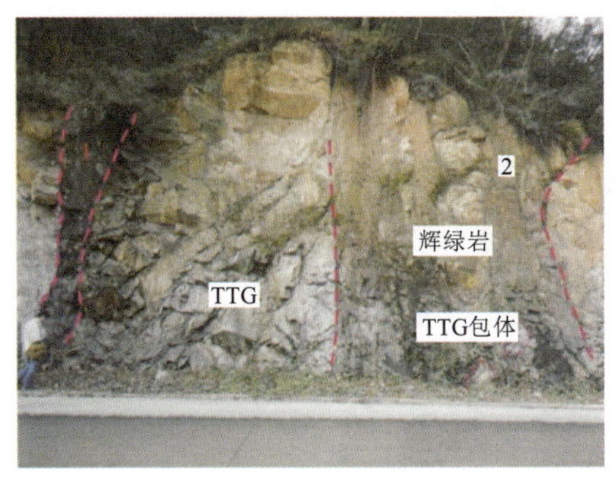

图 2-5-7 坦荡河附近多条辉绿岩脉侵入到片麻岩中，含有透镜状片麻岩包体(韩庆森 摄)

图 2-5-8 龚家河附近辉绿岩脉侵入到片麻岩中，含片麻岩包体(韩庆森 摄)

2. 伸展滑脱构造

黄陵穹隆北部沿雾渡河—殷家坪公路剖面的花岗片麻杂岩中常见有大量的低角度顺层滑脱构造。野外构造形迹显现"Z"字形特征，为露头尺度的伸展拆离(图 2-5-9、图 2-5-10)。结合前人研究，其可能为圈椅埫花岗岩复合穹隆构造在造山后地壳隆升伸展作用体制下的产物。圈椅埫花岗岩复合穹隆可能是太古宙野马洞-东冲河片麻岩穹隆、圈椅埫叠加褶皱隆起、圈椅埫钾长花岗岩穹隆三者复合叠加的综合产物。

图 2-5-9　雾殷公路坦荡河附近，TTG 质片麻岩中发育的一系列近东西向的滑脱构造，产状较陡立，具正断性质(韩庆森　摄)

图 2-5-10　雾殷公路坦荡河附近，黑云斜长片麻岩中发育的"Z"字形滑脱构造，左侧有近直立的辉绿岩脉侵入(韩庆森　摄)

三、中—新元古代蛇绿混杂岩带构造

黄陵穹隆地区的中—新元古代蛇绿混杂岩带以分布于太平溪、邓村之间的庙湾蛇绿混杂岩为代表。这套蛇绿混杂岩经历了强烈韧性和脆性变形变质作用，叠加褶皱发育。蛇绿混杂岩总体走向呈北西西向，倾角近直立，倾向总体以向北倾斜为主，呈平行带状产出(图 2-5-11)。

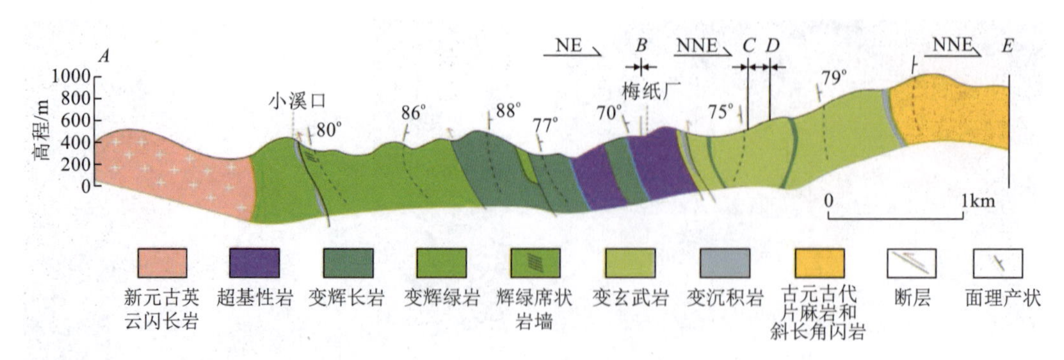

图 2-5-11　黄陵穹隆南部庙湾蛇绿混杂岩地质剖面(据彭松柏等，2010；Peng et al.，2012 修编)

(一)韧性剪切变形构造

韧性剪切变形构造主要出露于梅纸厂和茅垭一带，其与区域性的片(麻)理一起构成庙湾蛇绿混杂岩的早期变形特征,使混杂岩带内各岩石单元遭受了高角闪岩相区域变形变质作用。早期经历韧性剪切变形的蛇纹岩、蛇纹石化橄榄岩、方辉橄榄岩,后期又遭受伸展构造作用的改造形成破碎带,以及蛇纹石化橄榄岩、方辉橄榄岩透镜体(图 2-5-12)。构造破碎带产状测量统计显示,其优选方位为 65°∠75°。早期韧性剪切作用使层状玄武岩中形成大量构造分异脉体,以及新生透入性面理(图 2-5-13)。这些透入性的韧性变形面理主要表现为角闪石(辉石退变形成)和斜长石的定向排列,韧性变形面理产状优选方位为 47°∠79°。

图 2-5-12　梅纸厂变基性—超基性岩破碎带(蒋幸福　摄)

图 2-5-13　梅纸厂北变玄武岩早期透入性面理构造(蒋幸福　摄)

(二)变辉绿-辉长岩侵入构造

岩浆侵入构造主要出露于小溪口漫水桥、院子坟和古村坪一带,野外清楚可见变辉绿岩与变辉长岩的侵入接触关系,后期构造变形改造微弱,局部发生角闪岩相退变质。图 2-5-14 为变辉绿岩侵入变辉长岩接触关系;图 2-5-15 展示变辉绿岩侵入变辉长岩中,边部由于温度骤降而导致结晶时间较短,辉石(大多已退变为角闪石)和斜长石等矿物粒度较小,远离两者接触带的变辉绿岩结晶颗粒较粗。

(三)变辉绿岩席状岩墙

变辉绿岩席状岩墙仅见于小溪口一带,长度约 450m,岩脉宽度从几厘米至几米不等,但大多数宽 30～50cm。岩性主要为变辉绿岩,其次为变辉长岩、变斜长花岗岩。岩墙走向为北西西向,倾角 70°～80°,经历了强变形作用和变质作用,变质程度达角闪岩相。席状岩墙中辉绿岩脉大多具双向冷凝边结构,少量可见单向冷凝边(图 2-5-16、图 2-5-17),这是形成于洋底扩张环境的重要证据(邓浩等,2012)。

图 2-5-14　小溪口漫水桥变辉绿岩侵入变辉长岩构造(蒋幸福　摄)

图 2-5-15　小溪口漫水桥变辉绿岩发育冷凝边结构(韩庆森　摄)

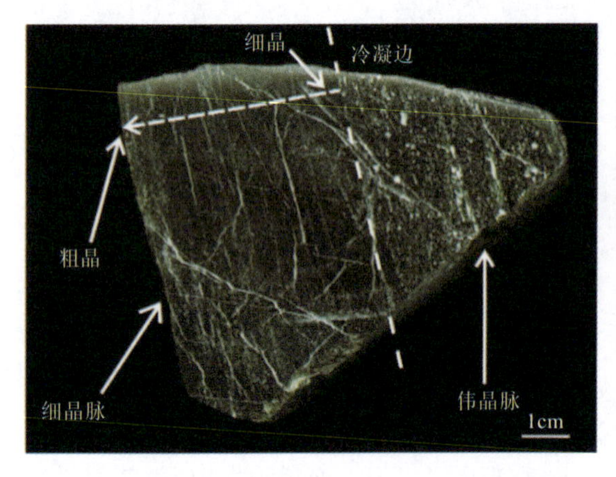

图 2-5-16　小溪口变辉绿岩单向冷凝边结构(据邓浩等,2012)

Pl. 斜长石;Hb. 角闪石。

图 2-5-17　小溪口变辉绿岩单向冷凝边结构(单偏光)(据邓浩等,2012)

图 2-5-18　小溪口高角度逆冲剪切断层

(四)逆冲断层构造

该构造主要出露于小溪口一带,位于庙湾蛇绿混杂岩南侧,主要发育在云母片岩和变质砂岩中。断层总体走向为北西西向,倾角普遍大于 60°(图 2 - 5 - 18)。断层接触面发育的"阶步"构造和牵引构造显示其为逆冲断层。断层带内及附近岩石蚀变强烈,主要表现为绿帘石化和云母片化。断层两侧岩层可见次级褶皱变形、节理和顺层片理化等构造变形现象。

四、中生代—新生代构造

(一)黄陵穹隆

黄陵穹隆轴向北北东向,长短轴之比约 2∶1,周缘被仙女山断裂、天阳坪断裂、通城河断裂和新华断裂围限。从区域上看,黄陵穹隆东西两侧分别是荆门-当阳盆地与秭归盆地,其与周缘盆地构成明显的隆起-坳陷构造。江麟生等(2002)认为黄陵穹隆基底和沉积盖层的变形具有变质核杂岩的特点。野外观察和构造几何学的分析研究表明,黄陵穹隆的两翼西陡东缓,构成不对称短轴背斜的穹隆构造,详见图 2 - 5 - 19(王军等,2010;Ji et al. ,2013)。

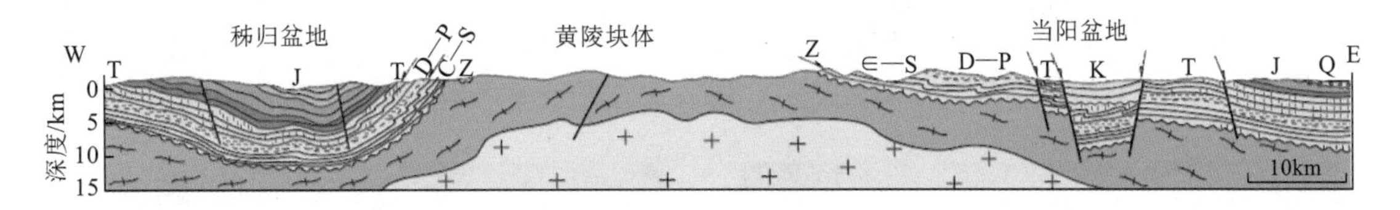

图 2 - 5 - 19 黄陵穹隆构造剖面图(据 Ji et al. , 2013)

关于黄陵穹隆构造形成的时间历来就有争议,一些研究者认为穹隆构造在新元古代就已经成形,抑或是早古生代、早中生代及晚中生代成形(江麟生等,2002;李益龙等,2007),亦有学者认为新生代以来黄陵穹隆仍处于隆升阶段(郑月蓉等,2010;肖虹等,2010)。但近年来的野外观察研究表明,黄陵穹隆西部的晚侏罗世地层明显地卷入了变形,同样穹隆西南和东南两翼发育的早白垩世沉积盆地明显不整合于现今观察到的黄陵穹隆之上,而且大量热年代学的研究也显示,黄陵穹隆的隆升主要发生在 160～110Ma 之间(沈传波等,2009;刘海军等,2009;Ji et al. ,2013)。因此,黄陵穹隆构造主要形成于晚侏罗世—早白垩世之间,这也与中国东部中生代—新生代岩石圈伸展减薄的构造动力学背景是一致的。

此外,黄陵穹隆的中生代—新生代伸展构造盖层岩石变形总体以顺层滑脱褶皱、拉断碎裂透镜体、高角度正断层发育为特征,局部伴生有小规模的滑覆逆冲断层,而且在下三叠统薄层状灰岩、志留系龙马溪组页岩、奥陶系灰岩、寒武系碳质灰岩,特别是震旦系陡山沱组薄层状灰岩中广泛发育伸展拉断形成的岩石构造透镜体,具有重力伸展滑脱的明显特征(图 2 - 5 - 20、图 2 - 5 - 21)。因此,黄陵穹隆主要是中生代—新生代发育形成的伸展构造,也可称之为伸展变质核杂岩构造(江麟生等,2002;Davis G A 和郑亚东,2002;肖虹等,2010)。

(二)盖层褶皱构造

实习基地所在鄂西地区褶皱构造广泛发育,在区域上属于湘鄂西褶皱带的一部分,受到后期川东褶皱带的叠加影响,最终形成现今特殊的叠加褶皱构造样式及面貌。总体而言,实习区及邻近地区以近东西向褶皱构造为主，局部叠加北东向、近南北向褶皱。实习区野外露头广泛保留了以近东西向、北东东走向为主的连续背斜向斜（图 2-5-22），同时亦有近南北走向褶皱的局部叠加（图 2-5-23）。实习基地邻近地区代表性褶皱构造有长阳复式背斜、秭归盆地向斜等。

图 2-5-20　黄陵穹隆北东翼陡山沱组黑色硅质泥页岩中伸展滑脱变形拉断的透镜状硅质岩（彭松柏　摄）

图 2-5-21　黄陵穹隆南西翼九曲垴陡山沱组中顺层伸展滑脱形成的泥质白云岩碎裂透镜体（彭松柏　摄）

图 2-5-22　崔家坪嘉陵江组泥质灰岩近东西向褶皱（镜头向东，锤子平行于枢纽；王岸　摄）

图 2-5-23　崔家坪嘉陵江组泥质灰岩近南北向膝折（镜头向北，视野宽度约 20m；王岸　摄）

1. 长阳复式背斜

长阳复式背斜主体位于清江以北，轴迹呈北西西走向延伸，东西延展约 80km。空间分布大致从长阳县向西延伸，穿越仙女山断裂直至榔坪镇，被后期北东向褶皱叠加。在复式背斜东段长阳县及其以西附近，背斜核部普遍出露震旦系灯影组，向西剥露幅度渐浅，核部出露地层以下寒武统为主，翼部地层以寒武系芙蓉统—奥陶系及上覆地层为主。

在构造样式上，长阳复式背斜表现为复式褶皱，同时兼具盖层断展褶皱构造特征。长阳复式背斜东段总体由两个较大的次级背斜及其间向斜构成，背斜核部均有震旦系灯影组广泛出露。长阳复式背斜总体表现不对称特征，复式背斜南翼总体较缓，北翼较陡，出露奥陶系多为近直立，体现向北断展逆冲特征。在长阳县附近，复式背斜翼部寒武系发育多级不对称褶皱，层厚与能干性组合特征不一，从而形成尖棱、弧形等多样化的褶皱样式。长阳复式背斜主要是在燕山期近南北向区域构造挤压应力下形成的盖层褶皱系统。

2. 秭归盆地向斜

秭归盆地位于黄陵穹窿以西，巴东县以东，是实习基地邻近地区唯一的侏罗系残留盆地。长江经归州镇呈近东西向穿越并切割该盆地。秭归盆地为一叠加向斜构造，东西延伸约40km，南北约50km，盆地内主要建造为上三叠统—侏罗系碎屑岩系。从区域来看，秭归盆地可能是早期四川盆地东缘的一部分，受后期区域性挤压构造作用而孤立成残留向斜盆地。

秭归盆地向斜是受东西向和南北向构造挤压叠加而成。东翼、西翼分别中低角度西倾和东倾，南翼和北翼分别中低角度北倾和南倾，最终形成近等轴状的向斜。秭归盆地向斜的形成可能与邻近黄陵穹隆有关。黄陵穹隆的地貌隆起以及基底岩石的相对高能干性为邻近盖层褶皱变形提供了应力阴影，从而形成向斜，使得侏罗系得以广泛保留。秭归盆地向斜内部，沿长江一线，叠加了枢纽近东西向的次级背斜，背斜枢纽倾伏端大致位于归州镇以西的彭家坡附近。在归州镇以西，秭归盆地向斜西翼侏罗系层面同时记录了近南北向和近东西向两期褶皱顺层滑动的擦痕线理以及阶步，指示近南北向和近东西向两期挤压褶皱顺层剪切变形特征(图2-5-24、图2-5-25)。

区域上卷入东西走向褶皱变形的最年轻地层为侏罗系，而上白垩统则卷入了与褶皱相关的逆冲构造变形，说明东西走向褶皱的主体变形时间为燕山期，且至少持续到晚白垩世。而近南北走向的褶皱构造与川东盖层褶皱系统具有密切关联，依据最近的年代学数据，其形成时间主体是晚白垩世—早新生代。

图 2-5-24 秭归盆地向斜西翼侏罗系及顺层方解石脉体(镜头向北;王岸 摄)

图 2-5-25 秭归盆地向斜西翼侏罗系近东西向顺层滑动擦痕,比例尺平行于线理(镜头向北西;王岸 摄)

(三)主要大型韧-脆性断裂构造

断裂构造在黄陵穹隆核部及周缘地区广泛发育,包括韧性剪切带和脆性断裂等,主要有近东西向、北西向和北东向 3 组断裂带,但以北西向韧-脆性断裂带最为突出。近东西向韧性剪切带主要有核北部水月寺-白竹坪等断裂带,以推-滑覆为特征,一般先推后滑。北东向韧性剪切带规模较小,以走滑兼逆冲为特点。北西向韧-脆性剪切断裂带最为发育,以雾渡河、板仓河、邓村—小溪口韧-脆性断裂带为代表,而且晚期脆性断裂活动都是叠加在早期韧性剪切活动带之上,一般先左行逆冲,后右行下滑,具有活动周期长和多期次构造叠加的特点,也是区内主要金矿控矿构造(熊成云等,1998),基本特征简述如下。

1. 北北西向仙女山断裂带

仙女山断裂带位于黄陵穹隆西南,几乎斜切了测区内各主要东西向褶皱,为一系列羽状排列的断层组成的断裂带。长 80km,总体走向 NNW340°,倾向南西,主干断层倾角高角度—近直立,切穿古生代—白垩纪地层(图 2-5-26),局部地区可见古生代地层逆冲推覆于白垩纪地层之上。断裂带挤压现象明显,断层角砾岩发育,角砾呈棱角状,大小混杂,一般为 1~5cm,具张性角砾岩性质,其间也穿插有挤压性质的糜棱岩带和构造透镜体。带内方解石细脉纵横交错,断面擦痕发育,多呈水平,少数倾角在 10°左右。断层两旁地层错动,可见大量牵引构造。

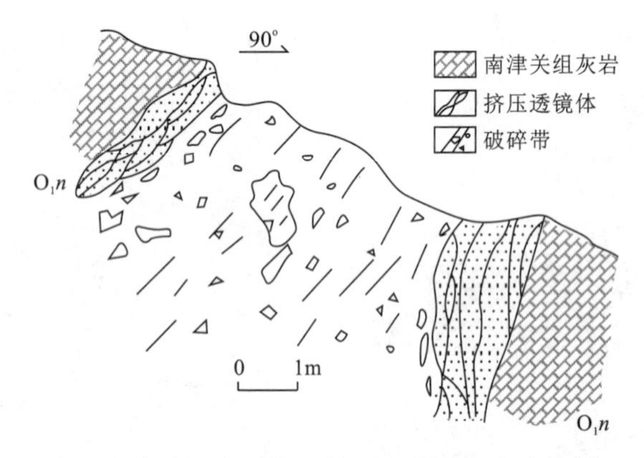

图 2-5-26 仙女山断裂构造剖面图(据王辉和金红林,2010)

断裂活动性明显,沿断裂负地形呈线状排列,断层带内可见尚未胶结的断层泥与断层角砾,两侧河谷变化明显,现代崩塌、滑坡发育,比较著名的有 1985 年新滩巨型复式滑坡。沿断裂大震不多,微震不断,但由于地质情况复杂,导致该断裂沿线各种地质灾害十分发育。

2. 近南北向九畹溪断裂带

九畹溪断裂带位于黄陵穹隆西侧,总体走向北北东向,西南端与仙女山断裂结合,可能为仙女山断裂派生构造,出露长度在 15km 左右,展布方向 NNE 20°,倾向以西为主,倾角陡立,大多为 70°以上,局部地区可见断裂面近于直立,地表可见其切穿第四纪中晚期全新世地层。

断裂具有一定的活动性，沿断裂带负地貌发育，两侧水系明显变化，具有一定程度的微震活动，地表变形监测显示该断裂带存在差异性活动。

3.北西向板仓河断裂带

板仓河断裂带为区域性大断裂，总体走向NW310°左右，自上牵羊河，经板仓河至洪家坪，沿北西、南东两端延伸出测区，长16.95km。断层面主体倾向北东—北北东，倾角为60°～78°，在板仓河、孙家河一带断面倾向南西，倾角为50°～70°。断层破碎带宽一般小于30m，局部达55m。变质基底区主要由不同期次碎粉岩、碎粒岩、碎斑岩、断层(角)砾岩、碎裂花岗岩、碎裂闪长岩等组成，且大多呈构造透镜体产出，断层(角)砾成分可见花岗质糜棱岩、糜棱岩化花岗岩，断层带及其两侧的劈理带发育，产状与断层近于一致。盖层区断层破碎带早期发育大量韧性剪切构造透镜体，透镜体由灰质构造砾岩构成，晚期发育构造角砾岩，显示出早期韧性剪切挤压、晚期脆性拉张继承性构造活动的特征。

4.北西向雾渡河断裂带

雾渡河断裂带为区域性大断裂，走向NW 320°～330°，穿切实习区北部，沿观音堂—雾渡河—花庙一带展布，出露长37km，分别沿北西、南东方向延伸进入沉积盖层。断层主要穿切变质岩系，部分区段穿切岔路口超单元和震旦纪地层。区域上断层总体倾向以北东向为主，基底区以倾向南西为主，倾角一般62°～87°，断裂破碎带在前寒武纪基底区宽度大于50m，主要由不同期次碎粉岩、碎粒岩、碎斑岩、糜棱质断层砾岩及断层角砾岩组成。盖层区破碎带宽10～20m，主要由断层角砾岩、碎粉岩等组成，是一条大型的典型韧-脆性长期活动断裂带。

该断层破碎带常见一系列大致平行的次级断裂面、劈理面，或平直或呈舒缓波状，具多期活动特征。早期属韧性剪切变形断裂带，晚期以脆性变形活动为特征，其中脆性变形活动的早中期以逆冲-平移为主，晚期为平移正断层。基底区断层破碎带具硅化、帘石化、褐铁矿化、黄铁矿化、铅锌矿化等，常见后期辉绿(玢)岩脉、闪长(玢)岩脉、花岗岩脉、黑云二长花岗岩脉沿破碎带分布。断层两侧区域性片理走向不同，常见红色花岗质脉体顺围岩片理分布，说明该断层至少形成于新元古代早中期。

该断裂带也是本区金、辉钼矿、磁铁矿、稀有放射性矿产重要的导矿、控矿构造，其中黄铁矿化与其中晚期张扭性活动密切相关，金矿主要产于断层带旁侧的北北西—北西向次级断裂带中。显生宙燕山期具继承性脆性断裂活动，切入盖层。该断层在航片上呈一线性影像，地貌多表现为负地形(垭口、平直的水沟等)，且观音堂—茅坪河—岔路口一带断层三角面十分发育，根据1∶20万区域地质调查资料等，该断层晚期脆性活动切割白垩系，说明其活动时间至少持续到白垩纪之后。

五、区域地质构造演化

黄陵穹隆地处扬子克拉通核部地区，出露了华南最古老的太古宙TTG质片麻杂岩及古元古代角闪岩-麻粒岩相高级变质杂岩系，是研究扬子克拉通前南华纪早期地质构造演化及前寒武纪哥伦比亚(Columbia)、罗迪尼亚(Rodinia)超大陆聚合与裂解的重要窗口，记录了多期重要俯冲/增生碰撞造山拼贴事件。特别是，黄陵穹隆核部结晶基底前南华纪变质岩浆杂岩系，比较完整地记录和保存了太古宙古陆壳生长、古元古代俯冲-碰撞造山(高压麻粒岩等)、中—新元古代俯冲-碰撞造山和裂解(蛇绿混杂岩、花岗杂岩等)，以及中生代—新生代黄陵穹隆隆升伸展减薄(变质核杂岩构造)等重要地质作用事件的重要证据。黄陵地区的区域地质构造演化大体可划分为:基底、盖层以及中生代—新生代3个重要构造演化阶段,现简述如下。

(一)基底构造演化阶段

1. 太古宙古陆核(微陆块)形成

扬子克拉通黄陵穹隆核部太古宙陆壳以花岗-绿岩地体古陆核(微陆块)的形成为特点,太古宙东冲河花岗片麻岩系(TTG)、野马洞岩组斜长角闪岩是其主要物质记录。太古宙TTG质片麻岩的侵位时代为3450～2900Ma(高山等,1990;Gao et al.,2011),是早期陆壳形成演化和生长的重要产物。

2. 古元古代俯冲/增生碰撞造山拼合

古元古代早期,黄陵穹隆北部以形成于大陆边缘沉积组合[石英岩、铁质岩和片岩组成的苏必利尔型铁建造,成熟度较高的陆源碎屑黏土岩,粉砂岩夹碳酸盐岩、硅质岩、含碳质泥岩及碎屑碳酸盐岩建造(即孔兹岩系建造)]为特征,火山作用微弱。古元古代晚期,黄陵穹隆北部地区进入俯冲-碰撞造山构造演化阶段,以形成2.0～1.95Ga的北北东—北东向角闪岩相-麻粒岩相构造变质带和后造山伸展体制下的A型花岗岩、次火山岩-火山岩、基性岩脉(约1.85Ga)为特征,显示黄陵穹隆北部地区在2.0～1.85Ga发生了一次重要的从俯冲-碰撞造山到造山后伸展垮塌的构造地质作用事件,这可能与全球哥伦比亚超大陆聚合及裂解作用事件有关(凌文黎,1998; Zhang et al.,2006b; Wu et al.,2009; Cen et al.,2012; Yin et al.,2013;熊庆等,2008;Peng et al.,2012)。

3. 中—新元古代俯冲-碰撞造山拼合

黄陵穹隆南部中—新元古代庙湾蛇绿混杂岩(1100～974Ma)的发现,表明扬子克拉通基底基本轮廓是由不同性质地块或地体经新元古代俯冲-碰撞拼合造山(即格林威尔运动)才最终固结形成的(彭松柏等,2010;Peng et al.,2012)。新元古代早期(960～870Ma)神农架岛弧与扬子陆块发生俯冲-碰撞造山拼贴,并导致庙湾蛇绿混杂岩的构造侵位。新元古代晚期(860～790Ma)俯冲-碰撞造山伸展垮塌构造环境形成埃达克质/岛弧火山质花岗岩,即黄陵花岗杂岩体(Zhang et al.,2008; Wei et al.,2012; Zhao et al.,2013)。大约在790Ma,扬子克拉通及本区基底构造演化阶段结束,构造运动以差异升降为主,开始进入稳定盖层沉积演化阶段。

(二)盖层构造演化阶段

南华纪—早中生代阶段,三峡地区的建造以海相稳定沉积为特征,代表克拉通台地构造演化阶段,期间存在区域性升降运动,但总体构造稳定。南华纪扬子克拉通在前期在隆升剥蚀的基础上沉积了一套曲流河-河口三角洲分支河道陆源碎屑沉积物,随后沉积了南沱期大陆冰川沉积物,这也是全球“雪球地球”事件的重要地质记录。陡山沱期之后开始连续沉积了一套盆地边缘相至局限海台地相黑色页岩、碳酸盐岩沉积为主的稳定克拉通海相沉积盖层,直到早中生代晚三叠世受印支期运动影响开始出现构造抬升(沈传波等,2009)。

(三)中生代—新生代陆内变形阶段

晚中生代以来,黄陵穹隆及周缘地区进入陆内挤压-伸展构造演化期,印支期—燕山早期运动的挤压变形以盖层中隔档式与隔槽式褶皱的发育为特征,白垩世燕山晚期以来岩石圈受强烈伸展减薄构造作用的影响，发生强烈构造隆升作用形成黄陵穹隆的基本雏形，在盖层沉积地层中形成平卧滑脱褶皱、高角度伸展脆性正断层，盖层沉积地层与基底接触带则发育有低角度顺层滑脱劈理、韧性剪切断层（沈传波等，2009；刘海军等，2009；Ji et al.，2013），并伴有岩浆热液成矿活动，奠定了黄陵穹隆变质核杂岩构造的基本轮廓。

中国东部及黄陵穹隆地区新生代主要受喜马拉雅期青藏高原隆升和太平洋板块俯冲作用的控制和影响，主要表现为挤压-伸展构造体制联合作用下的间歇性构造隆升（陈文等，2006；李海兵等，2008；郑月蓉等，2010；葛肖虹等，2010），长江三峡地区河流下切侵蚀作用强烈，形成多级河流阶地、山高谷深、坡陡崖悬和岩溶发育的地形地貌景观，以及频发的滑坡、岩崩等地质灾害（谢明，1990；李长安等，1999）。

综上所述，晚中生代中国大陆整体进入陆内构造演化阶段，特提斯构造域和滨太平洋构造域对中国大陆陆内作用逐步凸显，中国大陆内部呈现不同方向的挤压与伸展交替的多旋回构造演化。在宏观地貌上，西部挤压隆升，东部伸展沉降，最终形成以挤压缩短构造为主、叠加断块伸展变形、大型水系东流的现今构造地貌格局。

第三章 野外地质教学路线

根据地质学野外教学需要和剖面研究状况，本教材精选了 20 条野外地质教学路线（图 3-0-1），供不同专业师生的野外地质教学使用。这些野外地质教学路线以秭归基地为中心，主要沿长江两侧分布，车程为 1～3h，且均有公路相通，交通方便，相对安全。

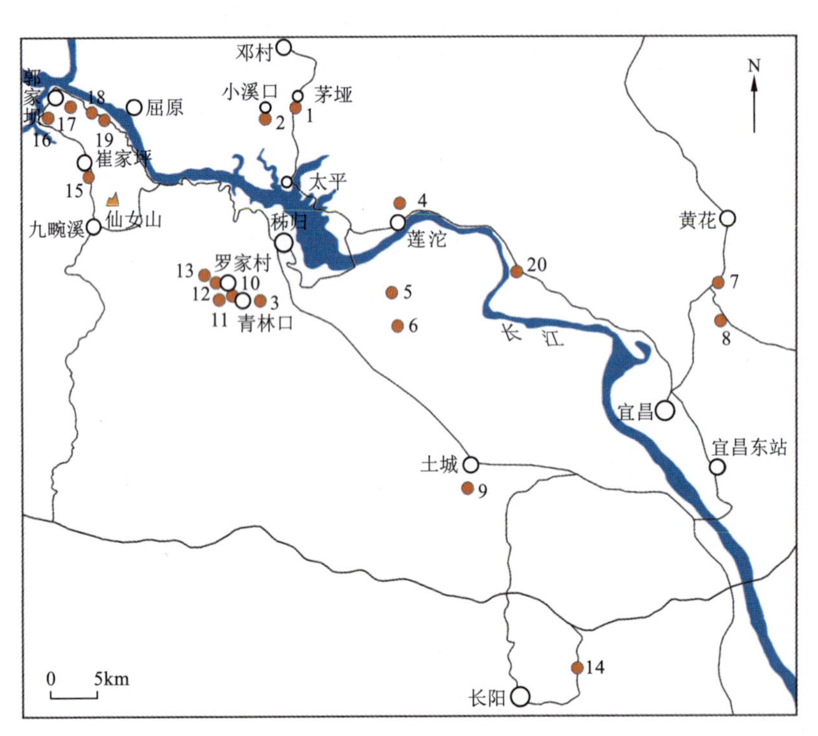

图 3-0-1 实习区野外地质教学路线分布图

（红点编号与野外地质教学路线编号相一致）

在这 20 条野外地质教学路线中，包含 2 条变质岩教学路线（路线一和路线二）、2 条岩浆岩教学路线（路线三和路线四）、2 条碎屑岩教学路线（路线九和路线十）、2 条碳酸盐岩教学路线（路线十二和路线十八）、2 条构造地质学教学路线（路线十四和路线十五）、2 条“金钉子”剖面教学路线（路线七和路线八）、6 条地层学和古生物学教学路线（路线五、路线六、路线十一、路线十三、路线十六和路线十七）、1 条工程地质（地质灾害及其成因）教学路线（路线十九）、1 条地质遗迹开发及保护教学路线（路线二十）。按照路线编号顺序及地质时代由老至新的次序，各条野外地质教学路线介绍如下。

路线一　茅垭崆岭杂岩地质观察

一、教学路线

秭归基地—茅垭—薄刀岭—秭归基地

二、教学任务及要点

(1)观察并描述扬子克拉通基底太古宙 TTG 质片麻岩与其中的镁铁质包体,思考早期地球的陆壳垂向生长模式和壳-幔作用过程。

(2)观察并描述小渔村岩组变质杂岩的岩石组合和变质变形特征,思考变质岩原岩恢复方法和岩石组合对构造背景的指示意义。

(3)观察并描述庙湾岩组镁铁质变质岩的岩石组合和变质变形特征,回顾蛇绿混杂岩的组成和结构特征。

三、路线内容及观察点

观察点 1:太古宙 TTG 质片麻岩与镁铁质包体

该点位于古村坪村大桥以南,露头良好,局部地段风化严重,为组成扬子克拉通太古宙结晶基底的 TTG 质片麻岩与镁铁质包体观察点。岩石组合稳定,主体为 TTG 质片麻岩,普遍混合岩化,含有大量的镁铁质包体(图 3-1-1),另有大量的基性岩墙群侵入。它与上覆小渔村岩组呈不整合接触,受后期构造运动影响,接触带处发育断层带。

图 3-1-1　太古宙 TTG 质片麻岩及其中的镁铁质包体

主要观察和描述内容：

(1)TTG质片麻岩的颜色、结构、构造和矿物组合等特征，测量岩石面理和线理产状，思考变质程度，给出准确的原岩名称和变质后的系统定名。

(2)镁铁质包体的形态、大小、定向性、结构、构造、矿物组合以及与寄主岩的边界等特征，统计其长轴方位，思考变质程度，给出准确的原岩名称和变质后的系统定名。

(3)了解浆混体、捕虏体和暗色体的成因和识别方法，判断包体类型，推测寄主岩与包体原岩形成时的岩浆作用过程。

(4)统计片麻岩和包体的构造形迹，解析变质变形期次，结合基性岩墙群的产状，推测后期可能遭受的动力学过程。

观察点2：古元古代片麻状花岗闪长岩与镁铁质包体、基性岩墙群和伟晶岩脉

该点位于古村坪村“云海茶谷”观景台以南，露头良好，为古元古代片麻状花岗闪长岩与镁铁质包体、基性岩墙群和伟晶岩脉观察点。主体为片麻状花岗闪长岩(图3-1-2A)，发育少量的镁铁质包体(图3-1-2B)。岩体中断层和节理发育，被后期伟晶岩脉(图3-1-2C)和基性岩墙(图3-1-2D)灌入。岩体与北侧太古宙TTG质片麻岩以断裂带相隔，与南侧小渔村岩组变质杂岩呈侵入接触关系。

图3-1-2　古元古代片麻状花岗闪长岩(A)及其中的镁铁质包体(B)、伟晶岩脉(C)和基性岩墙(D)

主要观察和描述内容：

(1)片麻状花岗闪长岩的颜色、结构、构造和矿物组合等特征，思考变余结构与变晶结构的区别，结合长英质侵入岩QAP图进行定名。

（2）伟晶岩的结构、构造和矿物组合特征，思考伟晶岩的分带和成因。

（3）镁铁质包体和基性岩墙的产状、结构、构造和矿物组合等特征，对比二者的异同。

观察点3：小渔村岩组变质杂岩

该点位于片麻状花岗闪长岩以南（变质杂岩与片麻状花岗闪长岩呈侵入接触关系），露头良好，为小渔村岩组变质杂岩观察点。小渔村岩组岩石组合复杂，包括（含榴）黑云斜长片麻岩、黑云母石英片岩、泥质石英岩、斜长角闪岩、大理岩和花岗片麻岩等（图3－1－3），与庙湾岩组镁铁质变质岩呈断层接触。

图3－1－3　小渔村岩组变质杂岩中的典型岩性

A. 石英岩和辉绿岩墙；B. 黑云斜长片麻岩、石英岩透镜体和黑云母石英片岩；C. 花岗片麻岩和斜长角闪岩；D. 大理岩

主要观察和描述内容：

（1）（含榴）黑云斜长片麻岩、黑云母石英片岩、石英岩、斜长角闪岩和大理岩的颜色、结构、构造、矿物组合等特征，回顾变质岩的典型结构和构造内容，对各岩性进行系统定名。

（2）根据各岩性的矿物组合判断其化学类型和变质程度，回顾变质岩化学类型和矿物组合之间的关系以及各变质相的典型矿物组合特征。

（3）据野外产状和岩石组合恢复小渔村岩组的原岩建造，思考可能的构造背景。

（4）测量、统计和对比各岩性的塑性变形形迹，查明变形期次和特征，理解能干性差异对岩石变形强度的控制。

观察点4：庙湾岩组镁铁质变质岩

该点位于斜长角闪片岩以南，为庙湾岩组镁铁质（超镁铁质）变质岩观察点，与斜长角闪片岩呈断层接触，上部被震旦系莲沱组不整合覆盖。镁铁质变质岩的原岩主要是超镁铁质火成岩，以橄榄石、辉石和角闪石等镁铁质矿物为主，变质后富含富镁铁质的矿物，如蛇纹石、滑石、水镁石、菱镁矿、直闪石、镁铁闪石、紫苏辉石、透闪石、阳起石、绿泥石、黑云母和铁铝榴石—镁铝榴石等(图 3-1-4A)，可见大量后期弱变形辉长岩和辉绿岩侵入(图 3-1-4B)。

图 3-1-4　庙湾岩组蛇纹石片岩(A)和后期侵入体(B)

主要观察和描述内容：

(1)蛇纹石片岩和滑石片岩的颜色、结构、构造、矿物组合等特征，思考交代反应类型和过程。

(2)辉长岩、辉绿岩、闪长岩等岩脉或岩株的产状、结构、构造、矿物组合等特征，统计侵入体的产状和变形形迹，与围岩变形特征对比，推测变形期次和可能遭受的动力学过程。

四、教学进程及注意事项

(1)教师提前一天提醒学生预习路线相关内容。

(2)教师在路线起点，简要介绍任务、目的和要求，用时约 10min。

(3)教师在路线起点简要介绍崆岭杂岩的研究现状和研究意义，用时约 15min。

(4)观察点 1 用时约 50min。

(5)观察点 2 用时约 30min。

(6)观察点 3 用时约 90min。

(7)观察点 4 用时约 45min。

(8)本条野外教学路线的路程较远，为全天路线，请带饭带水。

五、引导及思考

(1)TTG 质片麻岩和镁铁质包体的原岩性质对早期地球地壳生长和壳幔作用过程有什么指示？

(2)小渔村岩组变质杂岩的岩石组合解析及原岩建造的恢复反映了怎样的构造背景和动力学过程？

(3)古元古代片麻状花岗闪长岩、基性岩墙和伟晶岩脉的岩相学特征和侵位序列反映了怎样的构造背景？

(4)超镁铁质岩的类型和矿物组合特征能否作为蛇绿混杂岩的识别标志？

路线二　小溪口中—新元古代变基性—超基性岩、变质岩系地质观察

一、教学路线

秭归基地—龙咀子—梅纸厂—小溪口—秭归基地

二、教学任务及要点

(1)介绍蛇绿混杂岩基本概念及岩石单元组成,并对比介绍中—新元古代庙湾蛇绿混杂岩(mélange)的基本组成、形成时代及构造变形变质演化特征。

(2)观察并描述中—新元古代庙湾蛇绿混杂岩各岩石单元特征。

(3)观察并描述早期细粒斜长角闪岩(变玄武岩)、变沉积岩系岩性特征,并对其中发育的韧变形面理、线理、节理和褶皱构造进行素描。

(4)观察并识别晚期变辉绿岩与变辉长岩之间的侵入、穿插关系及标志,并对其接触关系进行素描。

(5)观察并识别发育于变基性—超基性岩中的早期韧性面理、线理以及晚期脆性断裂破碎带,并根据其伴生次级构造判断断裂运动方向和力学性质。

三、路线内容及观察点

观察点 1:拦水坝西侧新开公路旁

该点为庙湾蛇绿混杂岩中强变形细粒斜长角闪片岩(变玄武岩)与含石榴子石钙硅酸盐岩构造接触关系及岩性观察点(图 3-2-1、图 3-2-2)。

图 3-2-1　拦水坝西侧新开公路旁含石榴子石钙硅酸盐岩(石榴子石具退变质"白眼圈"变质结构)

图 3-2-2　拦水坝西侧新开公路旁强变形细粒斜长角闪片岩(变玄武岩)夹含石榴子石钙硅酸盐岩岩块(岩片)

主要观察和描述内容:

(1)含石榴子石钙硅酸盐岩的产状、岩性、粒度、颜色、结构、构造,以及面理、线理产状,根据野外岩石观察基本特征初步恢复可能的原岩。

(2)细粒斜长角闪岩产状、岩性、粒度、颜色、结构、结构构造，以及面理、线理产状，根据野外岩石观察基本特征初步恢复可能的原岩。

观察点2:太红公路龙咀子大桥旁

该点为庙湾蛇绿混杂岩中强变形细粒斜长角闪片岩(变玄武岩)观察点(图3-2-3、图3-2-4)。

主要观察和描述内容：

(1)细粒斜长角闪岩的岩性、粒度、颜色、结构、构造等特征，测量面理、线理、产状，根据野外岩石观察基本特征初步恢复可能的原岩。

(2)细粒斜长角闪岩中发育的线理和面理特征，并判断线理类型。

(3)强变形细粒斜长角闪片岩(变玄武岩)特征。

图3-2-3　龙咀子大桥强变形面理、线理发育的层状细粒斜长角闪片岩(变玄武岩)

图3-2-4　龙咀子大桥强变形细粒斜长角闪片岩(变玄武岩)(滚石)

观察点3:太红公路17km旁

该点为庙湾蛇绿混杂岩中强变形细粒斜长角闪片岩(变玄武岩)与韧性变形中—细粒斜长角闪岩(变辉长岩、变辉绿岩)接触关系分界点(图3-2-5)。

主要观察和描述内容：

(1)变辉长岩和变辉绿岩的岩性、粒度、颜色、结构、构造特征，根据野外岩石观察基本特征

图3-2-5　太红公路17km旁韧性变形变辉长岩(A)和变辉绿岩(B)

初步恢复可能的原岩。

(2)细粒斜长角闪岩中线理和面理的特征,根据矿物"σ"型、"δ"型旋转残斑,判断剪切运动方向。

(3)两者之间的地质接触关系和标志,判断其形成先后顺序。

观察点 4:太红公路梅纸厂变基性—超基性岩采石场

该点为变基性—超基性岩(蛇纹石化纯橄岩、蛇纹石化辉橄岩)早期透入性韧性变形面理、晚期脆性构造断裂破碎带、铬铁矿观察点(图 3-2-6～图 3-2-9)。

主要观察和描述内容:

(1)变超镁铁岩岩石类型、变形特征,以及不同类型变超镁铁岩(纯橄岩、辉橄岩)中铬铁矿含矿性变化特征。

(2)晚期脆性断裂破碎带运动学特征,并对变超镁铁岩的构造变形顺序进行初步解析。

图 3-2-6　梅纸厂蛇纹石化方辉橄榄岩中发育的透入性面理

图 3-2-7　梅纸厂蛇纹石化纯橄岩(蛇纹岩)沿后期脆性裂隙形成的蛇纹石等矿物

图 3-2-8　梅纸厂晚期强烈挤压逆冲剪切变形蛇纹石化超镁铁岩

图 3-2-9　强烈韧性变形蛇纹石化纯橄岩中发育的铬铁矿

观察点 5:太红公路漫水桥公路旁

该点为晚期变辉长岩、变辉绿岩(图 3-2-10、图 3-2-11)互相穿插关系的观察点。

主要观察和描述内容：

(1)变辉长岩、变辉绿岩的颜色、岩性、粒度、结构、构造特征。

(2)变辉长岩、变辉绿岩的结构构造、穿插接触关系、边界特征，判断其形成先后顺序。

图 3-2-10　漫水桥闪长岩(辉长岩)与变辉绿岩的侵入穿插关系

图 3-2-11　漫水桥变辉绿岩侵入穿插闪长岩(辉长岩)而形成中间粗两边细的冷凝边结构

观察点 6:太红公路小溪口村委会老桥旁

该点主要为变沉积岩系与细粒斜长角闪岩、变辉绿岩脉(岩墙)、斜长花岗岩岩脉接触关系分界点(图 3-2-12～图 3-2-15)。

主要观察和描述内容：

(1)变辉绿岩的颜色、岩性、粒度、结构、构造特征；观察变辉绿岩与花岗岩、斜长花岗岩岩脉变形特征、互相穿插关系，判断其形成先后关系(图 3-2-12、图 3-2-13)。

(2)细粒斜长角闪岩、绿帘角闪岩(变玄武岩)岩石特征(图 3-2-14)。

(3)沉积岩系的主要岩石类型特征(图 3-2-15)，根据野外岩石观察基本特征初步恢复可能原岩类型，推测其可能的沉积环境。

图 3-2-12　小溪口老桥变辉绿岩脉(岩墙)群

图 3-2-13　小溪口老桥后期斜长花岗岩等岩脉侵入穿插切割变辉绿岩脉(岩墙)

图 3-2-14　小溪口老桥强变形绿帘角闪岩（变玄武岩）

图 3-2-15　小溪口老桥强变形变沉积岩系，主要岩性为变质砂岩、云母片岩、石英砂岩等

四、蛇绿混杂岩概念及背景介绍

蛇绿混杂岩是消亡大洋岩石圈残片的重要证据，是主要由基性岩—超基性岩组成的一种特殊岩石组合，在板块构造演化中具有极为重要的意义。一套发育完全或经典蛇绿混杂岩的岩石组合从底部向上包含以下岩石单元：①超镁铁杂岩，主要由不同比例的方辉橄榄岩、二辉橄榄岩和纯橄岩组成，通常存在不同程度的蛇纹石化现象；②辉长杂岩，一般具堆晶的结构，通常包含堆晶橄辉岩和辉石岩，比超镁铁杂岩变形程度弱；③镁铁质席状岩墙杂岩；④镁铁质火山杂岩，通常为枕状、层状玄武岩。此外，伴生的岩（矿）石类型有：①上覆沉积岩，主要为条带状薄层状泥质岩、硅质岩和少量灰岩；②豆荚状铬铁矿（纯橄岩伴生）；③斜长花岗岩等。

五、庙湾蛇绿混杂岩研究背景简介

庙湾中—新元古代蛇绿混杂岩主要分布于庙湾和小溪口一带，总体呈北西西向带状展布，与下伏小渔村岩组呈构造接触关系。变超镁铁岩连续出露的最大长度达 13km，宽度为 2～5km，岩性以蛇纹岩、蛇纹石化纯橄岩、方辉橄榄岩为主。变基性岩以层状细粒斜长角闪岩（变玄武岩）为主，主要分布于变超镁铁岩北侧。层状和块状变辉长岩岩体、岩脉以及变辉绿岩岩脉（岩墙）主要分布于超镁铁岩南侧。

此外，与变镁铁—超镁铁质岩在空间上紧密相伴的还有变沉积岩系，变沉积岩系主要为似层状、透镜状、薄层条带状不纯大理岩和石英岩。蛇纹石化超基性岩、变形变质层状和块状变辉长岩与似层状变玄武岩岩石单元之间呈构造接触，并被新元古代黄陵花岗岩侵入。

变基性—超基性岩均经历了强烈韧性和脆性变形变质作用的改造。变基性—超基性岩早期的韧性构造变形面理走向为北西西向，倾角近直立，倾向总体以向北倾斜为主，而晚期脆性变形断裂面产状变化较大。变镁铁岩总体呈带状出露，韧性变形强烈，叠加褶皱发育，产状变化复杂。总体构成一套呈北西西向展布的蛇绿混杂岩系。

六、教学进程及注意事项

(一)教学进程

(1)教师提前一天提醒学生预习路线相关内容。

(2)教师在剖面起点简要介绍任务、目的和要求,用时约 5min。

(3)教师在剖面起点简要介绍秭归黄陵穹隆地区的岩浆岩类型,用时约 5min。

(4)观察点 1 用时约 40min。

(5)观察点 2、观察点 3 用时约 40min。

(6)观察点 4 用时约 60min。

(7)观察点 5、观察点 6 用时约 40min。

(二)注意事项

(1)路程较远,请带饭带水。

(2)请不要在危险处采集标本。

(3)路线处在公路边,请注意安全。

七、引导及思考

(1)镁铁质岩主要有哪些成因类型?不同成因类型的基本特征和主要判别标志是什么?

(2)超镁铁岩主要有哪些成因类型?不同成因类型的基本特征和主要判别标志是什么?

(3)变基性—超基性岩主要有哪些岩石组合类型?不同岩石组合类型的基本特征、形成构造环境和主要判别标志是什么?

(4)复理石沉积建造主要形成于哪些沉积构造环境?不同成因环境类型的基本特征和判别标志是什么?

路线三　芝茅公路周家店新元古代黄陵花岗杂岩及岩脉观察

一、教学路线

秭归基地—芝茅公路周家店—秭归基地

二、教学任务及要点

(1)观察并描述黄陵花岗杂岩岩体的地质特征,思考壳源岩浆的作用过程和可能的成因机制。

(2)观察并描述岩体中暗色包体的地质特征,思考幔源岩浆的作用过程和可能的成因机制。

(3)观察并描述岩体中多期岩脉的地质特征,思考和判断岩浆作用的先后关系和期次。

三、路线内容及观察点

芝茅公路出露的花岗岩基底岩石大约形成于 8 亿年前,是三峡地区最重要的地质体——

黄陵花岗杂岩的一部分。岩体中发育两组出露完好的岩脉，岩脉的穿插关系清晰，岩脉的烘烤边现象典型，岩性为肉红色的花岗伟晶岩脉和深灰色的细粒闪长岩脉。岩体中还发育大量大小不等、形态各异的深灰色或黑色包体。

观察点1：黄陵花岗岩

该点位于芝茅公路周家店附近，露头良好，为新元古代黄陵花岗岩的观察点。沿芝茅公路出露的花岗岩属于中坝岩体茅坪超单元，主要岩性为花岗闪长岩，主要矿物组成为石英、斜长石、碱性长石、角闪石和黑云母，花岗结构，块状构造。

主要观察和描述内容：

（1）黄陵花岗岩的颜色、结构、构造和矿物组合等特征，掌握矿物含量的估算方法，给岩石准确定名，并思考鲍文反应序列中的矿物结晶序列及对应的岩石类型。

（2）岩体中不同岩性的关系，思考岩浆就位机制（图3-3-1）。

Qz. 石英；Alf. 碱性长石；Mi. 云母；Pl. 斜长石；Hb. 角闪石。

图3-3-1　芝茅公路花果园附近的黄陵花岗岩

A，B. 黄陵花岗岩的剖面特征；C，D. 黄陵花岗岩岩石薄片在偏光显微镜下的特征（C为单偏光，D为正交偏光；在镜下鉴定为花岗闪长岩）

观察点2：暗色包体

该点位于芝茅公路花果园村的大拐弯处，露头在公路西侧出露良好，可以观察到大量大小不等、形态各异的深灰色或黑色包体。暗色包体为微晶包体，岩石变质严重，原岩不易辨别，主要矿物组成为斜长石（绿帘石化、黝帘石化）、角闪石（绿泥石化）和方解石。

主要观察和描述内容：

(1)暗色包体的颜色、结构、构造和矿物组合,给出准确的岩石名称。

(2)包体的形状、大小、定向性,以及包体与寄主岩的边界等特征,掌握包体的成因和识别方法。

(3)了解浆混体、捕虏体和暗色体的成因与识别方法,判断包体类型,推测寄主岩与包体原岩形成时的岩浆作用过程(图 3-3-2)。

Chl. 绿泥石;Pl. 斜长石;Ep. 绿帘石;Cal. 方解石。

图 3-3-2 黄陵花岗岩中的暗色包体特征

A. 暗色包体的野外露头特征;B,C. 暗色包体岩石薄片的镜下特征(B 为单偏光,C 为正交偏光)

观察点 3:伟晶岩脉

该点位于芝茅公路花果园村的大拐弯处,露头在公路西侧出露良好。岩体中发育两组出露完好的岩脉,岩脉的穿插关系清晰,岩脉的烘烤边现象典型,岩性为肉红色的花岗伟晶岩脉,镜下鉴定为粗粒碱长花岗岩,主要矿物组成为石英、正长石、微斜长石和斜长石,次为白云母、黑云母等,全晶质结构、蠕虫结构,块状构造。

主要观察和描述内容:

(1)伟晶岩的颜色、结构、构造和矿物组合等特征,给出准确的岩性名称。

(2)各个岩脉与围岩的接触面特征,通过观察接触边、冷凝边等确定脉体的侵入次序。

(3)测量及统计路线上遇到的所有岩脉的优选方位,思考岩脉的就位机制(图 3-3-3)。

四、教学进程及注意事项

(1)教师提前一天提醒学生预习路线相关内容。

(2)教师在路线起点介绍任务、目的和要求,简要介绍黄陵花岗岩的地质背景,用时

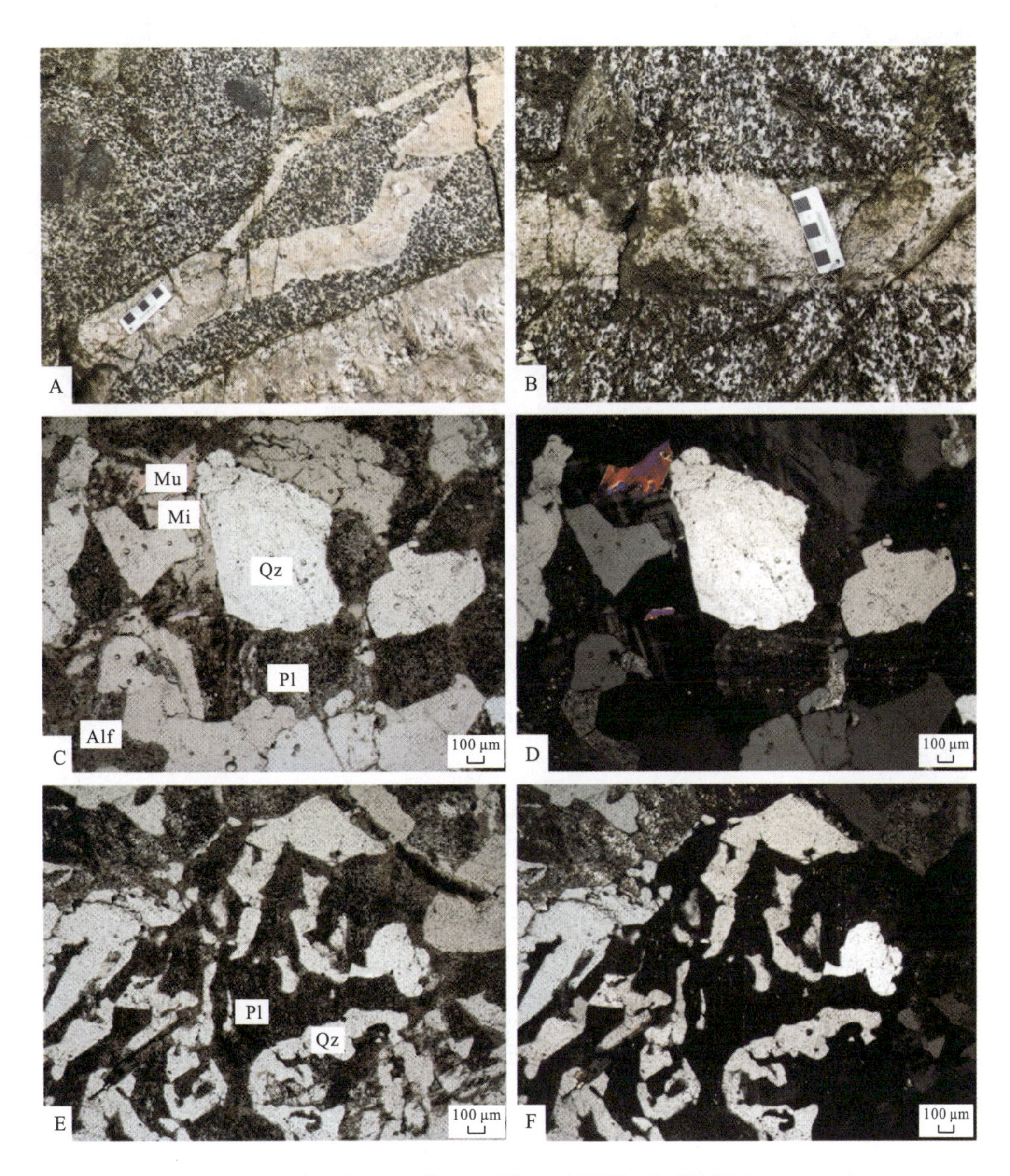

Mu. 白云母；Mi. 云母；Qz. 石英；Pl. 斜长石；Alf. 碱性长石。

图 3-3-3　黄陵花岗岩岩体中穿插的伟晶岩脉特征

A,B. 伟晶岩脉的露头特征；C-F. 伟晶岩脉岩石薄片的镜下特征（在镜下鉴定为粗粒碱长花岗岩；C,E 为单偏光，D,F 为正交偏光）

约 15min。

（3）观察点 1 用时约 45min。

（4）观察点 2 用时约 45min。

（5）观察点 3 用时约 45min。

（6）本路线耗时半天，请携带放大镜，请带水带伞，注意防暑防蚊虫。

五、引导及思考

(1)根据花岗岩岩套、岩基、岩株、岩墙、岩脉等的定义,想一想黄陵花岗岩为何可以分为多个单元?这反映了怎样的岩浆作用过程?

(2)岩浆可能具有怎样的源区特征?它可形成于什么样的构造背景?它在上升过程中会遭受哪些改造?

(3)扬子板块在新元古代遭受了哪些全球事件?黄陵花岗岩及其中的岩墙、包体、岩脉对应事件的什么过程和阶段?

路线四 莲沱新元古代黄陵花岗岩地质观察

一、教学路线

秭归基地—下岸溪—莲沱大桥—秭归基地

二、教学任务及要点

(1)观察并描述新元古代黄陵花岗岩基三斗坪单元的地质特征,思考壳源岩浆的作用过程和可能的成因机制。

(2)观察并描述镁铁质岩墙群的地质特征,思考幔源岩浆的作用过程和可能的成因机制。

(3)观察并描述花岗岩中镁铁质包体的特征,思考包体的成因类型和判别标志。

三、路线内容及观察点

观察点 1:黄陵花岗岩基三斗坪单元

该点位于省道 S277 81km 处,莲沱大桥以北约 2km 公路边,为黄陵花岗岩基三斗坪单元岩体观察点,围岩为莲沱组碎屑岩。三斗坪单元主体为花岗闪长岩-英云闪长岩-石英闪长岩,岩性界线不清,呈过渡状态,结构上同样呈现似斑状结构—中粗粒结构的过渡,局部呈现巨斑状结构(图 3-4-1)。

图 3-4-1 三斗坪岩体中的钾长石斑晶和石英斑晶

主要观察和描述内容：

（1）三斗坪岩体的颜色、结构、构造和矿物组合等特征，掌握矿物含量的估算方法，正确使用长英质侵入岩 QAP 图准确定名。

（2）钾长石和石英斑晶的矿物学特征及其中的包体组成，思考鲍文反应序列中的矿物结晶序列及对应的岩石类型。

（3）岩体中不同岩性的关系，思考岩浆就位机制。

观察点 2：黄陵花岗岩基三斗坪单元中的镁铁质岩墙群

该点位于省道 S277 81km 处公路两侧，重点观察河道崖壁上的大规模出露区。可观察到两期岩墙侵入：早期岩墙规模较小，为花岗闪长岩、中粒闪长岩（图 3－4－2A、B）；晚期岩体呈岩墙群大规模灌入（图 3－4－2C），为细粒辉绿岩（图 3－4－2D），切割早期岩墙。

图 3－4－2　三斗坪岩体中的两期镁铁质岩墙

A、B. 早期；C、D. 晚期

主要观察和描述内容：

（1）镁铁质岩墙的产状、颜色、结构、构造和矿物组合等特征，对比矿物自形程度，明确辉长结构和辉绿结构的特征。

（2）各岩墙与围岩的接触界面特征，如接触边、冷凝边等，确定脉体的侵入次序。

（3）测量及统计路线上遇到的所有岩墙的优选方位，思考岩墙的就位机制。

观察点 3：黄陵花岗岩基三斗坪单元中的镁铁质包体

该点位于省道 S277 81km 处路边河谷中，露头很好，为包体观察点。可见大量的暗色包体，包体大小不一，形态各异，与寄主岩接触界面多样（图 3－4－3），指示多种成因类型。

图 3-4-3　三斗坪岩体中的镁铁质包体

主要观察和描述内容：

(1)暗色包体的颜色、结构、构造和矿物组合等特征，给出准确的岩石名称。

(2)包体的形状、定向性、优选方位、与寄主岩的界面等特征，掌握浆混体和捕虏体的成因和识别方法。

(3)包体的圈层结构，画素描图，解析各圈层的矿物组合变化规律，分析成因机制。

四、教学进程及注意事项

(1)教师提前一天提醒学生预习路线相关内容。

(2)教师在路线起点简要介绍任务、目的和要求，用时约 10min。

(3)教师在路线起点简要介绍黄陵花岗岩的研究现状和研究意义，用时约 15min。

(4)观察点 1 用时约 45min。

(5)观察点 2 用时约 30min。

(6)观察点 3 用时约 50min。

(7)本条野外地质路线位于河谷内，天气湿热，请多带水。

五、引导及思考

(1)根据花岗岩岩套、岩基、岩株、岩墙、岩脉等的定义，想一想黄陵花岗岩为何可以分为多个单元？这反映了怎样的岩浆作用过程？

(2)镁铁质岩浆可能具有怎样的源区特征？它可形成于什么样的构造背景？其上升过程中会遭受哪些改造作用？

(3)扬子板块在新元古代遭受了哪些全球事件？黄陵花岗岩及其中的岩墙和包体对应事件的什么过程和阶段？

路线五　九龙湾新元古代南华纪—震旦纪地层层序观察

一、教学路线

秭归基地—高家溪石板桥—九龙湾—黄牛崖—秭归基地

二、教学任务及要点

(1)认识和观察实习区新元古代地层层序及各地层单位之间的接触关系。

(2)观察和记录各地层单位的主要岩性特征和沉积现象，并分析其沉积古地理、古气候等环境特征。

(3)重点素描和记述各地层单位之间的接触关系，并分析其形成过程和成因机制。

(4)学习绘制信手剖面图和/或地层柱状图。

(5)采集典型地质标本(地层、岩石、矿物)。

(6)总结分析实习区新元古代重大构造古地理、古气候、古生物事件，学习思考科学问题和开展专题科学研究。

三、路线内容及观察点

该路线上出露的新元古代地层代表了三峡地区典型的地层层序，露头好，地层单元齐全，区域代表性好，被广泛用于华南地区新元古代地层对比(表3-5-1)。

表3-5-1　秭归实习区新元古代地层层序

年代地层			岩石地层			厚度/m	岩性描述
新元古界	埃迪卡拉系	震旦系	灯影组	白马沱段	Z_2dy^b	34～108	灰白色厚—中层状夹薄层状白云岩，局部夹硅质条带或结核
				石板滩段	Z_2dy^s	101～144	深灰色—灰黑色中薄层状含沥青质灰岩，夹硅质条带或结核
				蛤蟆井段	Z_2dy^h	2.8～190	灰白色厚层状内碎屑白云岩、含硅质白云岩、纹层状白云岩
			陡山沱组	四段	Z_1d^4	1.0～10	黑色碳质、硅质页岩夹灰黑色大型结核状白云质灰岩
				三段	Z_1d^3	35～99	灰白色—深灰色中—厚层状白云岩、纹带状白云岩，下部夹硅质条带
				二段	Z_1d^2	75～112	灰黑色中薄层状泥质灰岩、白云岩与碳质泥岩互层，常含硅磷质结核
				一段	Z_1d^1	2.6～10	灰色—深灰色中—厚层状含硅质白云岩，常发育孔洞构造
	成冰系	南华系	南沱组		Nh_2n	50～135	灰绿色、紫红色块状含砾泥质粉砂岩(冰碛“杂砾岩”)，夹层状砂岩体
			莲沱组	上段	Nh_1l^2	91～163	紫红色、灰紫色中—薄层状凝灰质砂岩、长石石英砂岩，夹砂质泥岩
				下段	Nh_1l^1	39～93	紫红色、黄棕色中—厚层状长石石英砂岩、含砾砂岩，夹薄层状凝灰质粉砂岩

观察点 1:高家溪石板桥

莲沱组底界

莲沱组(Nh_1l)　紫红色—暗紫色中—厚层状砂质砾岩、含砾粗砂岩、长石石英砂岩、石英砂岩、细粒岩屑砂岩夹凝灰质岩屑砂岩、含砾岩屑凝灰岩。由下往上碎屑粒度由粗变细,底部以砂砾岩或含砾粗砂岩不整合超覆于黄陵花岗岩上。在高家溪观察剖面上总厚 256m,可分为两个岩性段:下段为浅紫色—紫红色厚—中层状含砾砂岩、长石石英砂岩、凝灰质砂岩夹薄层状凝灰岩;上段为紫红色、灰紫色中－薄层状长石石英砂岩、石英砂岩、凝灰质粉砂岩及砂质泥岩。该地层中仅见极少量的微型藻类,如 *Leiopsophosphaera mino*, *Trachysphaeridium holtedahlii*, *T. minutum* 等。于下段下部地层中采获凝灰岩的 SIMS 锆石 U-Pb 同位素测年结果为(776.5±3.2)Ma(Lan et al.,2015),上段顶部地层测年结果为(714.0±8.0)Ma(Lan et al.,2015)或(734.0±8.1)Ma(Pi et al.,2016),因此推测该剖面莲沱组底界年龄约 780Ma,顶界年龄为 734～714Ma。

主要观察和描述内容:

(1)黄陵花岗岩及其风化壳地层(下伏地层)特征(石板桥附近可以观察黄陵花岗岩的原岩)。

(2)莲沱组底部砂砾岩(上覆地层)及其沉积特征(可观察到粒序层理和大型交错层理)。

(3)接触关系及其证据[沉积不整合(图 3-5-1)、岩性变化、产状、风化壳、时间缺失(黄陵花岗岩年龄约为 800Ma)],绘制接触关系素描图。

图 3-5-1　高家溪石板桥处莲沱组底部的不整合接触关系

观察点 2:九龙湾剖面

1. 莲沱组与南沱组之间的接触关系(图 3-5-2)

南沱组(Nh_2n)　以灰绿色、紫红色块状杂砾岩、含砾砂泥岩和粉砂岩为主,夹少量中—厚层状砂岩透镜体,部分地区该组中部夹灰绿色、灰紫色含砾泥质岩及黑色碳质页岩。南沱组具有明显冰水沉积特征,总体上为灰绿色,无层理,含大小不等的冰碛砾石(图 3-5-3),其上常见冰川地质作用痕迹，如磨光面、“丁”字形擦痕、压坑、马鞍石、泥包砾等。南沱组冰碛岩的成因与新元古代全球性大冰期有关，被认为是 Marinoan 冰期时气候波动变化的沉积产物，即冰盛期沉积作用弱，沉积物主要被吸纳到冰体中，仅在冰的底层冰水中形成细碎屑物和少量“落石”沉积物，而当前的沉积物（杂砾岩）主要是冰融期的快速堆积物。近年对其中的沉积序列和砾石组成研究后发现，南沱组冰碛地层不是简单的一次性冰期结束堆积而成的，可能经历了多次冰进和冰退旋回（图 3-5-4），其中的砾石可能来自不同古陆。南沱组的厚度受其沉积时古地理位置影响，区域上从数十米至数百米不等，在九龙湾剖面上厚约 120m。

主要观察和描述内容：

图 3-5-2　九龙湾剖面及周缘辅助剖面的莲沱组与南沱组界线处地层（据胡军等，2012）

(1)莲沱组顶部地层(下伏地层)特征(紫红色,砂、泥岩互层,层理明显)。

(2)南沱组底部地层(上覆地层)特征(紫红色,但含砾、块状,冰碛岩)。

(3)接触关系及其证据[平行不整合、岩性变化、产状、地层缺失(古城组、大塘坡组)、时间缺失、古气候环境变化],绘制接触关系素描图,或在信手剖面图上表达。

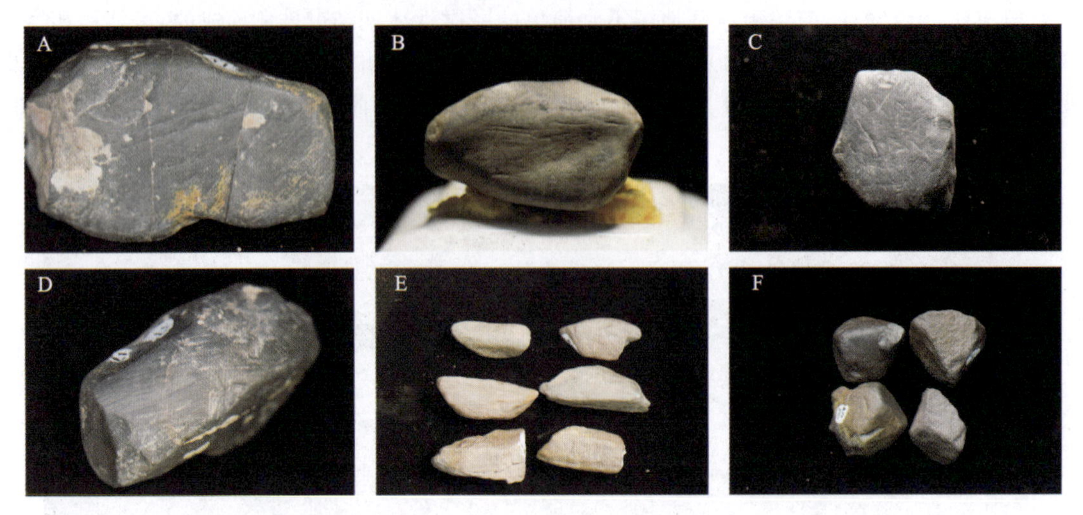

图 3-5-3 南沱组中的一些冰碛砾石

A,B,C. 冰川擦痕;D. 羊背石;E. 子弹状砾石;F. 棱状多面体砾石

2. 南沱组及其沉积特征

在九龙湾剖面,南沱组冰碛岩中尚未发现可靠的实体化石。然而,在实习区北侧的神农架地区,本组中部所夹黑色页岩中含宏体藻类(图 3-5-5),表明当时地球表面并没有全部被冰封,阳光可以直达水底(Ye et al.,2015)。在实习区南侧的长阳地区,南沱组底部火山凝灰岩夹层中 SIMS 锆石 U-Pb 测年结果为(654.2±2.7)Ma(Liu et al.,2015b)。

主要观察和描述内容:

(1)岩石地层层序,包括分层和地层描述。根据岩性变化分层,如颜色、岩石组分、层理构造等;地层描述要规范,即先宏观后微观、由表及里分层描述,每层首先描述总体特征,包括新鲜面颜色+层理类型+岩性名称,然后分别补充细节特征如风化面颜色及其变化、层理具体厚度及其变化、岩性具体组成及其变化、其他可观察的地质现象(如沉积构造、次生地质现象等),最后还要记录地层产状和分层厚度。

(2)沉积特征观察和记录,包括沉积构造和特殊沉积标志。沉积特征是进行古环境分析的最关键依据,野外要详细观察和记录,必要时还要照相和画素描图,并采集标本或样品。首先注意观察和记录宏观沉积特征,如地层整体颜色、层理类型、基本岩性等及其宏观变化规律;其次观察细节沉积特征,如颜色的变化、层理表面和内部特征、岩石结构组成和组分变化等,注意重点观察冰碛岩的典型标志特征。所有观察结果要分别记录到地层记录的各个分层描述中。

(3)绘制信手剖面图(包括南沱组顶、底各自的接触关系)。

(4)采集各分层的代表性岩性标本(以备室内补充观察和更正岩性描述)。

(5)采集能够指示冰碛成因的标志性砾石标本(便于室内交流讨论)。

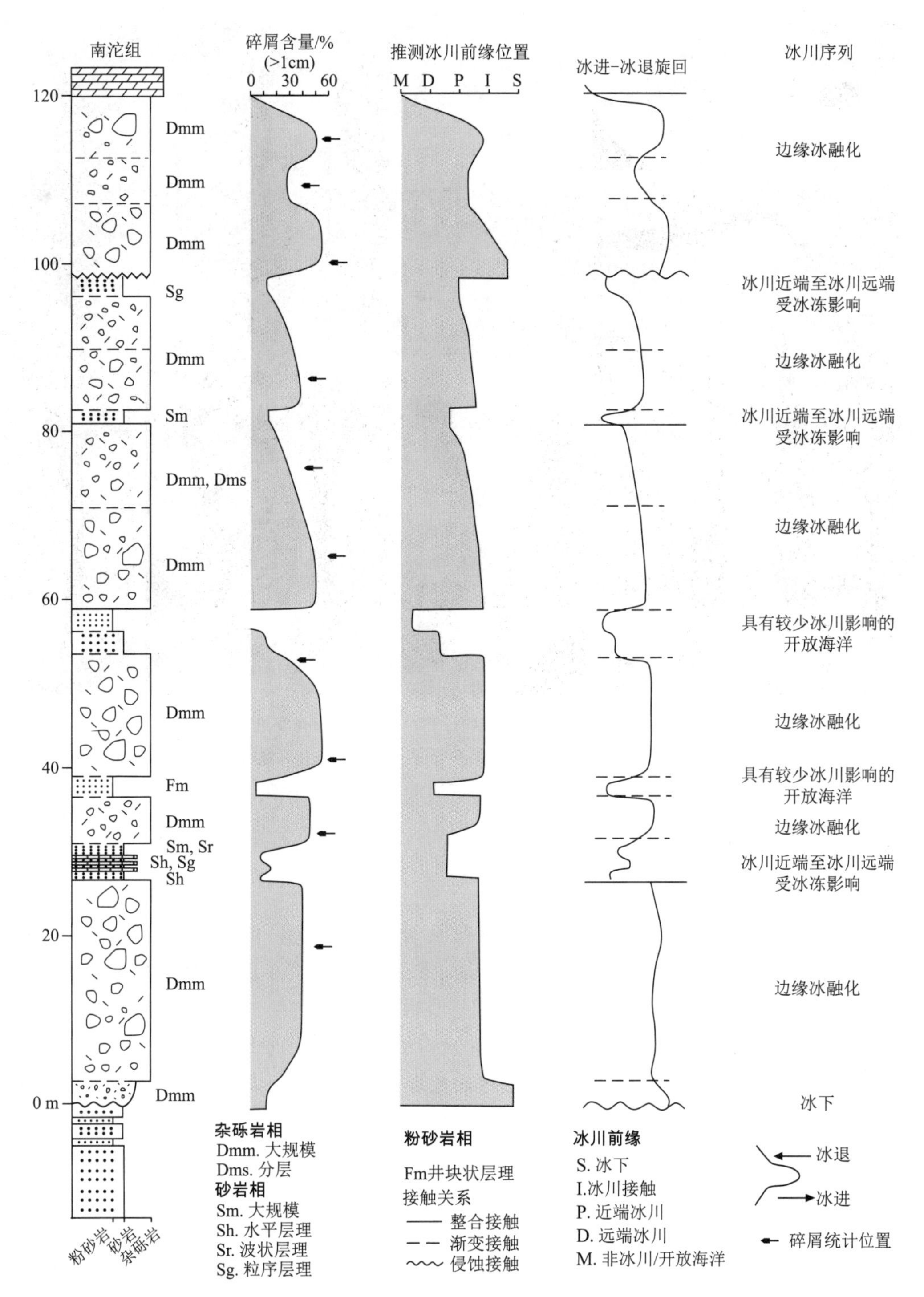

图 3-5-4　九龙湾剖面南沱组冰碛地层岩性变化及其所指示的冰进/退旋回(改自 Hu et al.,2012)

3. 南沱组与陡山沱组之间的接触关系

陡山沱组(Z_1d)　以灰色、褐灰色、灰白色白云岩为主。下部为灰色—褐灰色白云岩与黑色页岩互层,含硅质磷质结核;中部为灰黑色含粉砂质白云岩;上部为灰色、灰白色中—厚层状

h. 固着器；s. 叶柄；b. 叶片；m. 主轴；图中线段比例尺长度均为 3mm。

图 3-5-5　神农架宋洛南沱组宏体藻类碳质压膜化石（宋洛生物群；据 Ye et al.，2015）

A，B. *Chuaria* sp.；C，D. *Vendotaenia* sp.；E，F. 可能有固着器-叶柄-叶片分化的带状化石；G. *Baculiphyca* sp.；H，I. *Parallelphyton*? sp.；J. *Konglingiphyton erecta*；K. *Enteromorphites siniansis*；L. *Wenhuiphyton*? sp.；M. *Enteromorphites* sp.

白云岩夹硅质层或燧石团块；顶部常有黑色碳质页岩。在九龙湾-黄牛崖剖面上，该组可分为4个岩性段：陡山沱组一段为灰色厚层状白云岩，俗称为“盖帽”白云岩，沿节理和裂隙充填有方解石或石英细脉，底部地层发育明显溶蚀和充填构造；陡山沱组二段为深灰色、灰黑色薄层状泥质灰岩和白云岩与黑色薄层碳质页岩和泥岩等互层，发育厘米级大小的黑色硅磷质结核，其内保存有丰富的疑源类；陡山沱组三段为灰白色厚层状、中厚层状、薄层状白云岩，夹黑色条带状和团块状燧石；陡山沱组四段为黑色薄层碳质泥岩、硅质泥岩夹灰黑色“锅底”状（透镜状）白云质灰岩。

主要观察和描述内容：

（1）南沱组顶部地层（下伏地层）岩性和沉积特征、古环境含义（九龙湾剖面南沱组顶部以粉砂泥质沉积为主，“落石”含量少，且以细小砾石为主，偶见超大“漂砾”，代表冰融后期较深水沉积环境）。

（2）陡山沱组底部地层（上覆地层）岩性和沉积特征、古环境含义（陡山沱组一段“盖帽”白云岩主体为块状白云岩，常见藻纹层，底部偶见石英质砾石；中部多发育裂隙和孔洞构造，其中常充填硅质或溶蚀后充填方解石脉，有时见扇状重晶石；上部为薄层—纹层状白云岩，通常层面平整，层间夹极薄层状凝灰岩。陡山沱组二段下部为灰黑色薄层状泥质灰岩与黑色页岩互层，其中见有厘米级大小的黑色硅磷质结核）。

(3)接触关系及其证据[整合接触、岩性变化、产状、沉积环境变化(极冷到极热)]，绘制接触关系素描图(图3-5-6)，或与点位3结合在信手剖面图上表达。

图3-5-6　埃迪卡拉系(震旦系)底界地层层序

A. 澳大利亚弗林德斯山 Enorama Creek 剖面 Elatina 组冰碛岩与 Nuccaleena 组“盖帽”白云岩界线(据 Knoll et al., 2004)；B. 九龙湾剖面南沱组与陡山沱组接触关系及陡山沱组一段

陡山沱组是“雪球地球”冰后期海平面上升时期的沉积产物。三峡地区出露的陡山沱组沉积环境可能为潟湖和浅海台地。陡山沱组自下而上的碳同位素存在明显的波动(图3-5-7)，反映其沉积环境波动频繁。

陡山沱组一段的“盖帽”白云岩地层被作为国际年代地层系统中埃迪卡拉系底界的对比标志(该年代地层界线的“金钉子”被确定在澳大利亚南部弗林德斯山的 Enorama Creek 剖面 Elatina 组冰碛岩之上、Nuccaleena 组“盖帽”白云岩之底)，该标志也被作为中国年代地层震旦系底界标志。九龙湾地区“盖帽”白云岩上部的凝灰岩 ID-TIMS 锆石 U-Pb 同位素测年结果为(635.2±0.6)Ma(Condon et al., 2005)，也被作为全球埃迪卡拉系底界的年龄。

观察点3:黄牛崖陡山沱组四段

陡山沱组含有丰富的疑源类，分为上、下两个组合，其中：下组合为 *Tianzhushania spinosa* 组合，主要分布于陡山沱组二段；上组合为 *Tanarium anozos*-*T. conoideum* 组合，发育在陡山沱组三段下中部。长江北岸庙河地区产有著名的庙河生物群，其中可见丰富宏体藻类和可能海绵动物化石，赋存化石的硅质页岩地层被称为“庙河段”，常被对比到陡山沱组四段，但也有学者认为它应对比到灯影组石板滩段的下部层位(An et al.,2015)。

灯影组(Z_2dy)　主要由白云岩和灰岩组成，局部层段夹少量泥页岩，自下而上可分为3段(2白夹1黑)。下部蛤蟆井段为灰白色厚层状白云岩；中部石板滩段为深灰色—灰黑色中薄层状沥青质灰岩，夹燧石条带及结核；上部白马沱段为灰白色中—厚层状白云岩，夹硅质条带，顶部硅磷质白云岩中产小壳动物化石(常被另分出作为单独的岩性段，如岩家河段)。

在本次教学路线的实习安排中，灯影组仅观察其底界及蛤蟆井段。该观察路线上可以清晰地看到灯影组虽然与下伏陡山沱组第四段顶部岩性差别明显，但接触界线处上、下地层的岩性渐变特征明显，即陡山沱组四段顶部碳酸质组分逐渐增多，同时蛤蟆井段底部也含有较多泥质组分，上下岩层产状也是完全一致的。在黄牛崖剖面上，蛤蟆井段厚度约为20m，为灰色—灰白色厚—巨厚层块状白云岩，风化表面发育刀砍纹，藻纹层、帐篷状构造、鸟眼构造等十分发

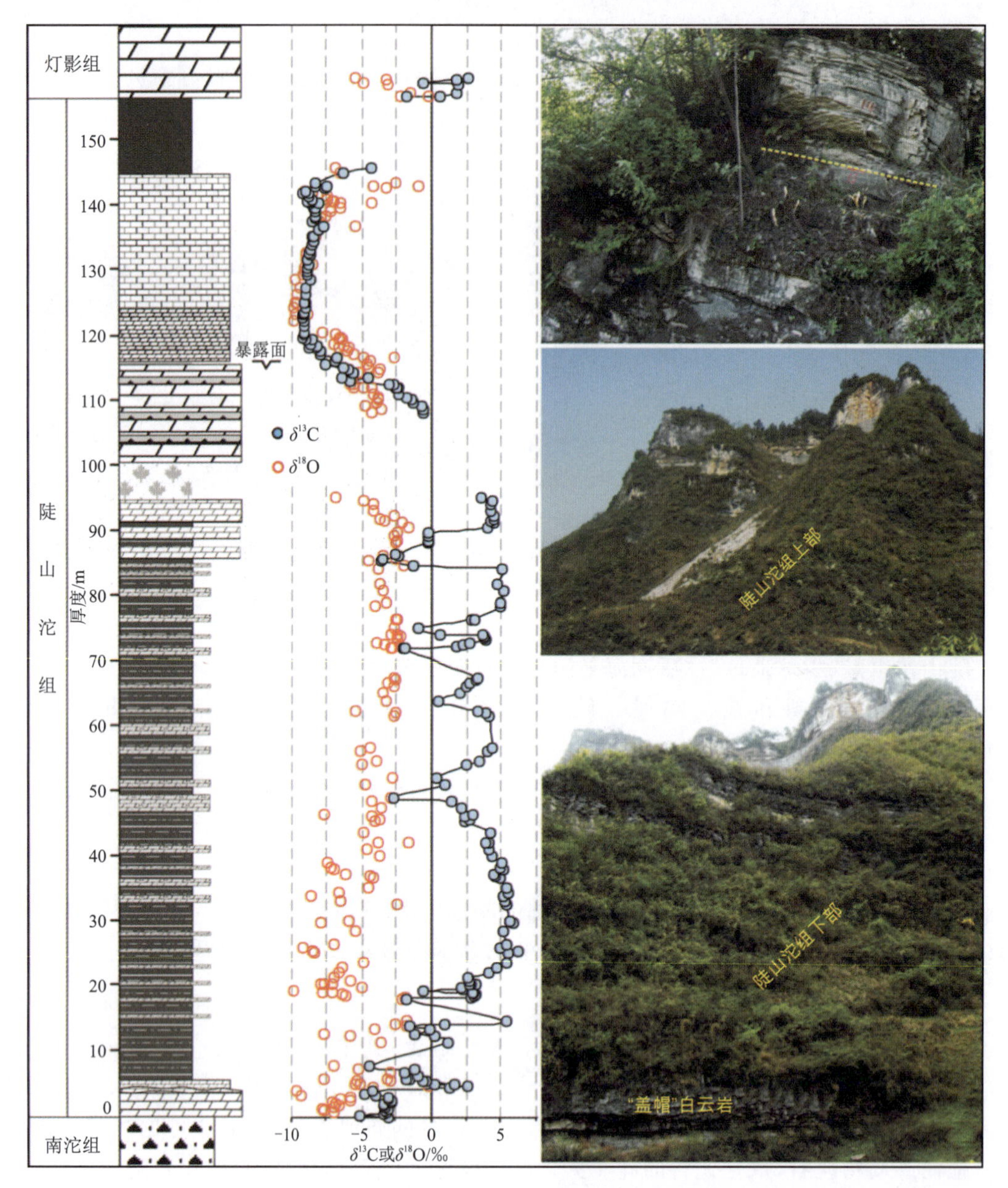

图 3-5-7　九龙湾剖面陡山沱组碳、氧稳定同位素变化曲线(据 Zhu et al.,2013)

育,指示干热气候条件下浅水碳酸盐潮坪沉积环境。其上的石板滩段以深灰色—灰黑色中—薄层状含沥青质灰岩为主,在秭归实习区的地层厚度在 100m 之上,产大量宏体生物化石,尤其近年来在本教学观察路线剖面附近发现了丰富的埃迪卡拉型动物化石及大量遗迹化石,被命名为石板滩动物群(Chen et al.,2019)。此外,也有学者认为先前发现的庙河生物群产出层位相当于石板滩段下部(An et al.,2015)。

主要观察和描述内容:

(1)陡山沱组三段顶部地层特征及陡山沱组三段与陡山沱组四段之间的接触关系(纹层状白云岩,整合接触)。

(2)陡山沱组四段主要岩性特征。

(3)陡山沱组四段内含"锅底灰岩"特征及其成因分析(注意由表及里地观察其大小、形态、与周围岩层的关系以及内部结构特征等;比较它与陡山沱组二段硅磷质结构的异同点)。

(4)陡山沱组与灯影组接触关系及灯影组底部(蛤蟆井段)地层特征(岩性、产状、接触界面、沉积构造等)。

(5)绘制信手剖面图(包括陡山沱组四段顶、底部各自的接触关系)(图 3-5-8)。

图 3-5-8　黄牛崖陡山沱组三段至灯影组蛤蟆井段底部之间的地层层序(A)和陡山沱组四段含"锅底灰岩"的黑色页岩与灯影组蛤蟆井段界线(B)

四、路线小结

1. 新元古代地层层序

本条野外地质教学路线涵盖了长江三峡地区最经典的新元古代地层层序(表 3-5-1,图 3-5-9),而且是震旦系和各岩石地层单位的命名地,即典型剖面所在地。1924 年李四光和赵亚曾将西陵峡地区的新元古代地层剖面作为震旦系的标准地层层序,即包括了从莲沱组到灯影组之间的所有地层。2000 年第三届全国地层大会确定,为与国际埃迪卡拉系一致,修订中国震旦系的定义仅包含陡山沱组和灯影组,其下伏的莲沱组到南沱组之间的地层被归入南华系。"莲沱组""南沱组""陡山沱组"都是源自实习区长江边的地名,而"灯影组"源自为本路线所处黄牛崖下方的灯影峡。但在实习区缺少南华系莲沱组与南沱组之间的两个岩石地层单元——古城组和大塘坡组(它们在实习区南侧的长阳地区和北侧的神农架西部地区都存在)。

2. 古气候和沉积环境变化(图 3-5-9)

本路线各地层单元比较全面地记录了新元古代中—晚期巨大的全球气候环境变化。新元古代成冰纪是全球极端寒冷时期,全球性的大冰期至少有两次,分别为 Sturtian 冰期(开始于 720～710Ma)和 Marinoan 冰期(结束于 635Ma),在中国常被分别称为长安(或江口)冰期和南沱冰期。此外,在新元古代还发生了若干区域性的成冰事件,其中最重要的是埃迪卡拉纪中期的 Gaskiers 冰期(约 580Ma)。对于全球性大冰期,有学者提出"雪球地球"(snowball Earth)假说(Kirschvink, 1992; Hoffman et al., 1998)。其发生的原因应该与 Rodinia 超大陆裂解、全球风化作用增强、大气 CO_2 大量消减等重大事件相关。在本路线上,莲沱组主要为河流碎

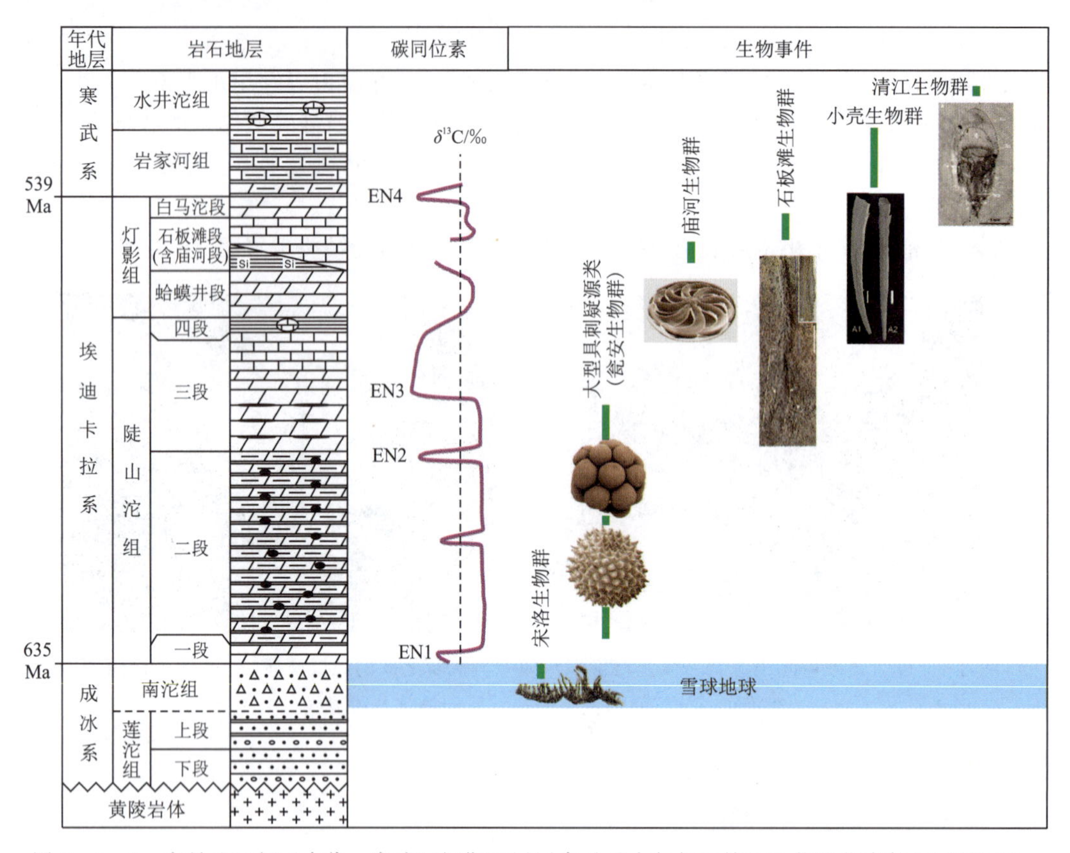

图 3-5-9　宜昌地区新元古代—寒武纪初期地层层序及重大气候环境和生物进化事件(叶琴整理)

屑岩沉积,尚未发现典型的冰川和冰水沉积物;南沱组是典型冰期沉积地层,被认为是 Marinoan 冰期在中国留下的最可靠证据;陡山沱组是冰期之后温室气候条件下的沉积物,尤其陡山沱组一段“盖帽”白云岩是极热气候环境的沉积产物,其中还包含有大量与“雪球地球”崩解事件相关的沉积证据,如与火山和甲烷(天然气水合物)逃逸相关的地质证据。埃迪卡拉纪(震旦纪)碳同位素重大异常漂移事件(图 3-5-9 中 EN3 事件)被认为是当时大气-海相碳库重大异常变化的标志。

3. 重大生物进化事件(图 3-5-9)

新元古代是地球生物演化的关键转折时期,秭归实习区及其周缘地区的地层比较完整地记录了这些重大生物进化过程。实习区北侧神农架地区的宋洛生物群产于南沱组冰碛岩地层夹层中,其不仅挑战了“雪球地球”的全球冰封理论,而且见证了生命在极端环境中的顽强并可能发生“脱胎换骨”;在实习区陡山沱组二段和瓮安生物群发现的大型具刺疑源类,是全球性冰期结束以后最早出现和最具代表性的微体真核生物,其代表性分子 *Tianzhushania spinosa* 可能是动物胚胎休眠卵(Yin et al.,2007);产于实习区的庙河生物群和石板滩生物群是后生生物早期复杂多样化进化的标志。无疑,这些重大生物进化事件与新元古代极端气候环境变化存在直接关联。与此同时,新元古代晚期及早古生代初期的大型“成磷事件”也都与这些重大的气候环境和生物进化事件存在直接联系。

五、教学进程及注意事项

(一)教学进程

(1)教师提前一天提醒学生预习华南新元古代地层层序,在剖面起点介绍区域背景和研究现状,用时约15min。

(2)路线设计时间为半天,拟分别在高家溪石板桥、九龙湾、黄牛崖定点。

(3)该路线代表了华南地区(甚至全球)典型的新元古代"雪球地球"事件前后的地层记录、古环境突变事件记录(第二次成氧事件、古甲烷渗漏事件、古海洋酸化事件)、地球早期生命的演化事件(如瓮安生物群、庙河生物群、石板滩生物群)和成矿事件(磷矿、页岩气)。带班教员应在教学过程中及时提醒该路线出露地层的地质背景、全球对比和科学意义。

(4)要求每个学生一边观察地层、一边绘制信手剖面面/地层柱状图,实习结束前要求基本完成初稿绘制。

(二)注意事项

(1)由于该路线沿途为盘山公路,务必要求每位师生注意安全。

(2)跟车教学,要求司机经验丰富,习惯盘山公路驾驶。

(3)请带上足够多的饮用水。

六、引导及思考

(1)新元古代年代地层划分及国际年代地层与中国年代地层划分方案的对比关系?

(2)为什么新元古代会出现全球性大冰期,而显生宙Pangea超大陆裂解后却没出现"雪球地球"事件?

(3)南沱组冰碛地层的成因、沉积过程、物源示踪和古地理意义?

(4)陡山沱组沉积时期的成磷事件成因、物源、成矿环境和成矿过程?

(5)宋洛生物群的科学意义?

(6)"雪球地球"事件结束后温室气候的成因、地质记录及其古海洋、古生态效应?

(7)新元古代生物群和寒武纪(后生)生物大爆发的环境条件和生命进化史?

路线六　滚石坳埃迪卡拉纪—寒武纪地层层序和古生物观察

一、教学路线

秭归基地—周家坳—滚石坳—周家坳—秭归基地

二、教学任务及要点

(1)了解埃迪卡拉系灯影组石板滩段与白马沱段的岩性差异及分界。

(2)观察埃迪卡拉系灯影组与寒武纪岩家河组的岩性差异及分界。

(3)观察寒武系岩家河组和水井沱组层序,掌握平行不整合的野外特征,并进行野外素描。

(4)学习寒武纪化石采集。

三、路线内容及观察点

本路线考察内容包括 3 条剖面：埃迪卡拉系灯影组石板滩段和白马沱段剖面(采石场)、寒武系纽芬兰统岩家河组剖面(滚石坳)和第二统水井沱组剖面(滚石坳)(图 3-6-1)。

在路线五，我们已经考察了灯影组蛤蟆井段和石板滩段的岩石地层特点。本路线重点考察石板滩段与白马沱段的分界特征，以及白马沱段的岩石地层特点。

观察点 1：周家坳剖面

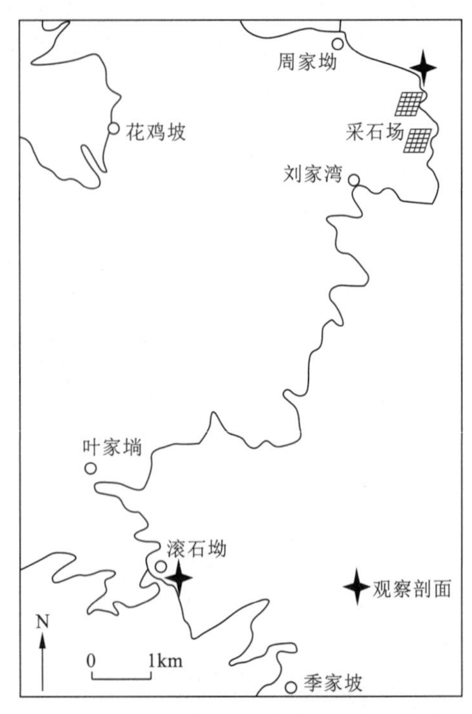

图 3-6-1　本路线观察剖面地理位置图

灯影组(Z_2dy)

该点位于周家坳东南约 1km，土三公路转弯处，白云岩采石场北约 200m(图 3-6-1)。

石板滩段(Z_2dy^s)：以灰色—灰黑色薄层状夹中层状灰岩与深灰色—黑灰色泥质灰岩、白云质灰岩不等厚互层为特征。

白马沱段(Z_2dy^b)：以浅灰色、灰白色薄层状白云岩大量出现为标志，厚 75.67～469m。下部为灰色—灰白色中—厚层状细晶白云岩、灰质白云岩、含砾白云岩、硅质白云岩夹白云质灰岩，偶夹燧石团块、燧石结核；中下部为灰白色—灰黄色中层状中细晶白云岩，夹薄—极薄层状硅质细晶白云岩、硅质岩等，含少量燧石结核和燧石层；中上部为粉红色—灰白色中厚层状含砂屑白云岩，可见少量燧石结核和燧石层，并发育板状斜层理、鸟眼构造；上部主要为灰白色厚层—块状白云岩，间夹薄—中层状泥晶白云岩，局部层段发育硅质条带和燧石团块、燧石结核及白云岩结核。本段含少许疑源类，如 *Asperatopsophopsharea partialis*，*Trachysphaeridium hyalinum*，*T. rude*，*Taeniatum crassum* 等，总体为潮坪环境。与下伏石板滩段呈整合接触。

观察点 2：滚石坳剖面

1. 岩家河组($\in_0y$)

实习区寒武系分布较广，出露齐全。寒武系主要分布于黄陵背斜周缘地区，自下而上划分为：岩家河组(天柱山段)、水井沱组、石牌组、天河板组、石龙洞组、覃家庙组、娄山关组。本路线仅观察寒武系纽芬兰统岩家河组和第二统水井沱组。

岩家河组($\in_0y$)主要分布于雾河岩家河、泗溪等处。下部为灰色泥质白云岩、白云岩与土黄色灰质泥岩互层，夹灰黑色 4～10cm 厚的硅质条带，其中白云岩中含有小壳动物化石；上部为中厚—薄层状深灰色灰岩、碳质灰岩夹碳质页岩，其中薄层状碳质灰岩中含有直径 5～8cm 的磷硅质结核；顶部为浅灰色中厚层状含燧石结核灰岩，其上为 5～10cm 土黄色黏土层。本组厚约 56m，与下伏灯影组、上覆水井沱组均呈平行不整合接触(图 3-6-2、图 3-6-3)。

主要观察和描述内容：

(1)灯影组顶部岩石特征及沉积特征。

年代地层		岩石地层		层厚/m	柱状图 1:500	岩性描述
		组	层			
寒武系	第二统	水井沱组				黑色、灰黑色含碳质、粉砂质泥岩，间夹灰质白云岩透镜体。底部为2~3cm灰白色、黄褐色黏土(风化壳)
寒武系	纽芬兰统	岩家河组	5	8		灰黑色薄—中层状含碳质泥晶—粉晶灰岩，与含碳质粉砂质泥岩不等厚互层，灰岩中见硅磷质结核，顶部为黑色薄层硅质岩，含小壳化石和遗迹化石等。小壳动物化石属*Lophotheca-Aldanella-Maidipingoconus*组合
寒武系	纽芬兰统	岩家河组	4	17		深灰色中—薄层状含碳质粉晶灰岩，与黑色薄层状含碳质粉砂质泥岩互层。含小壳化石*Circotheca-Anabarites-Protohertzina*组合
寒武系	纽芬兰统	岩家河组	3	12		灰色—深灰色薄层状泥质粉砂岩，与黄绿色薄层状粉砂质泥岩互层，夹大量燧石条带，中上部还夹灰色中层状白云岩
寒武系	纽芬兰统	岩家河组	2	10		灰色—深灰色中层状含硅质白云岩，夹黄绿色粉砂质泥岩，顶部见灰黑色燧石条
寒武系	纽芬兰统	岩家河组	1	9		底部为灰色薄层白云岩与黄绿色泥岩互层；往上为灰色薄层状泥质粉砂岩和粉砂质泥岩，夹燧石条带
埃迪卡拉系灯影组						灰白色厚层夹中层状粉晶白云岩

图 3-6-2　寒武系纽芬兰统岩家河组层序

图 3-6-3　滚石坳埃迪卡拉系灯影组及寒武系岩家河组

A. 灯影组与岩家河组接触关系；B. 岩家河组底部含砾砂岩

(2)灯影组与岩家河组的接触关系(地层特征、岩石特征和沉积特征)。

(3)灯影组与岩家河组接触界线附近断层构造特征。

(4)岩家河组地层层序及其岩系特征、沉积特征。

(5)岩家河组顶部硅质结核、薄层特征及小壳动物化石特征。

2. 水井沱组($\in_1 s$)

水井沱组以黑色、灰黑色薄层含碳质、粉砂质泥岩出现为底界标志,实习区地层厚度变化较大,为53～161m。下部为黑色薄—极薄层状碳质页岩、粉砂质页岩,夹硅质白云岩、白云岩、白云质灰岩透镜体;中部为黑灰色、灰黄色碳质页岩,粉砂质页岩,夹薄—中厚层状灰岩;上部为黑色、灰黑色薄—中层状灰岩,夹薄层状泥灰岩、钙质页岩;顶部为浅灰色、深灰色薄层状含磷结核白云质灰岩、灰质白云岩,水平层理发育。产三叶虫 *Tsunyidiscus ziguiensis*、*Hupeidiscus orientalis*、*H. fengdongensis*、*H. latus* 等。该组与下伏岩家河组呈平行不整合接触(图 3-6-4、图 3-6-5)。

年代地层	岩石地层 组	岩石地层 层	层厚/m	柱状图 1:500	岩性描述	沉积相
第二统	石牌组				灰褐色薄层状泥质粉砂岩与粉砂质泥岩互层	
	水井沱组	9	86		灰色中—薄层状泥晶—粉晶灰岩夹黄绿色极薄层状泥岩，灰岩中泥质条带和水平层理发育，顶部见小型斜层理	浅陆棚
		8	10		深灰色薄层状泥晶—粉晶灰岩，夹灰黑色薄层状粉砂质泥岩、含粉砂质泥岩，水平纹层发育。产*Tsunyidiscus* sp.	
		7	11		灰黑色薄层状泥晶—微晶灰岩夹灰黑色含碳质、粉砂质泥岩，水平层理发育。偶见腕足化石、三叶虫化石	深陆棚
		6	18		灰黑色薄层状含碳质、钙质、粉砂质泥岩。发育水平层理，产大量三叶虫、海绵骨针等化石	
		5	3		黑色薄层状碳质钙质泥岩、硅质碳质泥晶灰岩、碳质粉砂质泥岩	
		4	10		黑色薄层状含碳质、粉砂质泥岩。发育水平层理，含三叶虫化石	
		3	4		黑色中—薄层状硅质泥岩、硅质岩，夹薄层状粉砂质碳质泥岩	
		2	15		黑色薄层状含碳质泥岩，水平层理发育，夹灰岩透镜体	浅陆棚
		1	2		底部为灰白色、黄褐色黏土岩，其余为黑灰色粉砂质碳质泥岩	潮下带
纽芬兰统	岩家河组				灰黑色中—薄层状含碳质泥晶灰岩，含硅质、磷质结核，或为黑色极薄层状硅质岩，见小壳动物化石	

图 3-6-4　寒武系第二统水井沱组地层层序

图 3-6-5　寒武系岩家河组及水井沱组

A,B. 滚石坳岩家河组与水井沱组接触关系;C. 水井沱组黄铁矿化海绵骨针;D. 水井沱组黑色页岩

主要观察和描述内容：

(1)水井沱组与岩家河组接触关系(地层特征、岩石特征和沉积特征)。

(2)水井沱组地层层序及其岩性特征、沉积特征。

(3)采集水井沱组黑色碳质泥岩中的海绵骨针、楔形虫、三叶虫等化石。

四、教学进程及注意事项

(一)教学进程

(1)教师提前一天提醒学生预习华南寒武纪地史及地层层序。

(2)教师在剖面起点简要介绍任务、目的和要求。

(二)注意事项

请带放大镜和化石包装纸。

五、引导及思考

(1)寒武纪(后生)生物大爆发在研究区水井沱组的表现有哪些?

(2)水井沱组页岩气地质特征有哪些?

(3)埃迪卡拉纪微体生物群特征及其环境背景有哪些?

路线七　黄花场奥陶系大坪阶全球界线层型点位观察

一、教学路线

秭归基地—黄花乡宜兴公路旁—秭归基地

二、教学任务及要点

(1)了解奥陶系第三个阶(大坪阶)和下—中奥陶统大湾组岩石地层及旋回地层特征,初步掌握不同类型灰岩的识别特征。

(2)观察识别瓶筐石、角石、菊石等化石,并绘制野外素描图。

(3)分层描述碳酸盐岩的岩石特征和生物组成,绘制红花园组和大湾组的信手剖面图和地层柱状图。

三、路线内容及观察点

观察点:黄花场剖面

1. 红花园组(O_1h)

红花园组的地质时代为早奥陶世。该组在本路线主要由一套深灰色、灰黄色中—厚层状生物碎屑灰岩组成,各层由一至多个小旋回(副层序 BS)构成,每个小旋回的主体为中—厚层状生物碎屑灰岩,均为向上变浅的进积型副层序(图 3-7-1)。下部含古杯海绵(未定种)*Archaeoscyphia* sp.、托盘藻(瓶筐石,未定种)*Calathium* sp. 和牙形石 *Serratognathus diversus* 生物带,最上部产牙形石 *Oepikodus communis* 生物带、几丁虫 *Lagenochitina esthonica* 生物带(上延至上覆大湾组的下部),剖面处还可见海百合等化石(图 3-7-2)。

图 3-7-1　黄花场剖面红花园组岩石特征

A. 第 6～第 7 层内中—厚层状的小旋回;B. 第 8 层内灰黄色中—厚层状的多个小旋回,含大量海百合、瓶筐石等化石

红花园组可见丰富的化石,是进行野外化石观察的重要层位,主要观察和描述内容:

(1)含海百合茎生物碎屑灰岩(海百合碎片的单晶特征、形态、大小、含量)。

(2)瓶筐石化石(形态、结构、大小、含量)。

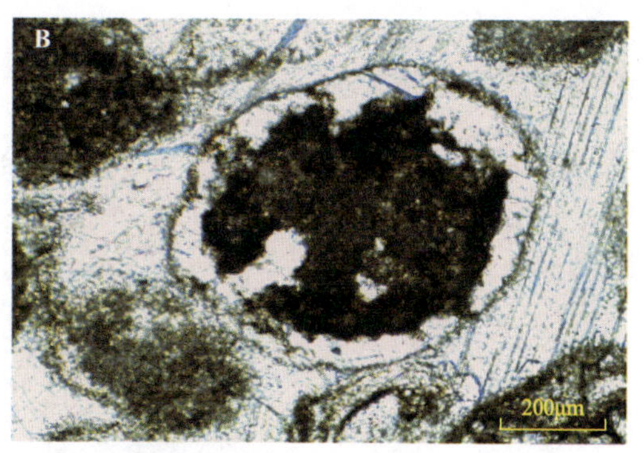

图 3-7-2　黄花场剖面红花园组所含化石特征

A. 第 2 层内含瓶筐石、腕足类等化石；B. 岩石薄片中的瓶筐石化石（单偏光）

2. 大湾组（$O_{1-2}d$）

大湾组的地质时代为早—中奥陶世。本剖面的大湾组根据岩性可分为 3 段。

大湾组下段以灰色中—薄层状富含海绿石生物碎屑灰岩为主，夹黄绿色薄层含粉砂质页岩，厚 4.72m，由薄层状含粉砂质页岩—中薄层状含海绿石生物碎屑灰岩构成多个小旋回，为向上变浅的进积型副层序（图 3-7-3）。以产冷水和暖水动物群与笔石、几丁虫、疑源类、牙形石、腕足类、三叶虫、头足类等相互混生为特点，自下而上可分为牙形石 *Oepikodus evae* 和 *Periodon flabellum* 两个生物带、笔石 *Didymograptellus bifidus* 生物带、几丁虫 *Lagenochitina esthonica*—*Conochitina langei* 生物带。

图 3-7-3　黄花场剖面大湾组下段岩石特征

A. 第 10 层灰色中—薄层状含海绿石生物碎屑灰岩；B. 第 11～第 13 层内由灰色中薄层状富含海绿石含生物碎屑灰岩构成的多个进积型小旋回

大湾组中段厚 4.52m，由深灰色砂质页岩、灰黑色砂质泥岩—灰色薄层状生物碎屑灰岩组成多个向上变浅的进积型小旋回，含海绿石矿物（图 3-7-4），顶部为灰色中—厚层状生物碎屑灰岩，产大量腕足类 *Leptella grandis* 等，笔石 *Azygograptus suecicus* 生物带，牙形石 *Periodon flabellum* 生物带、*Baltoniodus triangularis* 生物带、*Drepanoistodus forceps* 生物带等，以及几丁虫 *Conochitina langei* 和 *C. pseudocarinata* 两个生物带。

图 3-7-4　黄花场剖面大湾组中段岩石特征

A. 第 22 层内由黄绿色薄层状砂质页岩—灰色薄层状生物碎屑灰岩构成的多个进积型小旋回，从大湾组下段到中段，灰岩单层变薄，泥岩夹层增多；B. 第 25 层岩石薄片中的海绿石矿物（单偏光）

大湾组上段下部厚 2.2m，由黄绿色砂质页岩—灰绿色薄层状瘤状泥质生物碎屑灰岩组成多个进积型小旋回（图 3-7-5），产笔石 *Azygograptus suecicus* 生物带，三叶虫 *Pseudocalymene transversa*、*Agerina elongata* 等，腕足类 *Euorthisina* 生物带及牙形石 *Baltoniodus triangularis* 生物带等，以及几丁虫 *Belonechitina* cf. *henryi* 生物带。

图 3-7-5　宜昌市黄花场剖面大湾组上段下部岩石特征

A. 第 26 层黄绿色砂质页岩夹灰绿色薄层状生物碎屑灰岩与第 27 层灰绿色薄层状泥质生物碎屑灰岩夹黄绿色砂质页岩之间的大坪阶金钉子；B. 由第 29 层黄绿色薄层状砂质页岩—薄层状含泥质生物碎屑灰岩构成的 3 个进积型小旋回

大湾组上段上部厚 9.54m，为由黄绿色薄层状砂质页岩—灰红色薄—中层状含泥质生物碎屑灰岩组成多个向上变浅的进积型小旋回（图 3-7-6），富含海绿石，产笔石 *Azygograptus suecicus* 生物带，腕足类 *Euorthisina* 带，牙形石 *Baltoniodus navis* 生物带，以及几丁虫 *Belonechitina* cf. *henryi* 生物带，风化面上可见角石、菊石、腕足类等大化石（图 3-7-7）。本组露头良好，与下伏红花园组相比，普遍含海绿石和各门类化石，旋回地层特征明显（图 3-7-8）。

主要观察和描述内容：

(1)大湾组与下伏红花园组之间接触关系，分析接触关系类型。

图 3-7-6 宜昌市黄花场剖面大湾组上段上部岩石特征

A.由第 31 层黄绿色—灰红色薄—中层状含泥质生物碎屑灰岩构成的小旋回，含海绿石；B.由第 39 层灰红色薄—中层状泥质生物碎屑灰岩构成的多个进积型小旋回

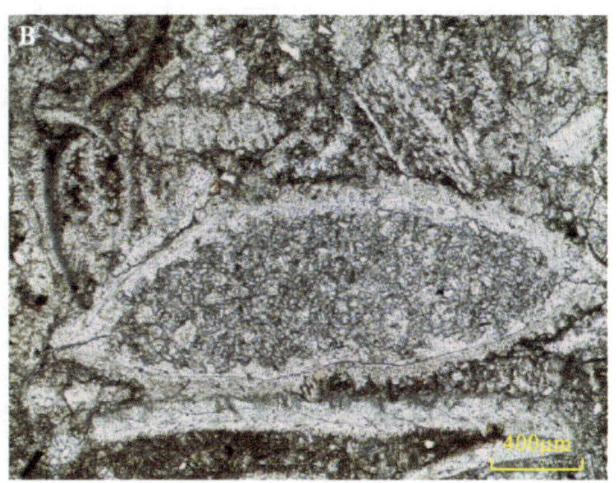

图 3-7-7 黄花场剖面大湾组上段上部所含化石

A.第 39 层岩层风化面上可见丰富的角石、菊石和腕足类等化石；B.第 39 层岩石薄片中的腕足类壳体(单偏光)

(2)大湾组岩石地层和小旋回特征。

(3)生物碎屑灰岩(角石、菊石和腕足类等化石形态、大小、结构和含量)。

四、教学进程及注意事项

(一)教学进程

(1)教师提前一天提醒学生预习华南奥陶纪地史及地层层序。

(2)教师在剖面起点简要介绍任务、目的和要求，用时约 5min。

(3)教师在剖面起点简要介绍华南奥陶纪地层层序，用时约 5min。

(4)红花园组分层描述和绘制信手剖面图，用时约 30min。

(5)点位 1 用时约 20min。

(6)大湾组分层描述和绘制信手剖面图用时约 60min。

(7)点位 2 用时约 40min。

(8)大坪阶“金钉子”剖面实测，用时约 60min。

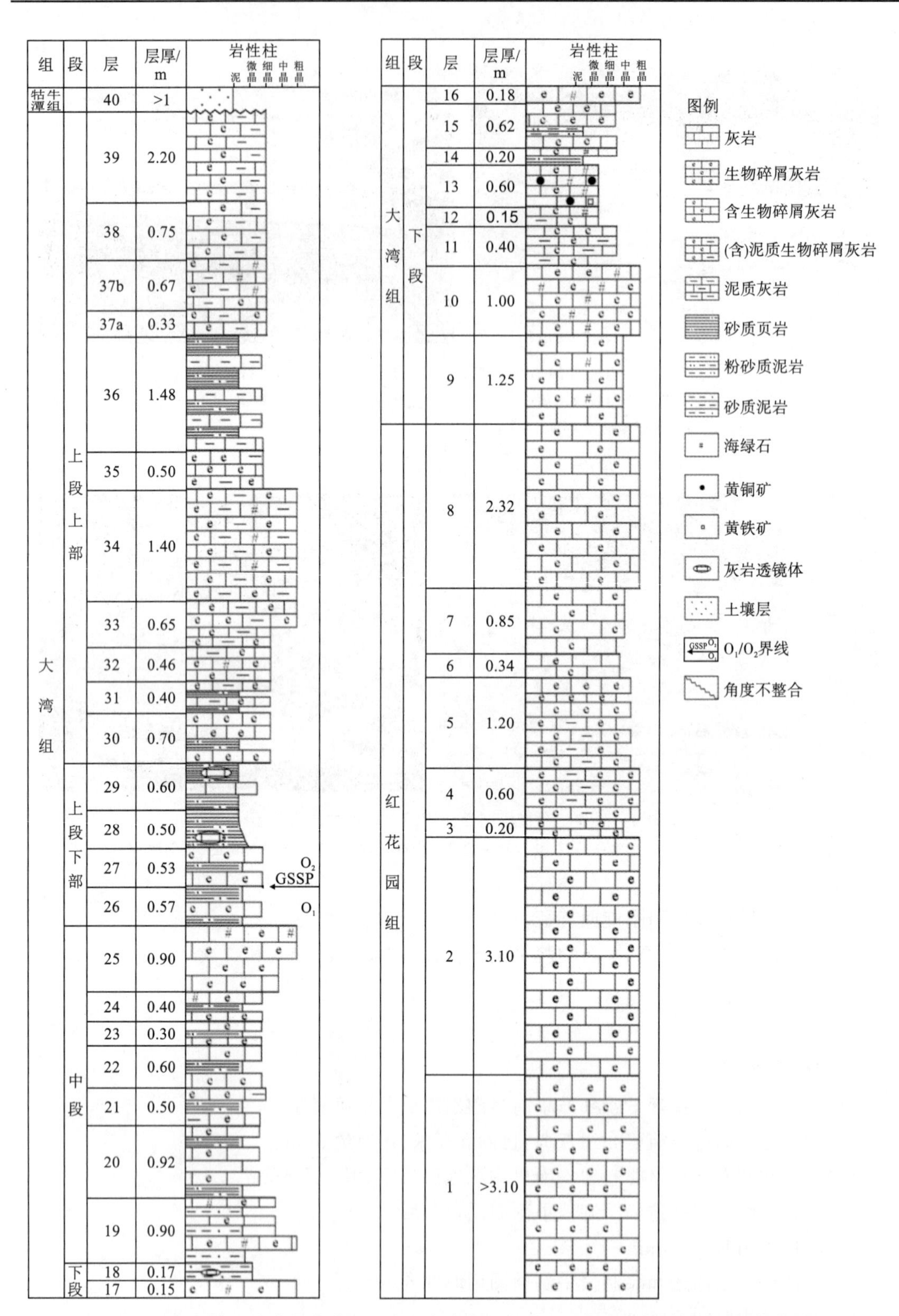

图 3－7－8　湖北省宜昌市黄花乡宜兴公路旁红花园组—大湾组实测剖面地层柱状图

(二)注意事项

(1)由于生物碎屑灰岩中化石丰富,请每位同学和老师都携带放大镜。
(2)剖面位于宜兴公路旁,采集标本和野外观察请注意安全。
(3)由于要完成剖面实测,请带测绳和卷尺。
(4)请带水带饭。

五、引导及思考

(1)生物碎屑灰岩和砂质页岩的形成环境讨论。
(2)海绿石的成因分析。
(3)瘤状泥质灰岩的成因探讨。

路线八　王家湾上奥陶统赫南特阶全球界线层型剖面和点位观察

一、教学路线

秭归基地—宜昌王家湾—秭归基地

二、教学任务及要点

(1)了解上奥陶统五峰组和下志留统龙马溪组的地层层序,掌握硅质岩、黑色笔石页岩相和介壳灰岩相的特征。
(2)了解“赫南特阶”底界、“赫南特阶”与奥陶系-志留系界线的定义。
(3)掌握岩石地层、生物地层和年代地层三者的区别,并在野外绘制综合地层柱状图。
(4)了解化石采集和剖面描述方法。

三、路线内容及观察点

观察点:王家湾剖面

1. 五峰组(O_3w)下部

五峰组时代为晚奥陶世晚期。王家湾剖面五峰组主要为深灰色、灰黑色薄层硅质岩和硅质泥岩互层(形成韵律),含大量笔石(图3-8-1)。

主要观察和描述内容:五峰组下部硅质岩和硅质泥岩的特点[岩石颜色、岩石的单层厚度、沉积构造、化石类型(丰富的笔石)、化石的保存形式(区分原地和异地埋藏)]。

2. 五峰组顶部观音桥层

“观音桥层(组)”是张鸣韶、盛莘夫于1939年命名于四川观音桥,并于1959年被卢衍豪修改。观音桥层(组)广泛分布在四川、贵州、湖北、陕西等地。由于地层较薄,不具有建组的地层厚度,建议使用“观音桥层”。

观音桥层在王家湾剖面为厚20cm左右的灰黄色泥质灰岩,产非常丰富的底栖生物腕足

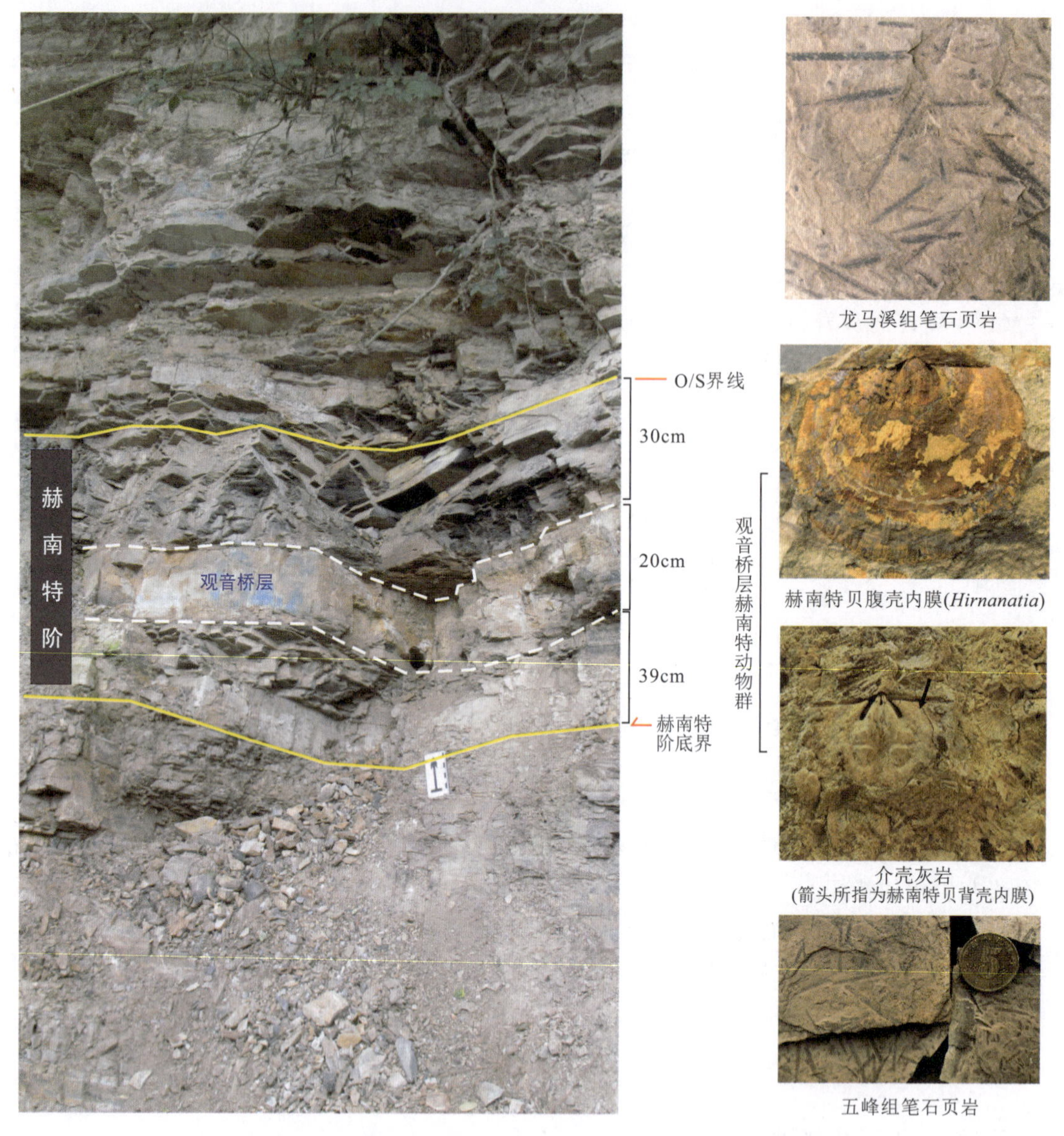

图 3-8-1　宜昌王家湾剖面赫南特阶及其上下的岩石地层结构及生物化石特征

类和三叶虫。观音桥层在岩性和生物组成方面与其上、下地层明显不同，并且区域上延伸较广，对地层对比具有重要的意义，其地质时代为晚奥陶世赫南特期。

主要观察和描述内容：观音桥层岩石的颜色、地层厚度、化石类型、化石的保存形式。

3. 龙马溪组(S_1l)

龙马溪组主体时代为早志留世早期。龙马溪组底部是灰黑色薄层状含硅的碳质泥岩，厚度大于 2m；下部为灰黑色碳质页岩，厚约 50m。在王家湾剖面教学观察点仅出露龙马溪组底部。

主要观察和描述内容：龙马溪组岩石的颜色、岩石的单层厚度、沉积构造、化石类型（丰富的笔石）（图 3-8-1）。注意从岩性方面区分五峰组和龙马溪组，观察两者之间的接触关系。

四、剖面描述

(一)剖面描述方法

剖面描述一般分为两步：

第一步　根据剖面上下地层岩性差异对剖面进行岩石地层单位划分和分层。分层依据包括岩性变化、单层厚度变化、岩石颜色、粒度粗细变化等。

第二步　对每一层进行逐一描述。描述内容主要包括岩石的颜色、结构、岩性、沉积构造和化石类别。在进行剖面描述的同时，需要野外绘制地层柱状图(为了保证记录的完整性和真实性，地层柱状图一定要在野外完成，请参考综合地层柱状图的绘制方法)。

(二)宜昌王家湾剖面描述

王家湾剖面位于中国湖北省宜昌市以北 42km 处的王家湾村(N30°58′56″，E111°25′10″；图 3-8-2)。王家湾北剖面从下往上出露五峰组和龙马溪组(图 3-8-3)，两者呈整合接触。

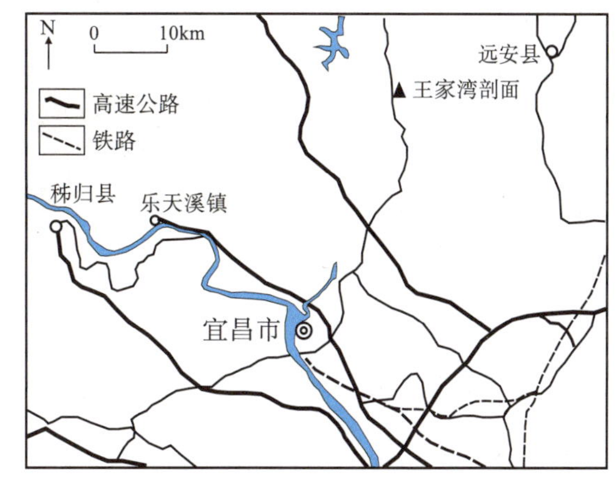

图 3-8-2　宜昌王家湾剖面交通位置图

龙马溪组(S_1l)

18. 灰黑色薄层状碳质泥岩与含硅碳质泥岩形成多个旋回，其中含硅碳质泥岩的单层厚度从下往上由 3cm 增大到 5cm 以上不等，富含笔石(**未见顶**)　大于 50cm
17. 灰黑色薄层状碳质泥岩与含硅碳质泥岩形成 2 个旋回，含硅碳质泥岩的单层厚度平均大于 4cm，下部含硅碳质泥岩中粒序层理发育，富产笔石　48cm
16. 灰黑色薄层状碳质泥岩和含硅碳质泥岩形成 2 个旋回，含硅碳质泥岩的单层厚度平均大于 4cm，碳质泥岩中水平层理发育，富产笔石　17cm
15. 灰黑色薄层状碳质泥岩夹薄层状含硅碳质泥岩，单层厚度平均大于 4cm，下部发育水平层理，富产笔石　30cm
14. 下部为灰黑色薄层状含硅碳质泥岩，单层厚 1～3cm；中部为黄灰色薄层状粉砂质泥岩，单层厚 6cm；上部为灰黑色薄层状含硅碳质泥岩，单层厚 1～3cm。泥岩产笔石 *Akidograptus ascensus* 等　29cm
13. 下部为灰黑色薄层状含硅的碳质泥岩，单层厚度为 1～3cm，上部岩性同下部，但单层厚度平均大于 4cm。上部发育水平层理，富产笔石 *Metabolograptus perculptus* 等　30cm

——————— 整合接触 ———————

五峰组(O_3w)

观音桥层(本实习指导书划归至五峰组顶部)

12. 灰黄色中层状泥质介壳灰岩，含腕足类 *Hirnantia*(图 3-8-1)、*Kinnella*，三叶虫 *Mucronaspis* 等。　20cm
11. 下部为灰黑色薄层状硅质泥岩，单层厚度为 1～3cm；上部为灰黑色薄层状硅质泥岩，单层厚度平均大于 4cm。水平层理发育，产笔石 *Metabolograptus extraodinarius* 等　39cm
10. 灰黑色薄层状硅质泥岩，单层厚度为 1～3cm，富产笔石　12cm
9. 下部为灰黑色薄层状硅质泥岩、硅质岩，单层厚度为 1～3cm；上部为灰黑色薄层状硅质

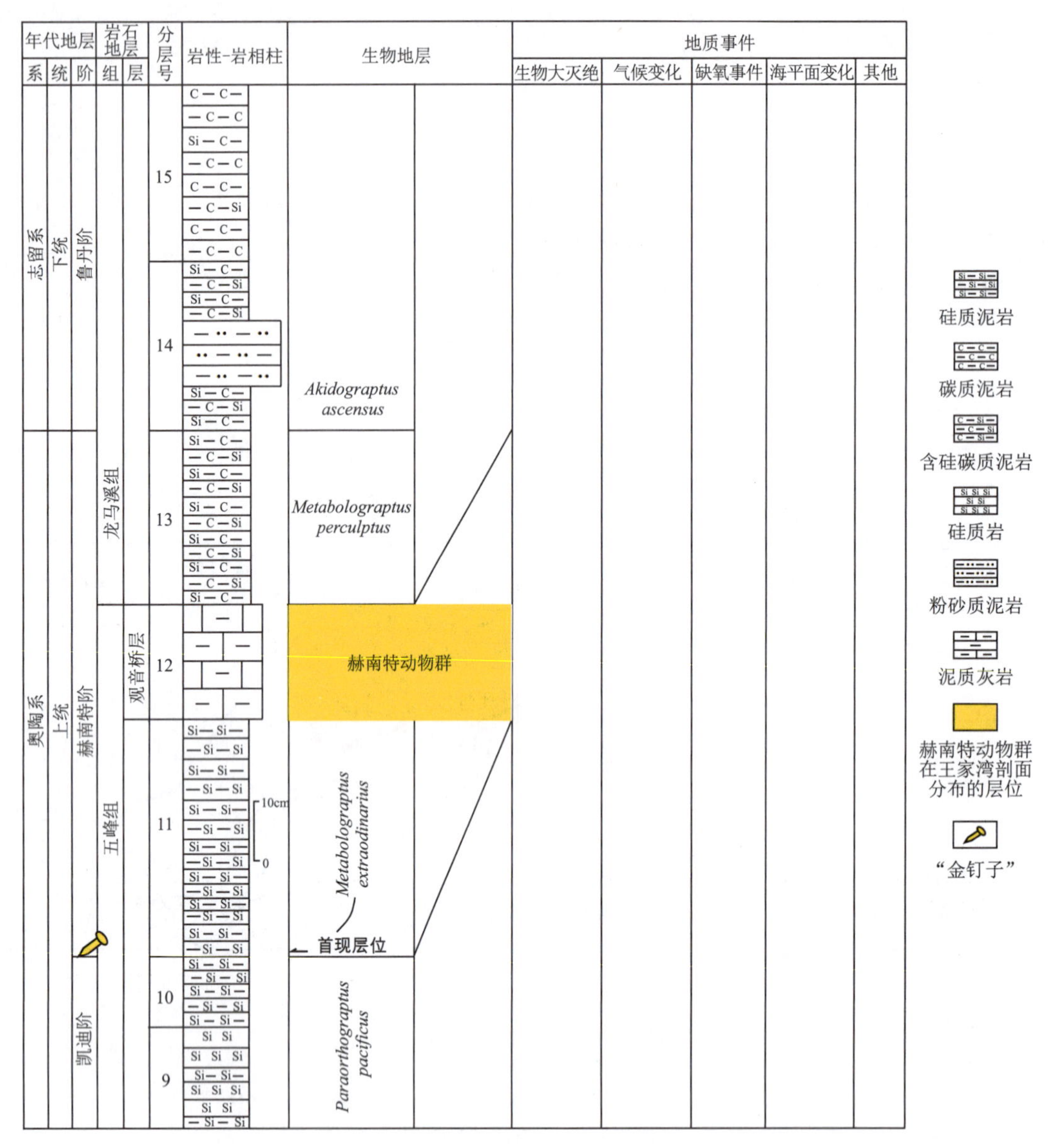

图 3-8-3　湖北宜昌王家湾上奥陶统赫南特阶实测剖面地层柱状图

泥岩、硅质岩，其中硅质岩单层厚度大于 4cm。正粒序层理发育，富产笔石　17cm

8. 下部为深灰色薄层状硅质泥岩，上部为深灰色薄层状硅质岩，单层厚度平均大于 4cm，水平层理发育，富产笔石　23 cm

7. 下部为灰黑色薄层状硅质泥岩，上部为灰黑色薄层状硅质岩，硅质岩单层厚度平均大于 4cm，富产笔石　20.5cm

6. 下部为灰黑色薄层状硅质泥岩，上部为灰黑色薄层状硅质岩，硅质岩单层厚度平均 1～3cm；中部水平层理、丘状层理发育　28.5cm

5. 下部为灰黑色薄层状硅质泥岩，往上为灰黑色薄层状硅质岩，硅质岩单层厚度为 1～3cm，顶部硅质岩单层厚度平均大于 4cm，底部水平层理发育　25cm

4. 灰黄色薄层状泥岩与灰黑色薄层状硅质岩组成的 2 个旋回，泥岩中水平层理发育，硅质

岩单层厚度平均大于 4cm，富产笔石　16cm

3. 底部为黄褐色粉砂质泥岩，厚 1.5cm，往上为由灰黑色薄层状硅质泥岩和硅质岩组成的 3 个旋回，硅质泥岩中水平层理发育，硅质岩单层厚度大于 4cm　20.5cm

2. 底部为黄褐色薄层状泥岩，厚 1cm；往上为灰黑色薄层状硅质岩，单层厚度为 1～3cm，波状层理发育，富产笔石　37cm

1. 灰黑色薄层状硅质泥岩夹硅质岩。硅质泥岩中水平层理发育，硅质岩单层厚度大于 5cm，硅质泥岩单层厚度小于 5cm，水平层理发育**（未见底）**　大于 10cm

五、化石样品采集

（一）微体化石样品采集

(1)在采集微体化石样品时要充分考虑地层的岩性。牙形石常保存于灰岩和泥灰岩，有孔虫和䗴类常保存于灰岩，放射虫往往保存于硅质岩或硅质泥岩。

(2)根据研究目的布置采样间距。如果希望建立牙形石带，则在剖面进行基本等间距采样，在可能的年代地层界线附近进行加密采样。如果进行古生态研究，则根据剖面岩性变化进行采样。比如五峰组为硅质岩、硅质泥岩，含放射虫化石，硅质岩和硅质泥岩形成沉积旋回，应针对两种不同岩性进行采样。

（二）宏体化石样品采集

生物死后，如果没有强的水动力改造和搬运，其化石通常顺层随机分布，因此，一般使用扁嘴型地质锤顺着层面将宏体化石剥露出来。

要针对剖面不同岩性或者剖面分层进行宏体化石样品的采集。比如在硅质岩、灰岩、泥岩中分别进行采集。如果硅质岩连续出露较厚，可以分成多层单独采集。

（三）化石或微体化石样品编号

化石样品在采集之后要立刻编号。野外编号一般包括剖面名称、层位和化石类别，如 WJW-W-2-B[其含义是王家湾剖面(WJW)五峰组(-W)第 2 层(-2)腕足类样品(-B)，其中 B 是 brachiopod(腕足)的简写]。

六、化石的鉴定

化石鉴定一般包括以下几个步骤：

(1)掌握各个门类化石的基本结构。

(2)对化石进行形态的复原和大致分类。化石往往保存得不完整，此时需要根据化石特征大致分为腕足类、三叶虫、头足类、笔石等。另外，有些化石的各部位往往分散保存(如三叶虫)，此时要充分熟悉该时期三叶虫属种的头甲、胸甲和尾甲的特征，在此基础上将分散保存的化石组合在一起。在这些工作的基础上，画化石素描图可重建每类化石的整体特征。

(3)按照一定的顺序对化石进行详细描述，如腕足类可以先描述整体形态特征(包括正视、侧视和前视等)，然后描述外部结构特征，最后描述内部结构特征。在描述的同时注意化石的主要鉴定特征，即某个种在其所在的属中的独特之处。如果要描述一个新种，应该阅读某一个属相关的所有文献(包括国内和国外文献)，确认某个属所有已知种都和所研究的标本存在明显差异。

七、"赫南特阶"金钉子的相关介绍

(一)"赫南特阶"金钉子

"赫南特"(Hirnant)是英国威尔士 Bala 地区的一个小地名,"赫南特阶"是地质学家以该地名对奥陶系最顶部一段地层命名的一个地层单位。"赫南特阶"一名最早由 Bancroft(1933)提出,是指奥陶系最顶部产腕足动物群 *Hirnantia* 等的赫南特灰岩;后来,Bassett 等(1966)和 Ingham and Wright (1970)对赫南特阶的定义进行了修改,是指奥陶系最顶部产腕足类 *Hirnantia*、*Hindella*、*Kinella*、*Aegiromena* 等以及三叶虫 *Mucronaspis*(以前称 *Dalmanitina*)动物群的灰岩或泥岩地层。

提议建立"赫南特阶"底界的全球标准层型剖面和点位("金钉子"GSSP)的报告在 2004 年 10 月被国际地层委员会奥陶系分会通过,经过补充和完善,于 2006 年 2 月被国际地层委员会通过,同年 5 月被国际地质科学联合会正式批准。

"赫南特阶"是奥陶系的第 7 个阶,即最顶部的一个"金钉子",其时限虽短,仅 1.4Ma,但"赫南特阶"的建立具有重要的意义。它记录了显生宙以来一次生物灭绝事件(85%的物种灭绝)、气候突变事件和全球海平面下降事件等(戎嘉余,1984;Sheehan,2001),为全球相关地层的精确对比、全球生物事件和环境事件的研究提供了统一的时间标准。

(二)王家湾北剖面成为"赫南特阶"金钉子剖面的原因

"赫南特阶"金钉子剖面确立在中国宜昌王家湾北剖面观音桥层底界之下 0.39m 处。该剖面之所以成为"赫南特阶"的 GSSP,主要有以下几个方面的原因(陈旭等,2006)。

(1)沉积序列和生物地层层序连续。

(2)地层出露完整。

(3)笔石和壳相动物化石丰富、保存良好。

(4)岩相和生物相稳定,具有广泛的对比潜力。

(5)地质构造简单,在王家湾剖面没有断层、褶皱等变形。

(6)界线附近有火山黏土岩,适合开展同位素测年。

(7)交通便利,便于考察。

(8)生物地层研究程度非常高,并开展了广泛的地层对比;附近剖面开展了深入的碳同位素研究,是良好的地层对比辅助标志。

八、教学进程及注意事项

(一)教学进程

(1)教师简要介绍任务、目的和要求。

(2)教师在剖面起点简要介绍"金钉子"的来历、"赫南特阶"金钉子的概念及其建立的重要意义。

(3)学生观察硅质岩的特点,五峰组和龙马溪组的岩性差异,在五峰组下部、五峰组顶部观音桥层以及龙马溪组采集化石样品,并对化石样品进行大致分类和编号。教师引导学生总结和归纳各组或层所产化石的总体特征和岩性特征。

(4)组织学生测量地层厚度,找出 *Metabolograptus extraordinarius* 和 *Akidograptus as-*

census 的首现层位以及其他化石带在剖面上分布的层位(图 3-8-1、图 3-8-3)。

(5)学生绘制王家湾剖面综合地层柱状图,包括年代地层、岩石地层、生物地层和地质事件,前 3 项必须在野外完成,"地质事件"一栏在自学、查阅文献的基础上完成。

(6)化石鉴定。学生回到室内查阅文献,对化石进行素描和初步鉴定。

(二)注意事项

(1)请每人准备野簿、铅笔、橡皮、三角尺或小直尺。

(2)请以组为单位,每组准备记号笔、钢卷尺、化石包装纸。

九、引导及思考

(1)岩石地层、生物地层和年代地层单位建立的依据分别是什么?

(2)奥陶纪-志留纪之交发生了哪些重大地质事件?生物灭绝的原因主要有哪些?

(3)赫南特动物群在世界上分布在哪些地区?赫南特动物群出现和消失的时间在全球不等时,这种不等时性和哪些因素有关?

(4)赫南特阶的时限仅 1.4Ma,建立的意义是什么?

路线九　长阳向家口新元古代地层层序及沉积特征观察

一、教学路线

秭归基地—长阳向家口—秭归基地

二、教学任务及要点

(1)观察新元古代莲沱组一南沱组地层层序,掌握各组岩性特征、典型沉积构造以及地层之间的接触关系。

(2)绘制本路线信手剖面图。

(3)掌握辫状河流相、三角洲相、滨浅海相和冰海相等典型沉积相标志。

三、路线内容及观察点

本路线位于向家口村至古城锰业之间的公路旁,主要出露南华纪地层,地表天然露头良好,地层连续,自下而上分为莲沱组、古城组、大塘坡组和南沱组(图 3-9-1)。

观察点:长阳向家口古城剖面

1. 莲沱组

该组的最底部沉积一套含砾砂岩或砾岩,砾石有一定程度的分选性和磨圆度(图 3-9-2A)。莲沱组下段主要岩性为灰色中一厚层状砂砾岩、粗砂岩、砂岩互层,所含砾石分选一般至较好,且可见冲刷面构造(图 3-9-2B),推测为辫状河流相沉积。在莲沱组中下段,砾石逐渐消失,主要岩性为灰色块状或中—厚层状或巨厚层状粗砂岩-砂岩-粉砂岩互层,局部夹灰绿色凝灰岩层(图 3-9-2C),可见较为丰富的沉积构造,以楔状交错层理、板状交错

年代地层		岩石地层		层厚/m	岩性柱	岩性描述	沉积构造
界	系	组	层				
新元古界	南华系	南沱组	18	54		灰绿色厚层状冰碛砾岩	
		大塘坡组	17	12		灰黑色含锰碳质页岩	
		古城组	16	4		浅灰绿色、灰褐色厚层状含砾砂泥岩	
		莲沱组	15	65		中—薄层状粉砂岩/砂岩	
			14	19		中—薄层状粉砂岩/砂岩	
			13	15		土黄色中层状粉砂岩、泥岩	
			12	24		中—厚层状粉砂岩与灰绿色薄层状泥岩、细砂岩互层	交错层理
			11	20		紫红色薄层状粉砂岩与中层状砂岩互层	
			10	59		紫红色薄层状砂岩、粉砂岩，偶夹厚层状砂岩	平行层理
			9	101		红色、绿色薄层状砂岩、泥质粉砂岩互层，偶夹灰色厚层状砂岩	浪成交错层理
			8	56		灰色中厚层状砂岩，夹紫红色薄层状粉砂岩和灰绿色、紫红色粉砂质泥岩	
			7	17		中厚层状砂岩与薄层状粉砂岩、泥质粉砂岩互层	双向交错层理
			6	24		巨厚层状砂岩夹薄层状粉砂岩	板状交错层理
			5	33		中—厚层状砂岩夹薄层状粉砂岩、泥岩	楔状交错层理
			4	47		灰色块状粉砂岩—砂岩，偶见砾石，砾石分选性较好，颗粒直径1~5mm	楔状交错层理
			3	38		灰色块状含砾粗砂岩	
			2	76		灰色含砾泥岩，分选性差，磨圆度较差，砾石颗粒直径1~20cm	
			1	>17	未见底	灰色块状含砾砂岩，砾石分选性、磨圆度较好，颗粒直径1~2cm	

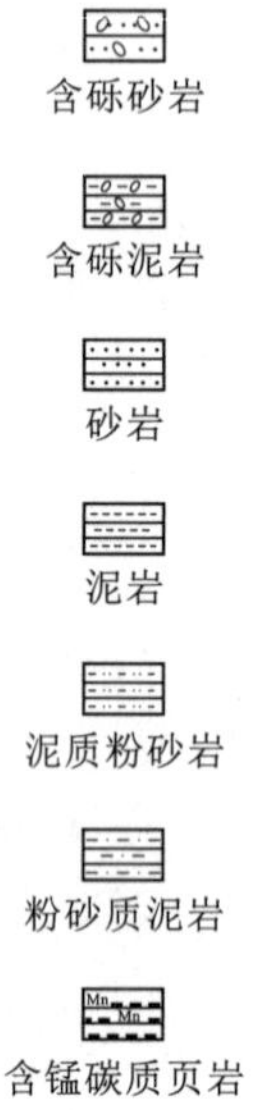

含砾砂岩　含砾泥岩　砂岩　泥岩　泥质粉砂岩　粉砂质泥岩　含锰碳质页岩

图 3-9-1　湖北长阳古城剖面莲沱组至南沱组地层层序

层理、双向交错层理为主(图 3-9-2D、E)，沉积环境推测为三角洲前缘。莲沱组中段岩石层厚继续减薄，粒径变小(图 3-9-2F)，主要岩性转变为中—薄层状砂岩-粉砂岩-泥岩互层，双向交错层理逐渐消失，局部可见平行层理和交错层理，沉积环境推测为前三角洲，即位于三角洲前缘前部、处于海洋浪基面以下的三角洲环境。莲沱组上段至顶部，主要岩性为中—薄层状粉砂岩-砂岩夹薄层状泥岩，可见波状交错层理(图 3-9-2G、H)，指示莲沱组沉积晚期逐步转变为滨浅海相沉积。

图 3-9-2 湖北长阳地区莲沱组沉积特征

A. 莲沱组底部的含砾粗砂岩；B. 莲沱组下部的河流相冲刷面构造；C. 莲沱组下部的灰绿色凝灰岩层，层厚约 5cm；D. 莲沱组底部的楔状交错层理；E. 莲沱组底部的板状交错层理；F. 莲沱组中部的厚层状紫红色砂岩与薄层状泥质粉砂岩互层；G. 莲沱组上部的薄层状粉砂岩与泥质粉砂岩互层；H. 莲沱组顶部的波状层理

古城剖面莲沱组的厚度较大(约600m),区域上莲沱组厚度存在较大差异,从几十米至数百米均有产出,与下伏黄陵花岗岩体呈沉积不整合接触关系。

主要观察和描述内容:

(1)辫状河流相、三角洲相、滨浅海相沉积标志。

(2)凝灰岩层的识别特征。

2. 古城组

本组岩性以浅灰绿色、灰褐色厚层状冰碛砾岩、含砾砂泥岩和粉砂岩为主,厚约10m,与下伏莲沱组呈平行不整合接触。砾石大小不等,成分复杂,其上偶见冰川“丁”字形擦痕,属冰海相沉积(图3-9-3)。年代学研究表明,古城组冰碛砾岩沉积时代与全球Sturtian冰期相当。

主要观察与描述内容:冰碛砾岩中砾石的颗粒大小、主要矿物组成、分选性、磨圆度以及砾石表面的冰川擦痕等。

图3-9-3 古城组砾石

3. 大塘坡组

大塘坡组平行不整合覆于古城组之上,厚约12m,代表新元古代Sturtian冰期和Marinoan冰期之间的间冰期沉积。主要岩性为黑色含锰泥页岩夹多层黑色中一薄层状碳酸锰贫矿层,富含有机质和黄铁矿,显微观察可见水平纹层,形成于浅海陆架环境。在大塘坡组下部和上部火山凝灰岩层中获得的锆石U-Pb年龄分别为(662.9±4.3)Ma(Zhou et al.,2004)和(654.5±3.8)Ma(Zhang et al.,2008),这两个年龄数据对大塘坡组沉积的大致年限进行了限定。

扬子地区著名的古城锰矿床即产出于本组下部,锰矿矿石主要由菱锰矿组成,其次为锰的氧化物,脉石结晶矿物主要为黄铁矿、白云母、钠长石、铁钙辉石,少量菱铁矿、方解石和极少量的金红石(张飞飞等,2013)(图3-9-4)。前人对大塘坡组锰矿进行了大量研究,然而目前关于大塘坡组锰矿成因仍存在较大争议,产生了包括生物化学成因、生物成因、海底火山喷发一天然气渗漏成因、热水成因等多种不同的观点。最近,Xu等(2024)对古城锰矿进行研究,提出了“浴缸边式”锰矿富集成矿模式和两阶段成矿理论,锰的富集与裂谷盆地构造热演化、海洋氧化还原状态变化以及大陆风化机制的转变具有密切的关系。

主要观察和描述内容:含锰矿层及锰矿石宏观特征。

图 3-9-4 大塘坡组锰矿层及矿石宏观特征

A. 野外露头；B. 手标本

4. 南沱组

本组岩性为灰绿色厚层状冰碛砾岩。砾石成分以石英岩、砂岩为主，颗粒直径为 3cm 左右，分选较差，次棱角状、次圆状，泥质胶结，砾石无规律排列，属冰水海岸和陆棚相沉积，平行不整合于大塘坡组之上。

Zhang 等(2008)在南沱组底部沉凝灰岩中获得了高精度 SHRIMP 锆石 U-Pb 年龄(636.3±4.9)Ma，结合其上覆陡山沱组"盖帽"白云岩中获得的(635.2±0.6)Ma(Condon et al.，2005)，推测南沱冰碛岩沉积时限极为短暂，为 Marinoan 冰期结束时快速堆积的产物。

主要观察和描述内容：南沱组冰碛砾岩沉积特征，砾石的成分、颗粒大小、分选磨圆状况，基质的岩性特征及其与古城组冰碛砾岩的异同之处。

四、教学进程及注意事项

(一)教学进程

(1)教师提前一天提醒学生预习新元古代南华纪地史及地层特征。

(2)教师在剖面起点简要介绍新元古代南华纪古气候和古环境背景知识。

(3)教师在剖面起点向学生介绍实测剖面的具体方法和注意事项。

(4)学生分组进行莲沱组剖面实测和代表性样品采集，绘制路线信手剖面图。

(5)学生整体观察莲沱组－南沱组地层层序及沉积特征。

(二)注意事项

(1)请带上罗盘、地质锤、放大镜、测尺，以便进行剖面实测。

(2)请带水带饭。

五、引导及思考

(1)研究区莲沱组至南沱组沉积序列及其对全球成冰纪冰期－间冰期古气候转换的响应。

(2)大塘坡组锰矿沉积环境、锰质来源以及锰的富集成矿机制。

(3)罗迪尼亚超大陆裂解、冰期－间冰期古气候变化、海洋氧化还原状态变化及其与大规模成锰作用之间的耦合关系。

路线十　青林口新元古界莲沱组—南沱组地层层序及沉积特征观察

一、教学路线

秭归基地—青林口—秭归基地

二、教学任务及要点

(1)观察新元古代莲沱组—南沱组地层层序,掌握各组岩性特征、典型沉积构造以及地层之间的接触关系。

(2)掌握河流相、三角洲相、浅海相和冰海相等典型沉积相标志。

(3)绘制莲沱组地层柱状图。

(4)了解研究区南华纪古地理和古气候演化背景。

三、路线内容及观察点

观察点:青林口剖面

本实习路线位于秭归县城青林口露营基地附近的公路旁,主要出露南华纪的莲沱组、南沱组,地表天然露头良好,地层连续(图 3-10-1、图 3-10-2)。

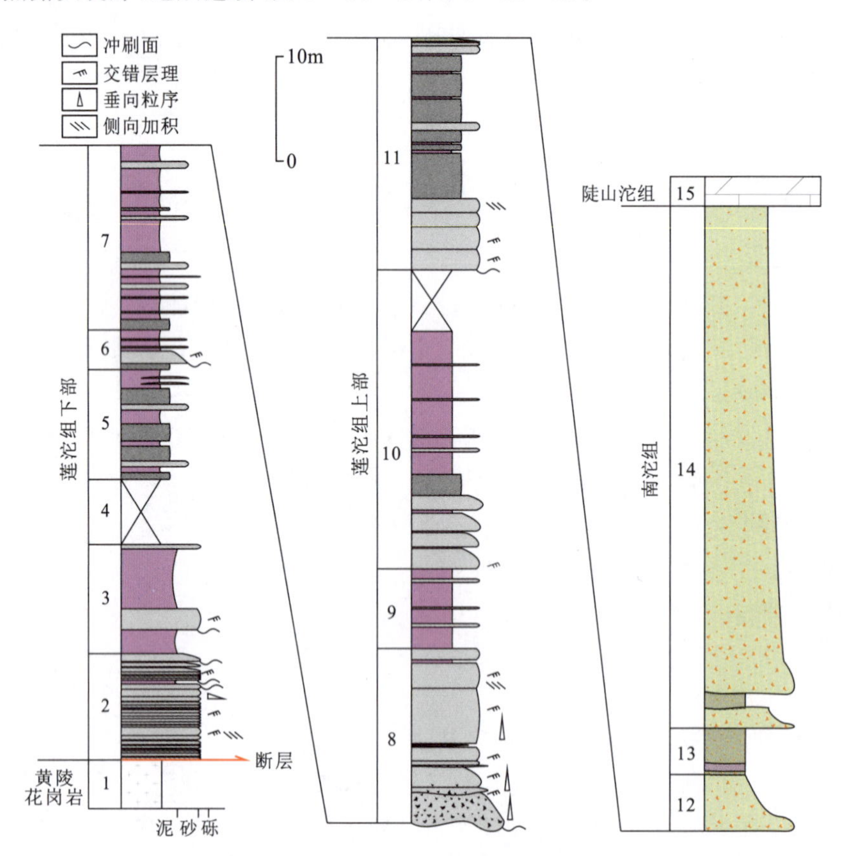

图 3-10-1　湖北秭归青林口剖面莲沱组至南沱组地层层序(图中 1~10 为层号)

1. 莲沱组

在青林口剖面，莲沱组（第 2～第 11 层）出露厚度约为 160m，其底部与黄陵花岗岩（第 1 层）呈断层接触（图 3－10－2C）。莲沱组主要由细砾岩、含砾粗砂岩、砂岩和泥岩组成（图 3－10－3），垂向上整体可分为下、中和上 3 个部分。

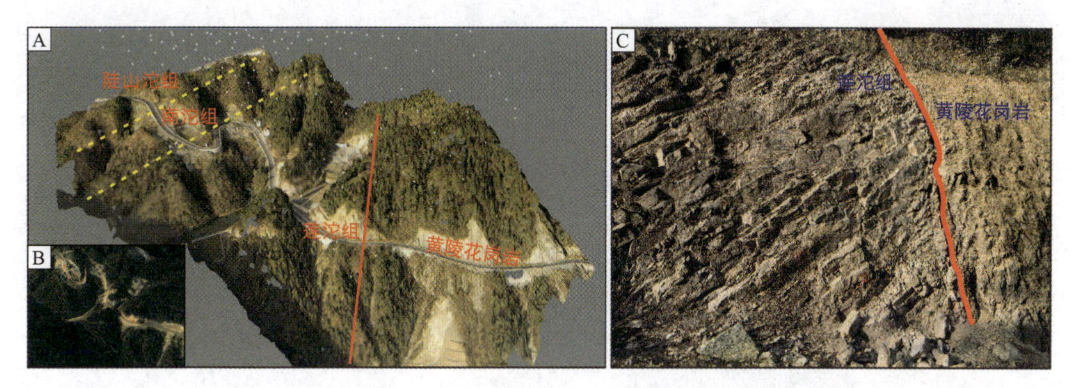

图 3－10－2　青林口剖面 3D 重建及地层展布（A、B）和莲沱组与黄陵花岗岩（C）断层接触关系

下部（第 2～第 4 层）发育中—薄层状浪成波痕交错层理砂岩相（图 3－10－3A）、中—厚层状槽状交错层理砂岩相（图 3－10－3B、C、H）、水平层理—均质层理泥岩相，整体向上变细。第 2 层砂岩层底部可见冲刷面，多呈透镜状，泥岩不发育，具有水流和波浪共同作用的水流特征，推测为三角洲前缘的席状砂和水下分流河道砂岩沉积。第 3 层的砂岩为透镜状，泥岩发育，泥岩内发育透镜状沙纹交错层理粉砂岩，砂岩多呈席状或被软沉积变形构造改造，推测为三角洲前缘席状砂、远沙坝和前三角洲沉积。

中部（第 5～第 7 层）整体岩性较细，为互层状泥岩和粉砂岩－细砂岩组合，泥岩呈红褐色、灰褐色和黑灰色。多以泥岩夹粉砂岩为主，夹有中—薄层状透镜状砂岩层，局部可见富含砾石的透镜体。泥岩层与粉砂岩－细砂岩层可构成多个向上变粗的沉积旋回（图 3－10－3D、E），推测为前三角洲相、远沙坝和浅海相沉积，砾岩层的出现代表了重力流的事件沉积。

上部（第 8～第 11 层）以块状含砾砂岩的出现为标志，主要为块状含砾砂岩相、交错层理砂岩相、块状砂质泥岩相。含砾砂岩和砂岩层底部多具有冲刷面（图 3－10－3H），内部粒度多具有向上变细的粒序特征。在含砾砂岩层上部和透镜状砂岩中，可见大型交错层理，顶面可观察到不对称的大型流水波痕（波长 30～70cm，图 3－10－3F）。砾石的叠瓦状组构、槽状交错层理和不对称波痕等可以用于判断古水流方向。第 8 层的细砾岩多为杂基支撑，砾石多为棱角状（图 3－10－3G），呈现分选差、磨圆度差的重力流沉积作用，其顶部的粒序特征和交错层理指示了水流作用的改造，向上变为厚层状的交错层理砂岩相，整体表明水下泥石流沉积和分流河道沉积特征。其上的第 9 层仍呈现向上变粗的沉积旋回特征，指示了三角洲前缘沉积环境。第 10 层和第 11 层发育有侧向加积、向上变细的沉积序列（图 3－10－3I），指示了典型的河流相沉积特征。

青林口剖面的莲沱组在岩性上可与古城剖面的莲沱组进行对比，指示了三角洲－河流的沉积环境，内部发育重力流来源的粗碎屑沉积。

主要观察和描述内容：

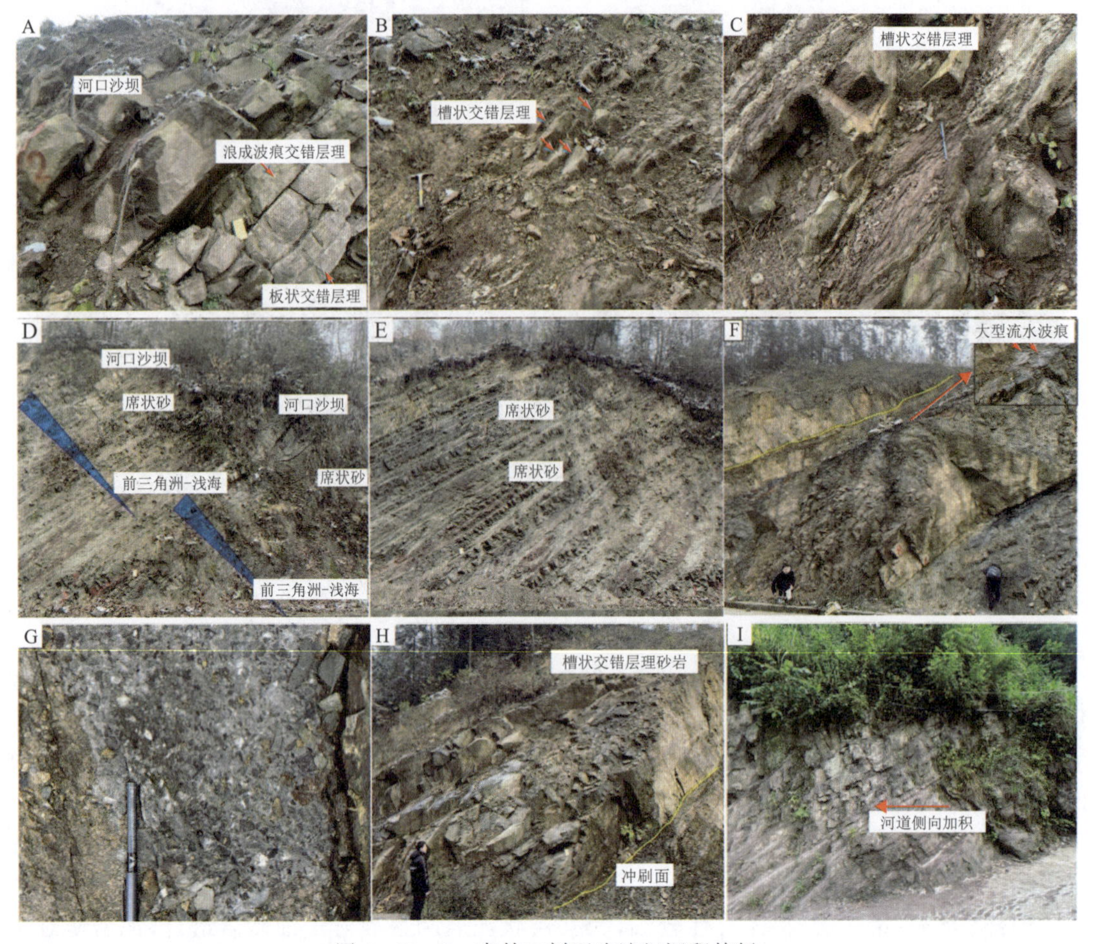

图 3-10-3　青林口剖面连沱组沉积特征

A. 交错层理砂岩(第 2 层);B. 槽状交错层理砂岩(第 3 层);C. 槽状交错层理砂岩与中薄层状泥岩互层(第 3 层);D. 向上变粗的沉积序列(第 6、7 层);E. 泥岩与席状砂体互层(第 7 层);F. 块状砾岩一含砾砂岩相(第 8 层);G. 细砾岩的杂基支撑结构和棱角状砾石特征(第 8 层);H. 具底冲刷面的厚层槽状交错层理砂岩(第 9 层);I. 侧向加积的沉积序列(第 10 层;箭头指示古水流方向)

(1)河流相、三角洲相沉积标志。

(2)重力流和牵引流沉积的识别特征。

2. 南沱组

本组岩性以红褐色、灰绿色杂砾岩、含砾粉砂岩-泥岩和泥质岩为主,自下而上可分成 3 个部分(A 段、B 段和 C 段)。下部(A 段)厚 5~6m,与莲沱组顶部灰绿色泥岩呈平行不整合接触(图 3-10-4A),含有大量厘米级到几十厘米级的砾石,其岩性包括片麻岩、花岗岩、石英砂岩、碳酸盐岩等(图 3-10-4B)。中部(B 段)厚约 5m,主体为红褐色—灰绿色的泥质岩,灰绿色泥质岩中可见厘米级的细小砾石(图 3-10-4C、D)。上部(C 段)厚约 50m,其底部为含砾粉砂岩与中部的红褐色泥岩接触(图 3-10-4E),发育绿色泥岩、含砾泥岩和粉砂岩等岩性(图 3-10-4F、G),砾石多为厘米级,岩性为碳酸盐岩、砂岩、变质岩等(图 3-10-4H),顶部与陡山沱组“盖帽”白云岩呈不整合接触(图 3-10-4I)。

图 3-10-4　南沱组岩性和沉积特征

A. 莲沱组与南沱组下部(A 段)的不整合接触;B. 南沱组下部的杂砾岩;C. 南沱组下部杂砾岩与中部泥质岩接触关系;D. 南沱组中部(B 段)泥质岩段中红色泥岩和含砾绿色泥岩;E. 南沱组中部泥质岩与南沱组上部(C 段)杂砾岩接触;F. 南沱组上部中的泥岩和含砾泥岩;G. 南沱组上部的复杂岩性组合;H. 南沱组上部的含砾粉砂岩;I. 南沱组上部与陡山沱组"盖帽"白云岩的接触关系

青林口剖面的南沱组富含指示冰川活动的冰碛沉积特征,是华南北缘南沱冰期的典型沉积记录。

主要观察和描述内容:

(1)砾岩—含砾泥岩—泥岩的旋回沉积序列。

(2)新元古代冰室气候的沉积记录。

四、教学进程及注意事项

(一)教学进程

(1)教师提前一天提醒学生预习新元古代南华纪地史及地层特征。

(2)教师在剖面起点简要介绍新元古代南华纪古气候和古环境背景知识。

(3)教师在剖面起点向学生介绍实测剖面的具体方法和注意事项。

(4)学生分组进行莲沱组剖面实测和代表性样品采集,绘制路线信手剖面图。

(5)学生整体观察青林口剖面莲沱组—南沱组地层层序及沉积特征。

(二)注意事项

(1)请带上罗盘、地质锤、放大镜、测尺,以便进行剖面实测。
(2)请带水,注意防晒。

五、引导及思考

(1)研究区莲沱组至南沱组沉积序列。
(2)前寒武纪没有植被发育的陆地景观特征,特别是河流形貌。
(3)晚前寒武纪的重大气候转变。

路线十一　铁匠岩南华纪—寒武纪地层层序观察

一、教学路线

秭归基地—罗家村—铁匠岩—秭归基地

二、教学任务与要点

(1)观察并描述南华系莲沱组至寒武系石牌组地层层序及各组的岩性特征。
(2)绘制南华系莲沱组至寒武系石牌组地层层序柱状图。

三、路线内容及观察点

观察点:铁匠岩剖面

1. 莲沱组

莲沱组为一套紫红色、暗紫红色中—厚层状砂砾岩、含砾粗砂岩、长石石英砂岩、石英砂岩、细粒岩屑砂岩、长石质砂岩,夹凝灰质岩屑砂岩、含砾岩屑凝灰岩(图 3-11-1)。在铁匠岩剖面,莲沱组下部为紫红色中—厚层状长石石英砂岩,发育大型交错层理(图 3-11-1C);中部为暗紫红色粉砂质泥岩,夹中—薄层状细粒岩屑砂岩、长石石英砂岩(图 3-11-1D);上部为暗紫红色泥质、粉砂质页岩,夹灰白色、灰绿色凝灰岩和凝灰质粉砂岩(图 3-11-1B)。莲沱组与上覆南沱组呈平行不整合接触(图 3-11-1A)。根据凝灰岩中锆石 U-Pb 同位素分析,实习区莲沱组上部凝灰岩年龄为 780～714Ma,其地质时代属于新元古代早期。

2. 南沱组

南沱组为一套灰绿色、紫红色冰碛泥砾岩(杂砾岩)。在铁匠岩剖面,南沱组下部为灰绿色含砾杂岩,砾石细小,主要为石英岩(图 3-11-2A);上部为灰色、灰绿色粉砂岩和粉砂质泥岩。本组与上覆陡山沱组呈平行不整合接触(图 3-11-2B)。

3. 陡山沱组

在铁匠岩剖面,陡山沱组也可以分为 4 段(图 3-11-2C、D),各段岩石特征鲜明,可以进行区域对比。陡山沱组一段为厚约 2m 的灰色厚层状白云岩(即“盖帽”白云岩);陡山沱组二

图 3-11-1 铁匠岩莲沱组岩性特征及地层接触关系

A. 莲沱组与南沱组接触关系；B. 莲沱组上部岩性；C. 莲沱组下部岩性；D. 莲沱组中部岩性

图 3-11-2 铁匠岩南沱组(A,B)和陡山沱组(C,D)岩性特征及地层接触关系

段为灰黑色、黑色薄层状白云岩、泥岩、页岩，含有硅磷质结核；陡山沱组三段为灰白色薄层状白云岩；陡山沱组四段为厚约5m的灰黑色、黑色薄层状硅质泥岩。

4. 灯影组

灯影组可以分为3段。蛤蟆井段为厚约2m的灰白色厚层状白云岩(图3-11-3A)；石板滩段为灰色、深灰色薄层状白云质灰岩，夹有灰黑色页岩；白马沱段为灰白色厚层状白云质岩，与上覆岩家河组呈平行不整合接触。

5. 岩家河组

岩家河组为一套灰色、黑灰色中—薄层状白云质灰岩和泥灰岩，夹有黑色薄层状泥岩、硅质泥岩(图3-11-3B)。

6. 水井沱组

水井沱组为一套灰黑色、黑色中—薄层状泥灰岩和钙质泥岩，夹有黑色薄层状碳质泥岩，含有三叶虫、楔形虫、海绵骨针等化石，发育黄铁矿晶体及透镜体(图3-11-3C)。

7. 石牌组

石牌组为一套灰色、褐灰色中—薄层状粉砂质泥岩，夹细粒砂岩，含有腕足类、三叶虫等实体化石及遗迹化石(图3-11-3D中箭头所示层位)。

图3-11-3 铁匠岩灯影组(A)、岩家河组(B)、水井沱组(C)和石碑组(D)的岩性特征

四、教学进程及注意事项

(1)该剖面位于新开乡间公路旁，露头很好，车辆较少，剖面较短，适合野外教学或学生独立观察。

(2)学生提前预习地史学中有关华南南华纪、震旦纪和寒武纪地层层序及各组岩性特征。

(3)该剖面观察后,教师总结各组的岩性特征和地层层序,分析前寒武纪与寒武纪之交的海洋环境演变及相伴的古生物群变化,探讨寒武纪(后生)生物大爆发的过程及其环境因素。

五、引导及思考

(1)新元古代—寒武纪地层层序及古海洋环境演变。

(2)寒武纪(后生)生物大爆发在研究区水井沱组的表现。

(3)水井沱组页岩气地质特征。

路线十二　芝茅公路罗家新元古代南华纪—古生代寒武纪地层层序观察

一、教学路线

秭归基地—青林口—罗家村—黄泥溪—秭归基地

二、教学任务及要点

(1)观察描述新元古界莲沱组、南沱组、陡山沱组、灯影组和寒武系岩家河组、水井沱组、石牌组、天河板组、石龙洞组的岩石组合、地层层序、地层接触关系,初步掌握地层划分的依据。

(2)观察描述地层的沉积特征,了解其沉积环境。

(3)根据地层层序、沉积环境及地层接触关系,分析构造演化历史。

三、路线内容及观察点

自秭归县城向九畹溪方向,本区沿芝茅公路依次出露了从新元古代至奥陶纪的地层,包括南华系莲沱组砂岩、南沱组冰碛砾岩,震旦系陡山沱组白云岩及泥岩、灯影组白云岩,寒武系岩家河组硅质泥岩和白云岩、水井沱组页岩及灰岩、石牌组砂质页岩和细砂岩、天河板组泥质条带灰岩、石龙洞组含硅质团块厚层状白云岩、覃家庙组白云岩,寒武系第三统—下奥陶统娄山关组白云岩,奥陶系南津关组、分乡组、红花园组、大湾组、牯牛谭组等地层,是一套覆盖在黄陵花岗岩基底上的以碳酸盐岩为主的沉积,仅在莲沱组、南沱组和石牌组出现碎屑岩沉积的地层层序,地层完整,地层关系清晰。

观察点1:芝茅公路青林口地段

1. 莲沱组(Nh_1l)

莲沱组的标准剖面在三斗坪镇莲沱村附近,最早由我国著名地质学家李四光先生等老一辈科学家命名。据区域地质资料,莲沱组不整合在花岗岩或崆岭岩群之上,年龄为748 Ma。区域上,莲沱组底部普遍发育含砾砂岩,在莲沱、九曲脑、泗溪等地都有发育。莲沱组在峡东地区的地层厚度由南西向北东逐渐变薄,反映了莲沱组沉积时期北东高、西南低的古地理特征。

芝茅公路的莲沱组位于青林口农家饭庄旁,沿公路出露良好(图3-12-1)。芝茅公路青林口地段的莲沱组呈高角度逆断层覆盖于黄陵花岗岩之上，厚约 160m，岩性与莲沱地区莲沱组岩性较为相似，以紫红色砂岩夹页岩为主，富含凝灰质岩屑层。根据岩性发育特征，芝茅公路的莲沱组自下而上可以分为两个岩性段：第一段底部未见底砾岩，而是发育紫红色厚层状砂岩，偶夹薄层状页岩，页岩成分向上逐渐增多，从砂岩夹薄层状页岩到砂岩与页岩互层；第二段以巨厚层状含砾砂岩的出现为标志，底部以巨厚层状砂岩为主，向上页岩成分开始出现，并逐渐从砂岩夹薄层状页岩到砂岩与页岩互层。本组与上覆南沱组冰碛砾岩呈平行不整合接触。总体上，芝茅公路莲沱组的沉积环境为河流相，以山区辫状河为主，页岩可能为河漫滩或小型山间盆地沉积。

主要观察和描述内容：

(1)黄陵花岗岩岩体和莲沱组紫红色砂岩的接触关系。

(2)莲沱组岩性和地层沉积特征，根据岩性及沉积构造分析该地层的古环境。

图 3-12-1　芝茅公路青林口地段的莲沱组

A. 莲沱组与黄陵花岗岩岩体的断层接触；B. 莲沱组的砂岩和泥岩韵律层；C. 莲沱组的砂岩；D. 莲沱组第二旋回底部的含砾砂岩

2. 南沱组(Nh_2n)

该点位于从青林口农家饭庄沿芝茅公路往上拐一个大弯的约 150m 处，露头良好。

南沱组由威理士(B. Willis)于 1907 年命名于湖北宜昌三斗坪镇南沱一带长江沿岸。该组主要为一套年龄为 650～635Ma 的杂砾岩，为冰川作用的结果，是全球性大冰期“雪球地球”

事件的产物，因此习惯上这套岩石也被称为冰碛砾岩。和南沱组同时期的冰川沉积在澳大利亚、加拿大，以及南美等很多地方都有分布。多方面的证据指示，当时可能只有赤道附近极小的范围内还保留着未固结的海面，秭归地区在当时就位于赤道附近。

芝茅公路青林口地段出露的南沱组与下伏的莲沱组呈平行不整合接触（图 3-12-2A），与上覆的陡山沱组一段的“盖帽”白云岩呈整合接触。总体岩性为一套灰绿色泥质胶结杂砾岩（图 3-12-2B）。砾石大小不一，颗粒直径在 0.2～40cm 之间；砾石排列杂乱，无定向；磨圆度不一，多为次棱角—棱角状，亦可见磨圆较好的砾石；砾石成分混杂，以砂岩和花岗岩最为常见，“丁”字形擦痕和“落石”在该组十分常见。

主要观察和描述内容：

（1）莲沱组和南沱组的平行不整合接触关系。

（2）南沱组冰碛砾岩的岩性，初步掌握冰碛砾岩的识别标志。

（3）南沱组和陡山沱组（“盖帽”白云岩）的整合接触关系。

图 3-12-2 芝茅公路青林口地段的南沱组

A. 莲沱组与南沱组的平行不整合接触界线；B，C. 南沱组冰碛砾岩

3. 陡山沱组（Z_1d）

该点位于在青林口沿芝茅公路往上两个大拐弯之后的路边，露头出露良好。

陡山沱组是“雪球地球”冰后期海平面上升时期的沉积产物，与下伏的南沱组及上覆的灯影组均呈整合接触，是一套以碳酸盐岩为主的沉积岩，在颜色上自下而上有“白—黑—白—黑”的规律。芝茅公路的陡山沱组出露良好，可以依次观察到 4 个岩性段的典型特征（图 3-12-3）。

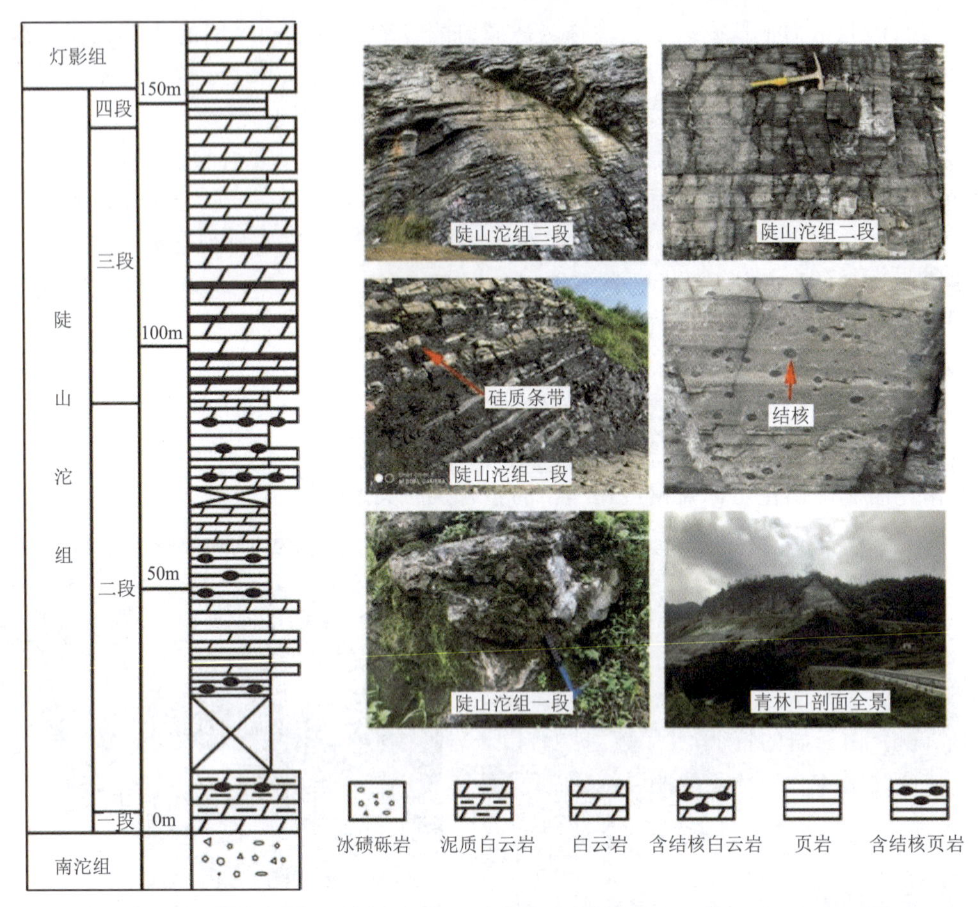

图 3-12-3　芝茅公路青林口地段陡山沱组地层柱状图及部分野外露头照片

陡山沱组一段：灰色厚层状白云质碳酸盐岩，整合覆盖在南沱组的冰碛岩之上（图 3-12-4A），因为碳酸盐岩直接覆盖在新元古代全球性冰碛沉积上面，形状像帽子，而得名"盖帽"白云岩(cap carbonates)。"盖帽"白云岩在全球广泛分布，其出现标志着新元古代全球

图 3-12-4　芝茅公路青林口地段的陡山沱组一段

A. 陡山沱组一段"盖帽"白云岩与南沱组冰碛砾岩的整合接触界线；B. "盖帽"白云岩露头

性冰川“雪球地球”事件的结束。芝茅公路出露的“盖帽”白云岩发育良好，厚约2.5m，整体呈灰白色、灰色，为浅水潮坪相沉积，其中不仅有帐篷状的气体逃逸构造（图3-12-4B），局部地区还能观察到微生物席。“盖帽”白云岩中夹硅质条带，其中发育有顺层和穿层的裂隙，并为方解石所充填。

陡山沱组二段：以浅色“盖帽”白云岩的结束为底，以灰色厚层状夹硅质条带白云岩的出现为顶，总厚度约90m，岩石总体上呈深灰色—黑灰色，为厚薄不等的层状灰黑色白云岩和灰岩，夹黑色的碳质页岩和泥岩。陡山沱组二段是鄂西地区重要的磷矿层位，其中发育大量厘米级大小的黑色硅磷质结核，状如棋子，曾报道动物胚胎化石和多种类型的疑源类。

陡山沱组三段：灰白色厚层状、中厚层状、薄层状白云岩夹黑色条带状和团块状燧石。

陡山沱组四段：整体为黑色硅质页岩，岩石较硬，较脆，易碎裂，风化后多显黄绿色。该段的黑色页岩因颜色深而明显的区别于上、下的浅色白云岩地层，总厚度为10m。芝茅公路出露的陡山沱组四段与泗溪、九曲脑及庙河地区的陡山沱组第四段较为相似，主体都为硅质页岩，而与九龙湾、花鸡坡、田家园子等剖面含“锅底”状白云岩结核的黑色页岩不同。硅质页岩的发育表明泗溪—青林口—九曲脑—庙河一线比花鸡坡—九龙湾—田家园子一线在陡山沱组沉积时期的水体更深。

主要观察和描述内容：

（1）南沱组与陡山沱组的整合接触关系。

（2）“盖帽”白云岩的特征，并了解“盖帽”白云岩形成的地质背景和环境意义。

（3）陡山沱组4个岩性段的地层特征，并进行沉积环境分析。

观察点2：芝茅公路罗家村矿场

1．灯影组（Z_1dy）

该点位于距离罗家村矿场约400m处，露头出露良好。

灯影组命名于湖北宜昌西北20km长江南岸的灯影峡，是一套以灰色及灰白色为主的碳酸盐岩地层，并发育硅质条带、藻纹层和鸟眼构造等，整体为潮坪沉积。芝茅公路青林口剖面的灯影组，与峡东地区其他剖面的地层较为相似，与下伏的陡山沱组呈整合接触（图3-12-5A），与上覆的岩家河组呈平行不整合接触。岩性三分性明显，自下而上在颜色上具有“白—黑—白”的规律：

下部蛤蟆井段为灰白色—灰色厚层状白云岩夹硅质条带；中部石板滩段为深灰色—灰黑色薄层状灰岩夹燧石条带或透镜体，藻纹层发育，发育鸟眼构造、缝合线等，并富含文德带藻和基拉索带藻等宏观藻类；上部白马沱段为灰白色厚层状白云岩（图3-12-5B），夹少量硅质条带，结核发育，顶部硅磷质白云岩产小壳动物化石。

主要观察和描述内容：

（1）陡山沱组和灯影组的接触关系。

（2）灯影组的地层特征，并进行沉积环境分析。

2．岩家河组（$\in_0 y$）

该点位于罗家村矿场凹坑内东侧，露头出露良好（图3-12-6）。

岩家河组由马国干和陈国平于1981年创建。该组广泛分布于峡东地区，主要出露于黄陵背斜南部的三斗坪岩家河，以及秭归西部横墩岩隧道西侧一带，出露的厚度为20～50m。岩

图 3-12-5 芝茅公路罗家村矿场附近的灯影组

A. 陡山沱组与灯影组的整合接触界线；B. 灯影组白马沱段的浅色白云岩（下部的溶洞是由于灯影组石板滩段灰岩发生岩溶作用而形成的）

图 3-12-6 芝茅公路罗家村矿场的岩家河组

A. 灯影组与岩家河组的平行不整合接触界线；B. 岩家河组露头；C，D. 岩家河组的藻类

家河组最初定义为水井沱组底部的不含三叶虫层位，即“非三叶虫段”。

芝茅公路的岩家河组整体为黑色岩系，即灰黑色—深黑色中薄层状钙质泥岩和黑色碳质泥岩（图 3-12-6B），其下部的泥岩段发育大量直径为 0.5～1m 的钙质结核，俗称“锅底灰岩”，岩石中含有大量的藻类（图 3-12-6C、D）和小壳动物化石。岩家河组与下伏灯影组呈整合接触，但局部地区的界线处发育 1m 厚的风化壳，导致两套地层之间呈平行不整合接触关系

(图 3-12-6A)。该组底部为灰白色中厚层状白云岩夹燧石条带和硅质层;中部为黑色中薄层状泥灰岩与黑色薄层状泥岩互层,黑色泥岩中可见灰岩透镜体;中上部地层中可见钙质结核;顶部为黑色中层状泥灰岩夹燧石条带和硅质层。岩家河组与上覆水井沱组的界线处,可见15～20cm 厚的泥页岩风化壳,故二者呈平行不整合接触关系。

主要观察和描述内容:

(1)灯影组与岩家河组的接触关系。

(2)岩家河组特征,并分析沉积环境。

(3)藻类。

3. 水井沱组($\in_1 s$)

该点位于罗家村矿场凹坑内西侧,露头良好(图 3-12-7)。

图 3-12-7　芝茅公路罗家村矿场的水井沱组

A. 岩家河组与水井沱组的平行不整合接触界线;B. 水井沱组的露头;C,D. 水井沱组的三叶虫化石;E,F. 水井沱组的双瓣壳节肢动物等刺虫化石

水井沱组是张文堂等(1957)在湖北宜昌三斗坪石牌村东南约400m处命名的,为一套浅海相碳酸盐岩和碳质泥页岩沉积。该组与下伏的岩家河组呈平行不整合接触(图3-12-7A),与上覆的石牌组呈整合接触关系。区域上,水井沱组以黑色、黑灰色薄层状含碳质、粉砂质泥岩出现为底界标志。地层厚度变化较大,为53~161m。下部为黑色碳质页岩、粉砂质页岩,夹硅质白云岩、白云岩、白云质灰岩透镜体;中部为黑灰、灰黄色碳质页岩、粉砂质页岩,夹薄—中厚层状灰岩;上部岩性为黑色、灰黑色薄—中层状灰岩,夹薄层状泥灰岩、钙质页岩;顶部为浅灰色、深灰色薄层状含磷结核白云质灰岩、灰质白云岩,水平层理发育(图3-12-7B)。水井沱组含三叶虫、双瓣壳节肢动物、腕足类、海绵骨针、软舌螺等多门类化石(图3-12-7C~F)。

芝茅公路罗家村剖面的水井沱组与下伏岩家河组之间可见15~20cm厚的泥页岩风化壳。风化壳中含有一定量的硅质砾屑,硅质砾屑的大小约为5cm,来源于岩家河组顶部的硅质岩。水井沱组底部的半风化壳代表着海侵的开始,秭归地区的海平面慢慢上升,浸没裸露的地表,秭归地区开始接受沉积。该剖面的水井沱组岩性比较稳定,下部以黑色中薄层状碳质页岩为主,夹灰岩或白云质灰岩,常见黄铁矿层和钙质结核,结核直径约为50cm;上部以灰岩为主,夹黑色页岩或碳质页岩,水平纹层发育,常见灰岩和泥岩构成的水平纹层(图3-12-7B)。总厚度约为168.5m。

主要观察和描述内容:

(1)岩家河组与水井沱组的平行不整合接触关系。

(2)水井沱组特征,并分析沉积环境。

(3)水井沱组的古生物化石。

(4)水井沱组与石牌组的平行不整合接触关系。

观察点3:芝茅公路罗家村村口

1. 石牌组($\in_1 sh$)

该点位于芝茅公路罗家村村口西侧公路旁,露头良好(图3-12-8A、B)。

石牌组由李四光等(1924)在宜昌市北20km处长江南岸的石牌村创建的"石牌页岩"演变而来,是在上扬子峡东地区广泛出露的一套寒武纪第二世都匀期的细碎屑沉积。芝茅公路罗家村剖面的石牌组,与下伏水井沱组(图3-12-8C)以及上覆天河板组均呈整合接触。岩性以灰绿色—黄绿色页岩、粉砂岩、细砂岩为主(图3-12-8B),夹薄层状灰岩、生物碎屑灰岩。组内发育交错层理和脉状、透镜状层理,并富含遗迹类、三叶虫莱德利基虫、腕足类等化石。

石牌组细碎屑岩颗粒的磨圆程度较差,主体呈现出棱角状到次棱角状的颗粒形态,少量颗粒甚至呈尖锐的三角形,表明沉积物风化搬运过程中经历的圆化作用较弱或者搬运距离较短。碎屑物的分选相对较好,分选等级在中等到好这个区间内,结合基质含量(10%~15%)较低的情况,表明沉积物沉积时的水动力条件较为稳定,沉积物可能以跳跃或是悬浮的方式被搬运。碎屑颗粒组成中,石英颗粒含量最高,占比大于85%,占据主导地位;岩屑占比约10%,主要为变质岩岩屑和硅质岩岩屑,成分成熟度高。石牌组主体碎屑岩粒度较细,表明水动力条件较弱。

主要观察和描述内容:石牌组的岩性、地层层序、化石,并分析沉积环境及碎屑物源。

2. 天河板组($\in_1 t$)

该点位于罗家村村口外,沿着芝茅公路向西500m左右,露头良好(图3-12-9)。

图 3-12-8 芝茅公路罗家村村口的石牌组

A. 在芝茅公路罗家村剖面的露头；B. 石牌组砂岩手标本；C. 水井沱组与石牌组的接触界线（位于罗家村矿场凹坑内西侧岩壁上）

天河板组由张文堂等（1957）创建的"天河板石灰岩"演变而来，命名地点位于宜昌市西北约 20km 石牌村至石龙洞之间的天河板。天河板组形成于距今五亿多年前的寒武纪早期，主要分布于峡东地区，浅海相沉积，为一套深灰色及灰色薄层状泥质条带灰岩夹鲕状灰岩、核形石灰岩和生物碎屑灰岩，局部夹少许粉砂质页岩。

在芝茅公路上出露的天河板组，与下伏的石牌组以及上覆的石龙洞组均呈整合接触，地层呈倒转现象。天河板组底部岩性总体为灰色中薄层泥质条带灰岩（图 3-12-9A），含泥量较高，以出现鲕状灰岩与石牌组的灰绿色薄层状粉砂质泥页岩相区分，鲕粒粒径为 2～5mm，岩石的新鲜面可见黄铁矿颗粒；中部为中厚层状灰白色灰岩夹带少许泥岩，鲕粒粒径变大，可见核形石（图 3-12-9D）；向上岩层变薄，纹层明显，泥质条带减少，含生物碎屑泥晶灰岩（图 3-12-9B），生物碎屑增多，鲕粒粒径变小；顶部为厚层状灰蓝色生物碎屑灰岩，亮晶胶结。天河板组顶部以灰色生物碎屑灰岩、条带灰岩与石龙洞组的厚层状白云岩分界。天河板组整体的沉积环境为高能、碳酸盐饱和的浅水环境。

主要观察和描述内容：

(1)天河板组岩性，以及鲕粒、生物碎屑等沉积构造。

(2)天河板组的地层特征，分析沉积环境。

图 3-12-9　芝茅公路天河板组

A. 天河板组泥质条带灰岩；B. 生物碎屑；C. 小型鲕粒；D. 大型鲕粒

观察点 4:芝茅公路黄泥溪附近

石龙洞组($\in_1 sl$)

该点位于芝茅公路沿途的黄泥溪附近，露头良好(图 3-12-10A)。

石龙洞组由王钰(1938)创建于湖北宜昌市长江南岸的石龙洞一带，属于浅海碳酸盐岩沉积。岩性主要为深灰色厚层状灰岩和灰白色厚层状灰质白云岩(图 3-12-10B)，发育刀砍纹，下部含少量燧石团块。石龙洞组与下伏天河板组以及上覆的覃家庙组均呈整合接触关系，石龙洞组以层厚变厚而区别于天河板组。

主要观察和描述内容：

(1)石龙洞组岩性、地层层序。

(2)与天河板组接触关系。

四、教学进程及注意事项

(1)教师提前一天提醒学生预习路线相关内容。

图 3-12-10　芝茅公路旁石龙洞组的露头(A)及厚层状白云岩岩性特征(B)

(2)教师在路线起点，根据所选点位的教学内容，简要介绍任务、目的和要求，介绍新元古代的地质背景，“雪球地球”事件的研究现状和研究意义，寒武纪(后生)生物大爆发地质背景等内容，用时约 15min。

(3)莲沱组用时约 40min。

(4)南沱组用时约 40min。

(5)陡山沱组用时约 90min。

(6)灯影组用时约 30min。

(7)岩家河组用时约 40min。

(8)水井沱组用时约 40min。

(9)石牌组用时约 30min。

(10)天河板组用时约 40min。

(11)石龙洞组用时约 30min。

(12)本路线为全天路线，请带水带饭，戴好安全帽，并做好防雨防晒防蚊虫工作。

五、引导及思考

(1)碎屑岩沉积地层的沉积环境、物源有哪些？

(2)判别冰川沉积的标志有哪些？“雪球地球”事件的成因、过程是怎样的？它对地球生态系统有哪些影响？

(3)陡山沱组一段“盖帽”白云岩的成因和意义有哪些？

(4)陡山沱组和灯影组的沉积环境是怎样的？以及对早期动物起源的影响有哪些？

(5)结合该路线的沉积地层特征所反映的古环境，思考寒武纪(后生)生物大爆发的发生原因及其与古环境的关系是怎样的？

(6)石牌组碎屑的物源有哪些？

(7)芝茅公路碳酸盐岩沉积地层所反映的古环境变迁是怎样的？

路线十三 芝茅公路碳酸盐岩沉积特征及沉积环境分析

一、教学路线

秭归基地—罗家村—小石林—秭归基地

二、教学任务及要点

(1)碳酸盐岩地层野外观察描述方法。
(2)海相浅水碳酸盐岩沉积环境分析。

三、路线内容及观察点

浅水海洋碳酸盐沉积物形成于海洋盆地内部，为盆内(内源)沉积物，主要由生物作用产生。清澈、温暖的浅水环境是碳酸盐沉积物形成最有利的区域，潮下带浅水环境和生物礁是碳酸盐沉积物生产率最高的区域，是最早识别出的碳酸盐生产工厂(Wilson, 1975)(图 3-13-1)。

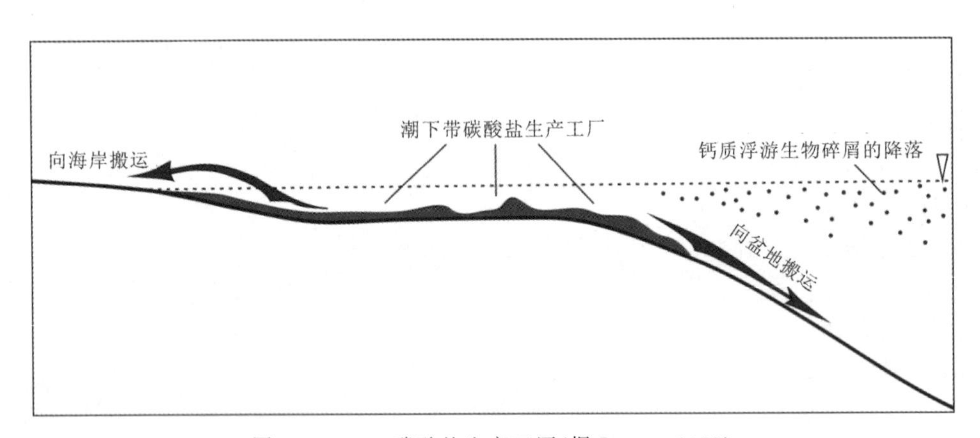

图 3-13-1 碳酸盐生产工厂(据 James, 1977)

潮下浅水和生物礁环境产生的碳酸盐沉积物大多数堆积在原地，只有部分向陆或者向海搬运，形成两种典型的堆积地形：碳酸盐岩台地和碳酸盐岩缓坡。碳酸盐岩台地指与陆棚相邻、顶部平坦、前缘陡峻的碳酸盐沉积物堆积地形(或者碳酸盐沉积环境)；而碳酸盐岩缓坡在地形上类似于陆源碎屑沉积环境，呈现由岸向陆棚盆地方向缓缓倾斜的地貌(图 3-13-2)。两者还可以根据沉积相的空间差异性及展布特征进一步细分为多种亚型。这些浅水成因碳酸盐沉积物堆积地形构成海相浅水碳酸盐沉积环境单元(或者沉积相)进一步细分的基础，如生物礁、生物碎屑滩、鲕粒滩多发育在台地边缘，整体构成台地边缘相带。发育台地边缘生物礁的台地称为镶边台地。

与广海大洋表层海水环境相比，水体循环在台地顶部受不同程度的限制，从而进一步影响台地顶部水体的水动力状况、水体盐度、水体营养盐分布以及生物的多样性等，决定了碳酸盐沉积物的生产(包括数量和类型)，也会体现在相应的沉积相特征上。其中差别最为明显的区

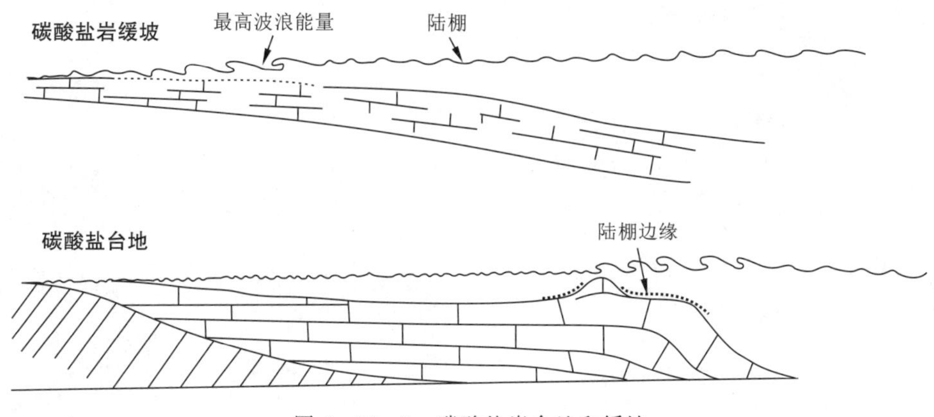

图 3-13-2　碳酸盐岩台地和缓坡

域是远离广海大洋、靠近陆地方向的台地内部(局限台地),在干旱气候背景条件下,成为有利于蒸发盐类矿物沉淀的环境(蒸发台地);而靠近台地边缘的区域水体循环情况稍好(开阔台地)。在总结比较地质历史时期不同地区发育的浅水碳酸盐岩台地沉积特征的基础上,Wilson(1975)提出了经典的碳酸盐岩台地沉积相模式(图 3-13-3)。

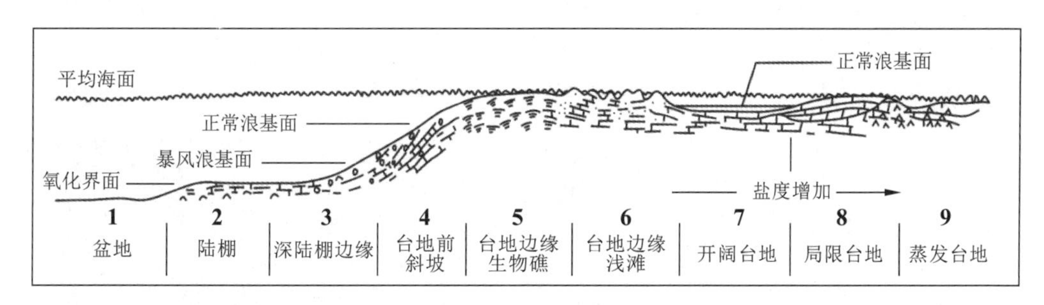

图 3-13-3　碳酸盐岩台地相模式(据 Wilson,1975)

观察点 1:罗家村碳酸盐岩台地边缘相

该观察点位于罗家村与黄泥溪之间,罗家村西约 500m,GPS 为 N30°44′7″和 E110°51′57″。

基础知识简介:①天河板组下部是一套深灰色及灰色薄层状泥质条带灰岩,夹鲕粒灰岩和生物碎屑灰岩(图 3-13-4A),局部夹极少量的黄绿色页岩,风化后泥质条带常凸出层面(图 3-13-4B);②鲕粒是一种由核心和围绕核心的包壳组成的球形或椭球形颗粒,其核心可以是陆源碎屑、内碎屑或生物碎屑颗粒等(图 3-13-4C～H);③古杯动物是一类早已灭绝的海生底栖动物,多数为单体,因外形似杯,故称之为"古杯动物"(图 3-13-4D、F),常见的单体古杯动物为倒锥形、圆柱形、环形、盘形等。古杯动物是海洋底栖生物,大多数营底栖固着生活,喜居于较清洁、盐度正常的暖水海洋环境中。

主要观察和描述内容:

(1)天河板组岩石组合特征及沉积序列。

(2)鲕粒灰岩岩石特征。

(3)天河板组主要沉积构造。

图 3-13-4 寒武系天河板组碳酸盐岩台地边缘沉积相特征

A.天河板组(左)与石牌组(右)界线(铁锤处);B.天河板组下部的薄层状泥晶灰岩(整体组成厚层状);C."巨鲕"灰岩;D.天河板组中部的厚层状灰岩,发育古杯生物礁;E.鲕粒颗粒岩中的双向交错层理(G348宜昌城区—三峡大坝地质科普公路);F.古杯化石和巨鲕(G348宜昌城区—三峡大坝地质科普公路);G,H.生物碎屑、鲕粒

(4)天河板组化石特征。

(5)天河板组沉积环境分析及讨论。

观察点2:覃家庙组岩溶角砾岩沉积特征

该观察点位于王家坪和彭家槽之间的大拐弯处(图3-13-5),GPS为N30°55′24″和E111°58′8″。

图 3-13-5　寒武系覃家庙组角砾状灰岩产状及特征

A.露头全貌；B.角砾岩宏观露头；C，D.砾和细砾的特征和分布；E.以细砾为主的角砾状灰岩镜下显微特征；F.石盐假晶（围岩中）（A和F由王江提供）

基础知识简介：①覃家庙组主要为薄层状白云岩和薄层状泥质白云岩，夹厚层状白云岩及少量页岩和石英砂岩，岩层中常有波痕、干裂构造，并有石盐（图 3-13-5F）和石膏假晶，发育岩溶角砾岩（图 3-13-5A、B）；②岩溶角砾岩是碳酸盐岩在地表或近地表次生作用下的产物。当碳酸盐岩出露地表或近地表时，受地表水或地下水溶蚀，其顶、底板会因失去支撑而塌陷、崩解、碎裂，经再度胶结而成岩。岩溶角砾岩是一种在石灰岩地区由溶洞顶壁垮塌堆积而成的岩石，其特点是角砾成分多为石灰岩，填隙物多为石灰岩溶解残留的泥质物或溶洞中沉淀的方解石晶体（图 3-13-5B～E）。

主要观察和描述内容：

（1）覃家庙组岩石组合特征及沉积序列。

（2）覃家庙组岩溶角砾岩特征。

（3）覃家庙组沉积环境分析及讨论。

观察点3:娄山关组局限台地相沉积特征

该观察点GPS为N30°46′13″和E110°53′38″,位于芝茅公路停车场大广告牌斜对面。

基础知识简介:①娄山关组以浅灰色、灰色厚层—块状细晶白云岩和灰质白云岩为主,偶含燧石结核和燧石条带(图3-13-6A～D),其岩性单调,化石稀少,发育大量的核形石和叠层石(图3-13-6E～G),属咸化局限台地沉积环境;②叠层石是一类由微生物在生命活动过程中,由海水中的钙、镁碳酸盐及其碎屑颗粒黏结以及生物矿化产生的自生沉淀构成的一种生物沉积构造。随着季节的变化、生长沉淀的快慢,叠层石形成深浅相间的复杂色层构造。叠层石的色层构造有纹层状、球状、半球状、柱状、锥状及枝状等。

图3-13-6 寒武系—奥陶系娄山关组局限台地沉积相特征

A.灰岩和白云岩构成的沉积序列;B.薄层状白云质泥岩—白云岩中的沉积旋回(注意藻纹层构造);C.白云岩中的沉积旋回(注意白云质灰岩中燧石条带);D.灰岩中典型的沉积旋回(下部为核形石灰岩,之上发育藻纹层和叠层石);E.灰岩旋回底部发育的核形石;F.起伏的藻纹层;G.叠层石;H.白云岩层中的燧石结核(石香肠构造,鱼嘴状)

主要观察和描述内容：

(1)娄山关组岩石组合特征及沉积序列。

(2)娄山关组叠层石特征。

(3)藻白云岩和膏溶角砾岩特征。

(4)娄山关组沉积环境分析及讨论。

观察点4:大湾组开阔台地相沉积特征

沿着芝茅公路至"往柳树沟的岔路口",再往前100m即到达该观察点,其GPS为N30°46′10″和110°51′55″。

基础知识简介:①大湾组为一套富含腕足类和三叶虫及笔石等化石的中层状碳酸盐岩地层,夹少量薄层状灰绿色泥岩(图3-13-7A、B)。②开阔台地相(open platform facies)位于局限台地相与台地边缘浅滩相之间,水深一般仅几米。盐度正常或稍有变化,水循环中等,水流能量低到中等,局部可受到波浪和风暴水流的影响。主要为泥粒灰岩、泥晶灰岩(图3-13-7C、D),含有广海相的生物化石。在紧邻台地边缘浅滩相的地方,可发育鲕粒或者生物碎屑颗粒岩(图3-13-7E、F)。

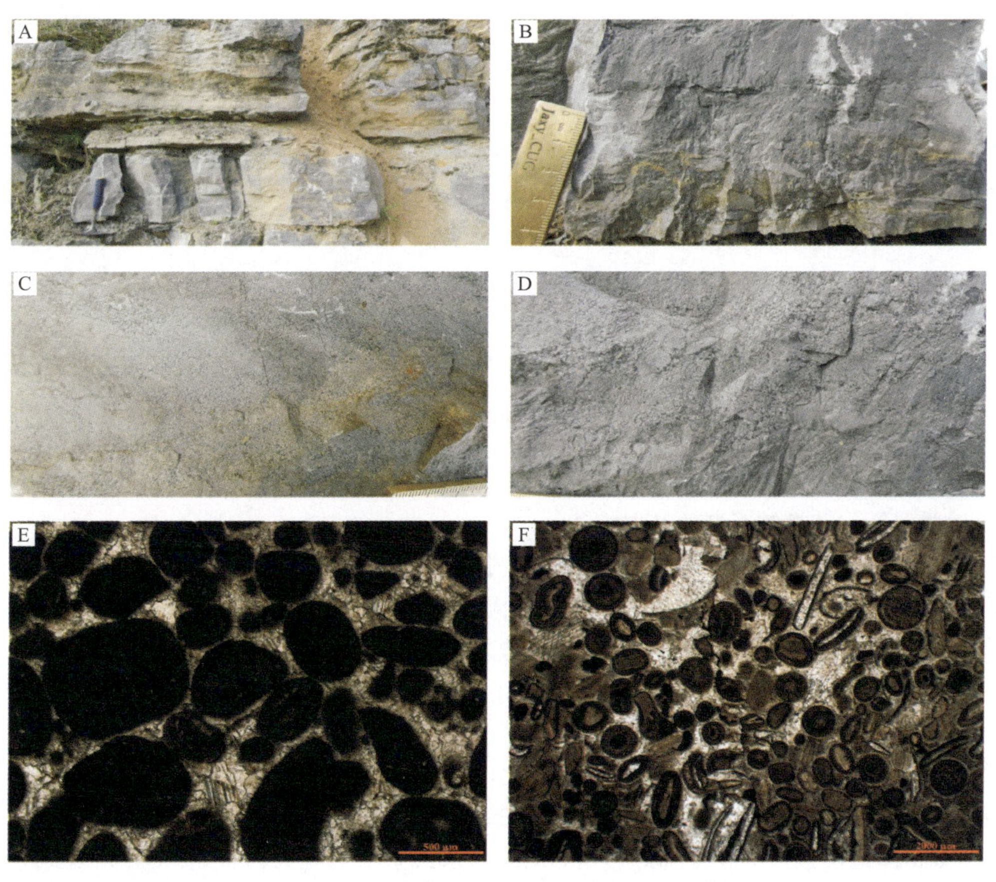

图3-13-7　奥陶系大湾组开阔台地沉积相特征

A.青灰色薄—中厚层状生物碎屑灰岩夹土黄色薄层状钙质泥岩;B.角砾状内碎屑灰岩;C,D.内碎屑、生物碎屑灰岩在层内的变化;E.生物碎屑(泥晶化似球粒)亮晶颗粒岩;F.球粒、生物碎屑和鲕粒泥粒岩-颗粒岩

主要观察和描述内容：

(1)大湾组岩石组合特征及沉积序列。

(2)大湾组生物碎屑灰岩及化石组合特征。

(3)大湾组沉积环境分析及讨论。

四、教学进程及注意事项

(1)教师提前一天提醒学生预习碳酸盐岩岩石学分类(包括 Folk 分类和 Dunham 分类)。

(2)教师提前一天提醒学生预习三峡地区寒武纪、奥陶纪地层层序。

(3)预习相关碳酸盐岩沉积相课件视频。

(4)必须携带放大镜。

五、引导及思考

(1)钙质鲕粒定义、分类与沉积环境特征。

(2)在放大镜条件下,如何区分鲕粒和生物碎屑呢?

(3)在放大镜条件下,如何区分泥晶和亮晶以及生物碎屑泥粒岩(packstone)和生物碎屑颗粒岩(grainstone)呢?

(4)岩溶角砾岩、膏溶角砾岩、断层角砾岩的沉积(地质)特征的异同之处。

路线十四　长阳肖家台构造地质和寒武纪—奥陶纪地层层序观察

一、教学路线

秭归基地—长阳白氏桥南—肖家台—白氏坪村南—秭归基地

二、教学任务及要点

(1)观察描述寒武纪—奥陶纪地层层序。

(2)学习断层和褶皱观测的基本方法。

(3)观察描述白氏桥南—肖家台—白氏坪村南沿途构造发育:①根据出露地层和地层产状的系统变化,了解长阳复背斜北翼寒武系—奥陶系褶皱样式及断裂构造发育;②观察分析岩石能干性、层厚等对褶皱样式的影响;③分析构造发育的序次;④作路线信手剖面图。

三、路线内容及观察点

本路线位于长阳县东约 2km 处,由南向北,起自清江北岸,经肖家台至白氏坪村村口。区域构造位于长阳近东西向复式背斜的北翼,构造线方向为近东西向,主控应力为近南北向。

路线出露地层包括上震旦统灯影组(Z_2dy),寒武系第二统天河板组($\in_1t$),寒武系第三统覃家庙组($\in_2q$),寒武系第三统—下奥陶统娄山关组($\in_2O_1l$),下奥陶统南津关组(O_1n)、分乡组(O_1f)、红花园组(O_1h)和中—下奥陶统大湾组($O_{1-2}d$)。

沿途构造形迹以褶皱及断层为主(图 3-14-1),总体为近东西向的箱状等厚褶皱,背、向

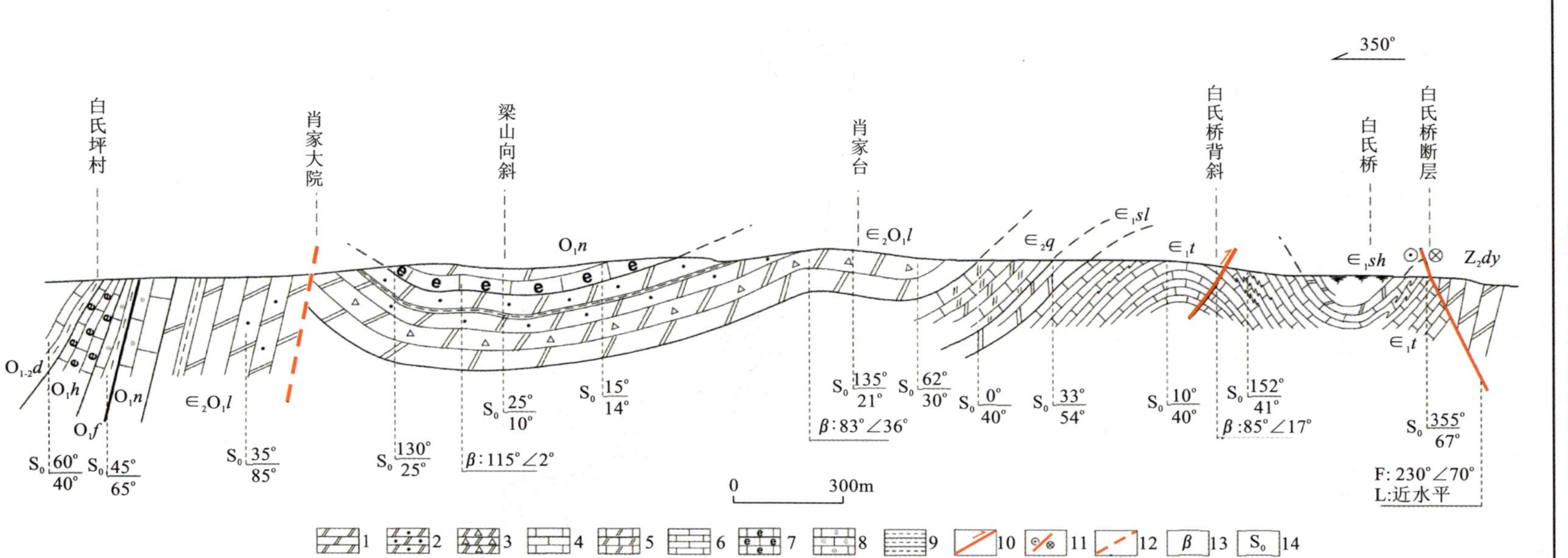

1.白云岩；2.砂质白云岩；3.角砾状白云岩；4.灰岩；5.白云质灰岩；6.薄层条带状灰岩；7.生物碎屑灰岩；8.鲕状灰岩；9.薄层泥岩；10.逆断层；11.左旋平移断层；12.性质不明断层及推测断层；13.褶皱枢纽；14.层理。

图3-14-1　长阳白氏桥—肖家台—白氏坪村路线地质信手剖面图

斜呈连续的线状平行排列，向斜宽缓开阔，背斜相对紧闭，组合型式呈类侏罗山式。断裂构造类型多样，按与区域构造线方向关系分为纵向断裂和斜向断裂；按运动形式分为平移断层、逆断层和正断层。褶皱构造可能主要奠基于晚三叠世—早白垩世，断层构造则是印支期、燕山期和喜马拉雅期多期构造活动的产物。

观察点1：白氏桥南侧白氏桥断层及两盘系列小构造观察点

1. 白氏桥断层

白氏桥断层以1～4m宽的破碎带形式出现（图3－14－2）。破碎带（F）总体产状为230°∠70°、245°∠65°；主断面上擦痕（La）产状为150°∠10°。带内有压扁面陡倾的白云岩组成的大型构造透镜体，有薄层状泥质条带灰岩组成的揉皱带，局部可见由黄色、灰色、褐色构造角砾岩，碎粒岩，碎粉岩组成的斑杂色角砾岩-碎裂岩带（图3－14－3）。上盘为震旦系灯影组（Z_2dy）浅灰色厚层—块状白云岩，岩层产状（S_0）为354°∠67°，偶见薄层状白云质灰岩。下盘为寒武系天河板组（$\in_1t$）浅灰色、深灰色薄层状泥质条带灰岩夹中层状灰岩，岩层产状（S_0）为355°∠67°。二者之间缺失地层包括寒武系岩家河组（$\in_0y$）、水井沱组（$\in_1s$）和石牌组（$\in_1sh$）。根据主断层和擦痕产状、主断面上的正阶步等现象判断，白氏桥断层为一条左旋平移断层（图3－14－4、图3－14－5）。

图3－14－2 湖北省长阳县白氏桥左旋平移断层

2. 白氏桥断层南西盘灯影组中顺层剪切变形构造观测

白氏桥断层南西盘（上盘）发育系列顺层剪切面，并可见约30cm宽的顺层脆韧性剪切变形带（图3－14－6）。剪切面上线理近水平，测有擦痕线理产状（L）：298°∠6°。根据近水平擦痕和正阶步，反映该断层左行顺层剪切滑动（图3－14－6、图3－14－7）。

该组顺层剪切变形构造被白氏桥断裂截切，其形成时代早于白氏桥断层发育。

图 3-14-3　白氏桥断裂破碎带内斑杂色调构造角砾岩，注意主断层面上的近水平擦痕

图 3-14-4　灯影组中顺层脆韧性剪切变形带，变形带截切早期方解石充填的裂隙

图 3-14-5　白氏桥断裂主断层面上的近水平擦痕及阶步，指示左旋平移运动

3. 白氏桥断层南西盘灯影组中的节理构造观测

灯影组(Z_2dy)浅灰色厚层—块状白云岩中的节理构造十分发育，并被系列方解石充填。

图 3-14-6 灯影组中顺层脆韧性剪切变形带滑动面上的近水平擦痕及正阶步，指示左旋平移

图 3-14-7 灯影组中波状起伏的大型顺层剪切滑动面上的近水平擦痕

方解石脉的组合形式有平行式、雁列式和火炬式，体现为统一构造应力场的产物(测量各种脉体产状，判断节理的力学性质，并分析其产生的构造应力场)(图 3-14-8、图 3-14-9)。

系列脉体被顺层剪切变形切割，反映脉体形成早于顺层剪切变形，但是这些脉体又被一组近南北向高角度剪节理截切，因此，其形成应早于近南北向的剪节理(图 3-14-10)。

图 3-14-8　灯影组白云岩中被方解石充填的节理构造，呈平行式或雁列式排列

图 3-14-9　灯影组白云岩中被方解石充填的火炬状节理

4. 白氏桥断层北东盘天河板组($\in_1 t$)中的不对称褶皱构造

白氏桥断层北东盘(下盘)受顺层剪切变形影响发育系列不对称褶皱构造，不对称褶皱反映的物质运动方向为逆向顺层剪切滑动，受顺层剪切滑动影响相对能干岩层发生透镜体化。

观察点 2:白氏桥北侧白氏桥背斜

该点出露由寒武系天河板组($\in_1 t$)浅灰色、深灰色薄层状泥质条带灰岩夹中厚层状灰岩

图 3-14-10　晚期近南北向剪节理切割早期方解石充填的裂隙系统

组成的直立倾伏褶皱(图 3-14-11),由中厚层状灰岩组成圆柱状能干层褶皱转折端。南翼产状(S_0)为 152°∠41°,北翼产状(S_0)为 10°∠40°,枢纽产状(β)为 85°∠17°。轴面近东西向,近于直立。能干层上、下薄层状泥质条带灰岩为非能干层,发育一系列寄生褶皱。南翼见大量 S 型寄生褶皱和复式 S 型寄生褶皱(图 3-14-12);北翼发育 Z 型寄生褶皱(图 3-14-13)和膝褶带,还可见到顺层滑动形成的箱状褶皱和与其共生的共轭膝褶带(图 3-14-14)。

观察点 3:白氏桥背斜观测点北侧中晚寒武世地层单元序列及滑脱型顺层断层

1. 天河板组($\in_1 t$)与石龙洞组($\in_1 sl$)整合接触

点南侧出露天河板组($\in_1 t$)灰色薄层状灰岩夹中厚层状灰岩组合。岩石新鲜面呈深灰色,细晶结构,薄—中厚层构造,单层厚度 30～50cm,主要矿物组成为细晶方解石,约占 95%,泥质、粉砂质少许。岩石具贝壳状断口、致密,小刀可刻动。薄层状泥质条带灰岩发育 Z 型寄生褶皱。

点北出露石龙洞组($\in_1 sl$)深灰色至褐色中—厚层状白云岩与深灰色薄层状白云岩组合。岩石新鲜面呈深灰色—褐色,细晶结构,薄—中厚层构造,主要成分为细晶白云石,含量约 90%。

图 3-14-11　白氏桥背斜

图 3-14-12　白氏桥背斜南翼典型 S 型寄生褶皱(左)和复式 S 型寄生褶皱(右)

上述两套地层呈整合接触,接触面处层理产状(S_0)为 0°∠40°。沿路线向北方向,岩层厚度呈厚—薄—厚变化。

沿公路向北 30m,为石龙洞组深灰色至褐色中—厚层状白云岩与深灰色薄层状白云岩组

图 3-14-13　白氏桥背斜北翼 Z 型寄生褶皱

图 3-14-14　白氏桥背斜北翼寒武系天河板组薄层状灰岩顺层滑脱形成的箱状褶皱和共轭膝褶带

合($\in_1 sl$),地层产状(S_0)为 15°∠50°。

2. 石龙洞组($\in_1 sl$)与覃家庙组($\in_2 q$)整合接触

南侧石龙洞组($\in_1 sl$)为深灰至褐色中—厚层状白云岩与深灰色薄层状白云岩组合。

北侧覃家庙组($\in_2 q$)为灰色—深灰色薄层状白云岩、白云质灰岩,夹少量泥岩。

石龙洞组与覃家庙组为整合接触。

继续北行约100m，均为覃家庙组($\in_2q$)灰色—深灰色薄层状白云岩、白云质灰岩，夹少量泥岩。层理产状(S_0)为4°∠49°。

覃家庙组($\in_2q$)灰色—深灰色薄层状白云岩、白云质灰岩中发育系列顺层滑脱型断层破碎带，破碎带产状与层理近平行，单条滑脱带宽几厘米至十余厘米不等，滑脱变形造成岩层的减薄和缺失(图3-14-15)。

图3-14-15 向北的顺层正向滑脱造成岩层的减薄和缺失

3. 覃家庙组($\in_2q$)与娄山关组($\in_2O_1l$)界线(白氏桥背斜观测点北行约300m处)

南侧覃家庙组($\in_2q$)为灰色—深灰色薄层状白云岩、白云质灰岩，风化面呈灰色，新鲜面呈深灰色，细晶结构，中薄层构造。主要由细晶方解石组成，含量约80%，白云石含量约15%，局部偶见“刀砍纹”。层理产状(S_0)为0°∠49°。

北侧娄山关组($\in_2O_1l$)为浅灰色厚层状白云岩和角砾状白云岩组合。浅灰色厚层状白云岩，岩石新鲜面呈浅灰色，细晶结构，厚层状构造，主要成分为细晶白云石，含量约90%。角砾状白云岩，角砾多呈棱角状、次棱角状，钙质胶结(图3-14-16)。

覃家庙组($\in_2q$)与娄山关组($\in_2O_1l$)呈整合接触。

观察点4:梁山复式向斜构造

肖家台—肖家大院之间发育开阔向斜构造，核部地层为下奥陶统南津关组厚层状灰岩、灰质白云岩(O_1n)，两翼对称出露寒武系第三统—下奥陶统娄山关组($\in_2O_1l$)厚层状白云岩。褶皱总体开阔平缓，南翼代表性地层产状(S_0)为25°∠10°，北翼代表性地层产状(S_0)为130°∠25°，转折端代表性地层产状为115°∠2°，总体为直立水平褶皱。

复式向斜内部被系列波状次级褶皱复杂化，其中南翼肖家台一带发育次级褶皱构造。靠南侧为由娄山关组组成的肖家台次级向斜，娄山关组上部岩层组成向斜核部，娄山关组下部地层组成两翼。南翼产状(S_0)为50°∠25°，北翼产状(S_0)为135°∠21°，转折端部位产状为90°∠17°，代表枢纽产状。轴面近东西向直立，为一个舒缓开阔的直立倾伏向斜。

靠北侧发育肖家台北次级背斜，娄山关组下部地层组成背斜核部，娄山关组上部地层组成背斜南翼，南翼产状(S_0)为135°∠21°；娄山关组上部和南津关组组成北翼，北翼产状(S_0)为30°∠42°；转折端部位产状为85°∠36°，代表枢纽产状。其轴面近东西向直立，为一个舒缓开阔的直立倾伏背斜。

图 3-14-16　娄山关组角砾状白云岩(据葛孟春等,2003)

观察点5:白氏坪村南寒武纪第三世—中奥陶世地层层序

该处在跨越南北向约600m宽度范围内为陡倾地层,地层总体高角度倾向北,发育若干早奥陶世岩石地层单元,由南向北地层变新,依次发育娄山关组($\in_2O_1l$)、南津关组(O_1n)、分乡组(O_1f)、红花园组(O_1h)和大湾组($O_{1-2}d$)。

娄山关组($\in_2O_1l$):灰色厚层状白云岩、砂屑白云岩。

南津关组(O_1n):灰色厚层状灰岩、角砾状灰岩、灰质白云岩及鲕状灰岩。

分乡组(O_1f):灰色中薄层状生物碎屑灰岩、鲕状灰岩夹泥岩和页岩。含舌形贝化石。

红花园组(O_1h):灰色中薄层状生物碎屑灰岩。

大湾组($O_{1-2}d$):灰色—灰绿色中厚层状泥质灰岩夹灰绿色泥岩、页岩。区域上发育瘤状灰岩,含扬子贝化石。

陡倾地层带与南部的梁山平缓开阔向斜构造之间被第四系覆盖,但宏观上表现出构造不协调现象,主要表现为产状的突变,即由南侧的平缓倾向南东突变为北侧的高角度倾向北或近直立产状。推测其间存在大型断裂构造,在地貌上则表现为近东西向的线性沟谷带。

四、教学进程及注意事项

(一)教学进程

(1)教师提前一天提醒学生预习震旦纪—奥陶纪地层层序。复习侏罗山式褶皱、寄生褶皱,以及褶皱、断层产状要素的收集。

(2)教师在剖面起点简要介绍任务、目的和要求,介绍区域滑脱构造特征与当日路线剖面的褶皱在长阳复式背斜中北翼的构造部位。

(3)中午12:00前完成白氏桥断层、白氏桥背斜的素描和产状要素数据收集,以及寒武纪地层系统的观察描述,午饭后完成向斜构造及奥陶纪地层系统的观察描述。

(二)注意事项

(1)路线剖面沿着公路,需要有专人提醒学生注意安全。
(2)要求学生作路线信手剖面图,并连续测量岩层产状。
(3)注意教授学生构造分析的方法,特别是构造变形组合及其分期配套。
(4)本路线需要 1.5h 左右才能到达工作区,需要带午饭和饮用水。

五、引导及思考

(1)岩性、岩层厚度与岩石能干性的关系,以及岩石能干性对于变形强度和变形特征的影响。
(2)褶皱构造样式及定量统计分析(β 图解、π 图解)。
(3)断裂构造组合及断层期次划分。
(4)构造组合及构造变形序次划分。

路线十五　周坪仙女山断裂及伴生构造观察

一、教学路线

秭归基地—崔家坪村—荒口坪村—周坪乡—秭归基地

二、教学任务与要点

(1)了解中生界代表性地层岩性特征及沉积环境背景。
(2)掌握断裂构造及其伴生构造几何学与运动学野外观察和分析方法。
(3)完成断裂构造信手剖面图。
(4)分析断裂构造形成的力学条件与区域动力背景。

三、路线内容及观察点

仙女山断裂是鄂西三峡地区空间发育规模显著,构造地貌特征典型,且构造意义独特的一条断裂构造。该断裂构造位于黄陵穹状构造西南附近,南端始于渔洋关镇－清水湾镇,北延止于长江西陵峡一带,总体平直呈近北北西向延伸,空间规模约 90km。断裂走向总体稳定,倾角一般高角度或近直立。本路线主体沿断裂走向展布,覆盖仙女山断裂北段,沿途交通条件好,多次穿越仙女山断裂构造。

本路线沿途出露的地层主要涉及下志留统罗惹坪组(S_1lr),下三叠统大冶组(T_1d)、嘉陵江组(T_1j)和下白垩统石门组(K_1s)。

路线断裂构造发育典型,且断裂相关的伴生褶皱构造发育良好。断裂构造以北北西走向仙女山断裂系统为主。褶皱构造以近东西向褶皱为主,同时亦有近南北向走向的舒缓褶皱发育,二者存在构造叠加。褶皱与断裂构造的主体形成时间为燕山期(侏罗纪—早白垩世)。

观察点 1:崔家坪村伴生褶皱与窗棂构造

该点位于仙女山断裂带北侧端点,在地貌上,发育与断裂走向平行的深切槽谷地貌。由于位于断裂末端，该点仙女山断裂的应变及断距相对较小，断裂构造表现为一组北北西-南南东向走向的近直立破裂构造（图 3-15-1），断面上普遍可见近水平擦痕与阶步。

断层两盘主体均为下三叠统嘉陵江组，岩性为灰色中—厚层状灰岩、泥质灰岩。两盘产状稳定，代表性产状（S_0）为 263°∠34°。该点采石场露头可见一系列枢纽呈近东西向的、向西低角度倾伏的褶皱（图 3-15-2A），代表性褶皱枢纽产状（L）为 251°∠18°，指示近南北向的应力挤压作用。另局部可见枢纽呈近南北向走向的不对称膝折构造，褶皱枢纽近水平，代表性枢纽产状（L）为 341°∠14°（图 3-15-2B），应代表后期近东西向挤压构造。

图 3-15-1 崔家坪采石场嘉陵江组高角度破裂构造（镜头向南）

图 3-15-2 崔家坪仙女山断裂次生构造

A. 崔家坪采石场嘉陵江组东西向褶皱（锤子平行于褶皱枢纽，镜头向东）；B. 崔家坪采石场嘉陵江组近南北向不对称膝折构造（镜头向北）；C. 崔家坪崖壁剖面的窗棂构造（镜头向南西）；D. 崔家坪崖壁剖面的微观破裂与缝合线构造（镜头向西）

采石场北西断崖出露地层为灰色厚层状灰岩，局部为纹层状灰岩。同样受近南北向挤压构造，发育一系列窗棂构造（图 3-15-2C），背斜呈宽缓的弧形凸起，其间为尖棱状的向斜，二者间隔稳定，规律排列。窗棂构造线理（即枢纽），以中低角度向西倾伏，代表性产状（L）为 268°∠39°，代表近南北向的挤压应力作用。

窗棂构造的野外观测要素主要包括枢纽产状，窗棂构造的波长、波幅以及窗棂构造岩层厚度，上述几何学信息是应变测量以及岩石能干性分析的基础数据。野外观察留意微观上窗棂构造不同部位伴生的各种次生构造，包括塑性弯曲流动变形、脆性破裂构造、顺层及正交发育的两组缝合线构造(图 3-15-2D),上述构造是对比分析岩层能干性和构造成因的重要依据。

观察点 2:荒口坪(南)仙女山断裂斜冲构造

该点为仙女山断裂构造北段观察点,断层面呈高角度西倾(图 3-15-3A)。

断层东盘(下盘)为下白垩统石门组(K_1s),为紫红色块状粗砾岩,夹含砾砂岩。砾石磨圆度好,分选中—差,含泥、砂。东盘下白垩统石门组代表性产状(S_0)为 278°∠35°。

断层西盘(上盘)为下三叠统大冶组(T_1d),为灰色—灰黑色厚层状灰岩。大冶组灰岩断面上见清晰的斜向断层擦痕和阶步(图 3-15-3B),指示右行斜向逆冲作用。

K_1s 与 T_1d 呈断层接触。断层破碎带宽约 50cm,断层带内透镜体、断层劈理及不对称褶皱发育。断层面代表性产状(F)为 260°∠75°,代表性擦痕线理产状(L)为 173°∠39°。

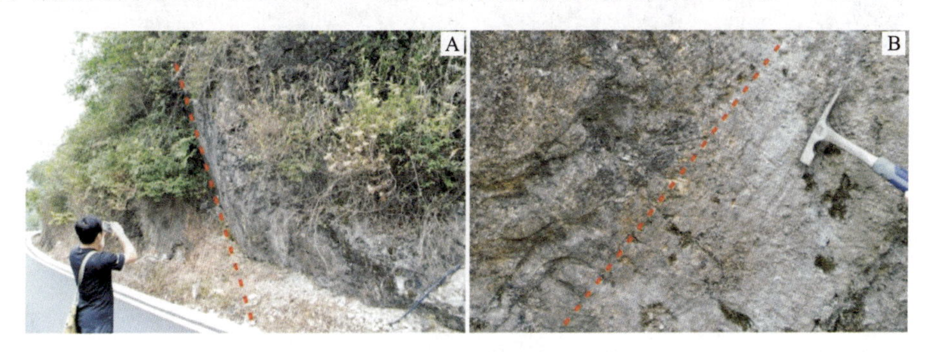

图 3-15-3 荒口坪村仙女山断裂特征

A. 断层面(镜头向南西);B. 断裂擦痕与阶步构造指示右行斜冲(镜头向西)

观察点 3:周坪乡仙女山断裂走滑构造

该点位于周坪乡北东,仙女山断裂穿越此处,地貌上形成明显的垭口与槽谷负地形(图 3-15-4A)。

断层西盘(下盘)为下志留统罗惹坪组(S_1lr),岩性为绿色中薄层状砂岩与泥质砂岩(图 3-15-4B)。断层西盘地层产状陡立,代表性产状(S_0)为 20°∠83°。

断层东盘(上盘)为下白垩统石门组(K_1s),岩性为浅红色—紫红色、灰褐色厚层状含砾砂岩和砂岩。砾石磨圆度较好,分选一般—差。断层带附近发育牵引构造,东盘下白垩统石门组砂岩稳定产状(S_0)为 189°∠12°,砂岩局部发育系列斜层理,代表性斜层理产状(S_{cb})为 72°∠40°。

罗惹坪组和石门组呈断层接触,断裂破碎带宽达数米,内部劈理化。劈理化破碎带物质主要由石门组砂砾岩以及大型灰岩透镜体组成。在断层破碎带,石门组砂岩发育断层劈理(图 3-15-4C),劈理面普遍可见平缓擦痕与阶步(图 3-15-4D),方解石沿断层劈理面发育,阶步指示右行剪切。代表性断层产状(F)为 80°∠76°,擦痕呈低角度向南倾伏,产状为 178°∠24°。断层东盘白垩系发育舒缓背斜,为断层牵引所致。

四、教学进程及注意事项

(一)教学进程

(1)实习出队前预习研究区中生代地层、断裂构造野外观察方法,了解罗盘测量面理、线理

图 3-15-4　周坪乡仙女山断裂特征

A.宏观垭口与槽谷地貌(镜头向南);B.断裂西盘志留系罗惹坪组(镜头向东);C.断裂破碎与劈理化带(镜头向北);D.断裂带擦痕与阶步构造,指示右行剪切(镜头向西)

构造的方法,做好准备工作。

(2)教师在实习路线起点介绍实习路线任务、目的和要求。

(3)点位 1 用时 60min。

(4)点位 2 用时 45min。

(5)点位 3 用时 45min。

(二)注意事项

(1)路线观察点在省道边,请留意交通安全,另有部分点位位于陡崖旁,需配备安全观察员,以确保野外教学安全。

(2)请预习并熟练掌握罗盘测量面理、线理的方法,带尺子(钢卷尺)。

(3)请带水带饭。

五、引导及思考

(1)窗棂构造岩层能干性对比与应变测量分析。

(2)仙女山断裂与褶皱构造的关系。

(3)仙女山断裂性质、力学状态与形成时间。

(4)仙女山断裂现代活动性及地壳稳定性。

(5)仙女山断裂纵向延伸深度(是否深切基底)。

路线十六　五龙—文化晚奥陶世—二叠纪地层层序和古生物观察

一、教学路线

秭归基地—五龙—文化—秭归基地

二、教学任务与要点

(1)观察描述奥陶纪晚期至志留纪早期地层层序及各组的岩性特征。
(2)观察描述泥盆纪至二叠纪地层层序及各组的岩性特征。
(3)绘制奥陶纪晚期至二叠纪地层层序柱状图。

三、路线内容及观察点

本路线的地层层序如图 3-16-1、图 3-16-2 所示。

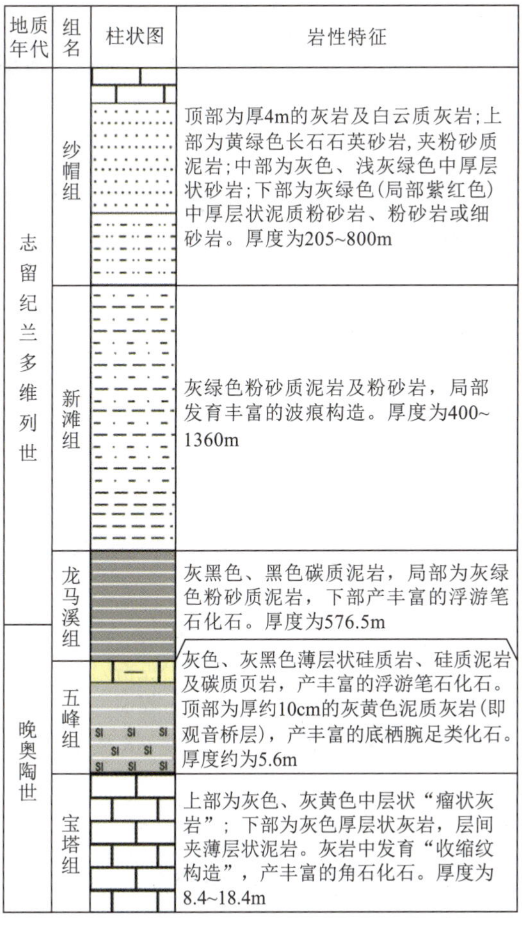

地质年代	组名	柱状图	岩性特征
志留纪兰多维列世	纱帽组		顶部为厚4m的灰岩及白云质灰岩;上部为黄绿色长石石英砂岩,夹粉砂质泥岩;中部为灰色、浅灰绿色中厚层状砂岩;下部为灰绿色(局部紫红色)中厚层状泥质粉砂岩、粉砂岩或细砂岩。厚度为205~800m
志留纪兰多维列世	新滩组		灰绿色粉砂质泥岩及粉砂岩，局部发育丰富的波痕构造。厚度为400~1360m
志留纪兰多维列世	龙马溪组		灰黑色、黑色碳质泥岩，局部为灰绿色粉砂质泥岩，下部产丰富的浮游笔石化石。厚度为576.5m
晚奥陶世	五峰组		灰色、灰黑色薄层状硅质岩、硅质泥岩及碳质页岩，产丰富的浮游笔石化石。顶部为厚约10cm的灰黄色泥质灰岩(即观音桥层)，产丰富的底栖腕足类化石。厚度约为5.6m
晚奥陶世	宝塔组		上部为灰色、灰黄色中层状“瘤状灰岩”；下部为灰色厚层状灰岩，层间夹薄层状泥岩。灰岩中发育“收缩纹构造”，产丰富的角石化石。厚度为8.4~18.4m

图 3-16-1　五龙剖面奥陶纪晚期至志留纪兰多维列世地层柱状图

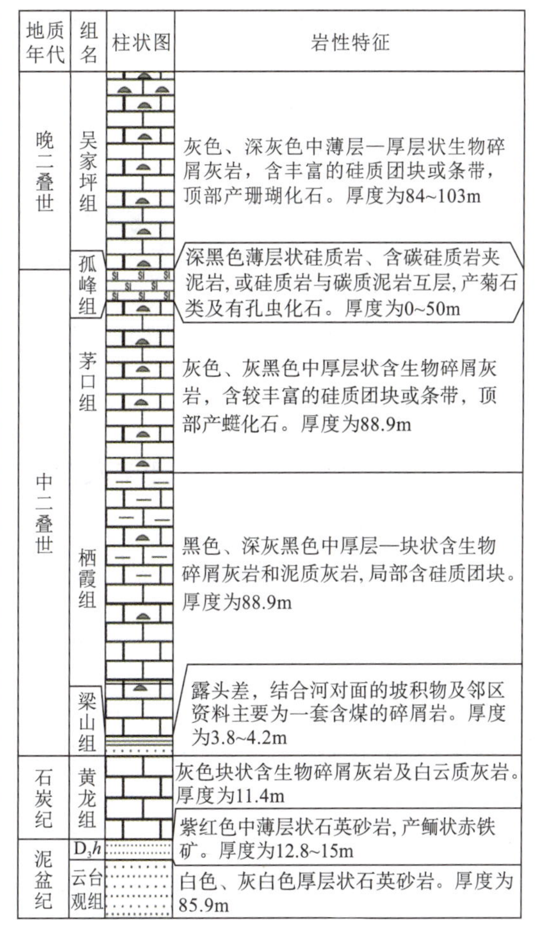

图 3-16-2　五龙剖面晚古生代地层柱状图

观察点:五龙—文化

1. 宝塔组(O_3b)

宝塔组下部为灰色厚层状灰岩,层间夹薄层状泥岩。灰岩中发育"收缩纹构造",产丰富的角石化石。上部为灰色、灰黄色中层状瘤状泥质灰岩。厚度为8.4～18.4m。

2. 五峰组(O_3w)

五峰组为灰色、灰黑色薄层状硅质岩、硅质泥岩及碳质页岩,产丰富的浮游笔石化石。顶部为厚约10cm的灰黄色泥质灰岩(即观音桥层),产丰富的底栖腕足化石。厚度约为5.6m。

参考:在宜昌王家湾剖面,根据笔石化石的分带,将观音桥层顶以上约30cm处作为奥陶系与志留系的分界。

3. 龙马溪组(S_1l)

龙马溪组为灰黑色、黑色碳质泥岩,局部为灰绿色粉砂质泥岩,下部产丰富的浮游笔石化石。厚度为576.5m。

4. 新滩组(S_1x)

新滩组为灰绿色粉砂质泥岩及粉砂岩,局部发育丰富的波痕构造。厚度为400～1360m。

参考:本剖面新滩组在产出层位上大致相当于罗惹坪组,或与罗惹坪组呈上下关系。与新滩组不同,罗惹坪组一般夹多层灰岩。

5. 纱帽组(S_1sh)

一段为灰绿色(局部紫红色)中厚层状泥质粉砂岩、粉砂岩或细砂岩。二段为灰色、浅灰绿色中厚层状砂岩。三段为黄绿色长石石英砂岩,夹粉砂质泥岩。四段为厚约4m的灰岩及白云质灰岩。厚度为205～800m。

参考:纱帽组与上覆云台观组之间缺失了中晚志留世至泥盆纪早期的沉积,但两者产状基本一致,因此它们之间呈平行不整合接触关系。

6. 云台观组($D_{2-3}y$)

云台观组为白色、灰白色厚层状石英砂岩。厚度为85.9m。

7. 黄家磴组(D_3h)

黄家磴组为紫红色中薄层状含铁质石英砂岩,产鲕状赤铁矿(图3-16-3)。厚度为12.8～15m。

8. 黄龙组(C_2h)

本组为灰色、深灰色块状含生物碎屑灰岩及白云质灰岩。厚度为11.4m。

参考:黄龙组与下伏黄家磴组之间至少缺失了石炭纪早期的沉积,但两者产状基本一致,因此它们之间呈平行不整合接触关系。

9. 梁山组(P_2l)

此处露头差,结合河对面的坡积物及邻区资料,梁山组主要为一套含煤的碎屑岩。厚度为3.8～4.2m。

参考:结合区域资料分析,梁山组与下伏黄龙组之间可能存在地层缺失,但两者产状基本一致,因此它们之间呈平行不整合接触关系。

图 3-16-3 泥盆纪黄家磴组含鲕状赤铁矿的石英砂岩，暗色具同心状构造的为鲕状赤铁矿，白色部分为石英颗粒

10. 栖霞组(P_2q)

本组为黑色、深灰黑色中厚层—块状含生物碎屑灰岩和泥质灰岩，局部含硅质团块。厚度为 88.9m。

11. 茅口组(P_2m)

本组为灰色、灰黑色中厚层状含生物碎屑灰岩，含较丰富的硅质团块或条带，顶部产蜓化石。厚度为 88.9m。

12. 孤峰组(P_2g)

在五龙剖面，本组为深黑色薄层状硅质岩、含碳硅质岩夹泥岩，或硅质岩与碳质泥岩互层，产菊石及有孔虫化石。由于破碎风化，本组呈负地形。厚度为 0～50m。

13. 吴家坪组(P_3w)

本组为灰色、深灰色中薄—厚层状生物碎屑灰岩，含丰富的硅质团块或条带，顶部产珊瑚化石。厚度为 84～103m。

14. 大冶组(T_1d)

本组底部被覆盖，结合区域资料，推测可能为泥岩或泥质灰岩。向上主体为灰色、灰白色薄层状灰岩，生物化石极其少见。厚度为 1000m。

参考：二叠纪末发生了全球性的生物灭绝事件，因此早三叠世地层中生物化石非常少。

四、教学进程及注意事项

(1)请学生提前预习地史中有关华南奥陶纪、志留纪、泥盆纪、石炭纪、二叠纪及早三叠世地层层序及各组岩性特征。

(2)志留纪地层观察完毕后，教师总结一下早古生代部分的地层层序，分析加里东构造运动在地层中留下的记录。

(3)请带水带饭。

五、引导及思考

(1)观音桥层与其上下的笔石页岩分别代表什么样的海洋环境？

(2)志留纪由龙马溪组碳质泥岩到纱帽组砂岩，水深变化情况如何？有何证据？

(3)茅口组结束后，突然出现孤峰组的薄层状硅质岩，反映了什么样的沉积环境变化？

(4)为什么岩石地层单位界线与年代地层及生物地层单位界线不完全一致？

路线十七　文化—王家岭中三叠世—中侏罗世地层层序观察

一、教学路线

秭归基地—文化村—王家岭隧道—秭归基地

二、教学任务及要点

(1)了解中三叠统巴东组—中侏罗统千佛崖组地层层序，初步掌握不同碎屑沉积岩的特征。

(2)观察平行不整合接触面和底砾岩特征及多种沉积构造，并进行野外素描。

(3)实测部分千佛崖组剖面，并绘制信手剖面图。

三、路线内容及观察点

观察点：文化村—王家岭隧道

实习区中三叠世—中侏罗世的碎屑岩地层发育，自下而上为中三叠统巴东组、上三叠统九里岗组、下侏罗统桐竹园组和中侏罗统千佛崖组等(图 3-17-1)。

1. 巴东组(T_2b)

巴东组底部以角砾灰岩、泥灰岩与早三叠世大冶组为界，整体岩性以泥灰岩、杂色泥页岩和粉砂岩为主，颜色呈浅紫红色—褐红色夹黄绿色，为中薄层状或细纹层状。本路线要观察巴东组与大冶组的接触关系，巴东组整体出露较差，以岩性观察和描述为主。

2. 九里岗组(T_3j)

九里岗组与巴东组呈整合接触(图 3-17-2A)，整体岩性为一套含煤碎屑岩系，以砂岩、粉砂岩、泥岩和鲕粒铝质泥岩—粉砂岩为主。颜色为灰黑色—灰绿色，可见中—厚层状砂岩，泥页岩中可见大量植物化石碎片，铝质泥岩呈灰白色，可见菱铁矿鲕粒，多因风化而呈铁锈色斑点。

主要观察和描述内容：

(1)九里岗组与巴东组的接触关系。

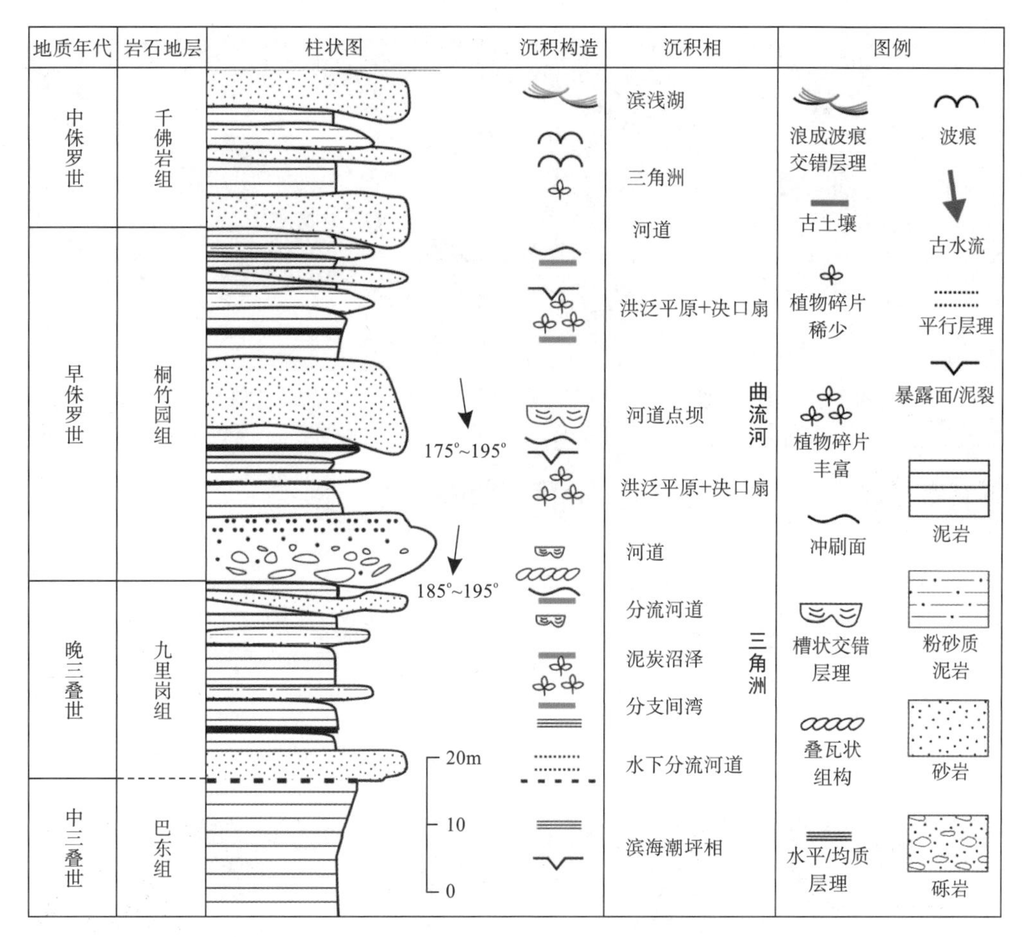

注：图中箭头和角度指示古水流方向。

图 3-17-1　湖北秭归中三叠统巴东组至中侏罗统千佛崖组地层层序

(2)九里岗组砂泥岩沉积序列。

3. 桐竹园组(J_1t)

桐竹园组底部以中厚状砾岩为特征，覆盖于九里岗组砂岩(图 3-17-2B)或黑色泥岩(图 3-17-2C)之上，为冲刷面接触。砾石包括硅质岩、石英砂岩、石英岩、脉石英等，为次棱角—次磨圆状，砾径在 2～10cm 之间，砾间为粗粒石英砂岩，多呈杂基支撑，局部为颗粒支撑。扁平状砾石呈叠瓦状组构(图 3-17-2D)，结合岩层产状可指示古水流方向。该套砾岩厚约 10m，向上厚度逐渐变小，多与中厚层状砂岩互层，呈透镜状产出。

底砾岩之上，桐竹园组岩性以中厚层状砂岩和黑色泥岩互层为特征(图 3-17-3A)，可见多层煤线(图 3-17-3B)，植物化石碎片丰富，有保存完好的古叶片和根茎等化石。砂岩沉积构造以槽状交错层理为主(图 3-17-3C、D)。

桐竹园组发育较好的河流沉积构造和沉积序列，包括点沙坝的侧向加积、槽状交错层理、河道冲刷面、决口扇粉砂和细砂沉积、洪泛平原泥页岩沉积等。

主要观察和描述内容：

(1)桐竹园组与九里岗组的冲刷接触界线。

图 3-17-2　九里岗组与巴东组(A)和九里岗组与桐竹园组(B～D)的接触界线

图 3-17-3　桐竹园组沉积特征

A. 砂岩和泥岩互层；B. 中薄层状泥岩—粉砂岩中的煤线；C. 河道沉积底部的冲刷面和侧向加积序列；D. 河道的侧向加积序列

(2)桐竹园组底部砾岩组成和结构构造特征及古水流标志。

(3)桐竹园组河流沉积构造和沉积序列。

4. 千佛崖组(J_2q)

千佛崖组与桐竹园组为整合接触。千佛崖组底部为青灰色砂岩与灰色泥岩互层，中厚层状砂岩底部多发育冲刷面，向上出现黑色泥岩和中薄层状砂岩，可见对称波痕(图 3-17-4A)，上部以紫红色泥岩、粉砂岩和灰色砂岩为主，厚—巨厚层状砂岩交错层理发育(图 3-17-4B)。千佛崖组主要为湖泊相沉积，包括滨浅湖砂岩和紫红色泥岩。

主要观察和描述内容：

(1)滨浅湖相砂岩—泥岩。

(2)槽状交错层理。

图 3-17-4　千佛崖组沉积特征

A. 对称波痕；B. 交错层理

四、教学进程及注意事项

(一)教学进程

(1)教师提前一天提醒学生预习华南中三叠世—中侏罗世地史及地层层序。

(2)教师在剖面起点简要介绍任务、目的和要求，用时约 5min。

(3)教师在剖面起点简要介绍华南特别是扬子北缘中三叠世—中侏罗世地层层序及地史演化，用时 10～20min。

(4)巴东组用时约 30min。

(5)九里岗组用时约 60min。

(6)桐竹园组用时约 60min。

(7)千佛崖组用时约 30min。

(二)注意事项

(1)由于要进行剖面实测，请带上测尺、罗盘等。

(2)请不要在危险处采集标本。

(3)请带水带饭。

五、引导及思考

(1)三角洲—河流—湖泊碎屑沉积序列和沉积构造特征。
(2)华南北缘三叠纪—侏罗纪沉积记录对造山运动及古气候变化的指示意义。
(3)华南从碳酸盐岩到碎屑沉积转变的时间和方式及其与印支造山运动的关系。
(4)三叠纪—侏罗纪沉积序列岩性组合变化多样,其涉及的沉积环境是如何演化的?

路线十八　吕家坪晚古生代二叠纪地层层序和古生物观察

一、教学路线

秭归基地—吕家坪隧道西北出口—链子崖村—吕家坪隧道西北出口—秭归基地

二、教学任务及要点

(1)了解中二叠统茅口组至上二叠统吴家坪组地层层序,初步掌握不同类型灰岩的特征。
(2)观察硅质团块的产出状态,并进行野外素描。
(3)绘制中—晚二叠世地层平行不整合接触关系的信手剖面图。

三、路线内容及观察点

本路线出露的地层层序如图 3-18-1 所示。

观察点:吕家坪隧道—链子崖村

1. 茅口组(P_2m)

华南中二叠世晚期大致可以分为两种不同的沉积相类型。茅口组主要为一套富含生物化石或生物碎屑的碳酸盐沉积,代表浅海碳酸盐台地环境;孤峰组主要为一套硅质岩沉积,可含放射虫或海绵骨针化石,代表相对深水的盆地沉积。茅口组与孤峰组既可以为同期异相关系,也可以在同一剖面上呈上下关系。

本路线上的茅口组下部以深灰色、灰黑色中厚层—块状硅质团块生物碎屑灰岩为主,上部以深灰色至浅灰色厚层—块状生物碎屑灰岩为特征,局部发育蜓和翅蛤化石(一类巨型双壳,也有学者认为是叶状藻灰岩)。受后期成岩作用影响,局部层位发育白云岩或白云质团块灰岩。

茅口组中的生物化石极其丰富,但大部分生物化石或碎片需要借助显微镜才能鉴定。这些化石主要包括不同类型的翅蛤和有孔虫。野外露头可以观察到的生物化石也十分丰富,主要化石有海百合茎碎屑、苔藓虫类、海绵类和蜓类等(图 3-18-2)。茅口组上部化石最为丰富,是进行野外化石观察的理想层位。

主要观察和描述内容:
(1)海百合茎碎屑灰岩,包括海百合碎片的单晶特征、形态、大小、含量。
(2)海绵化石,包括海绵化石形态、结构、大小、含量。
(3)白云岩团块,包括颜色、结构、产出状态。

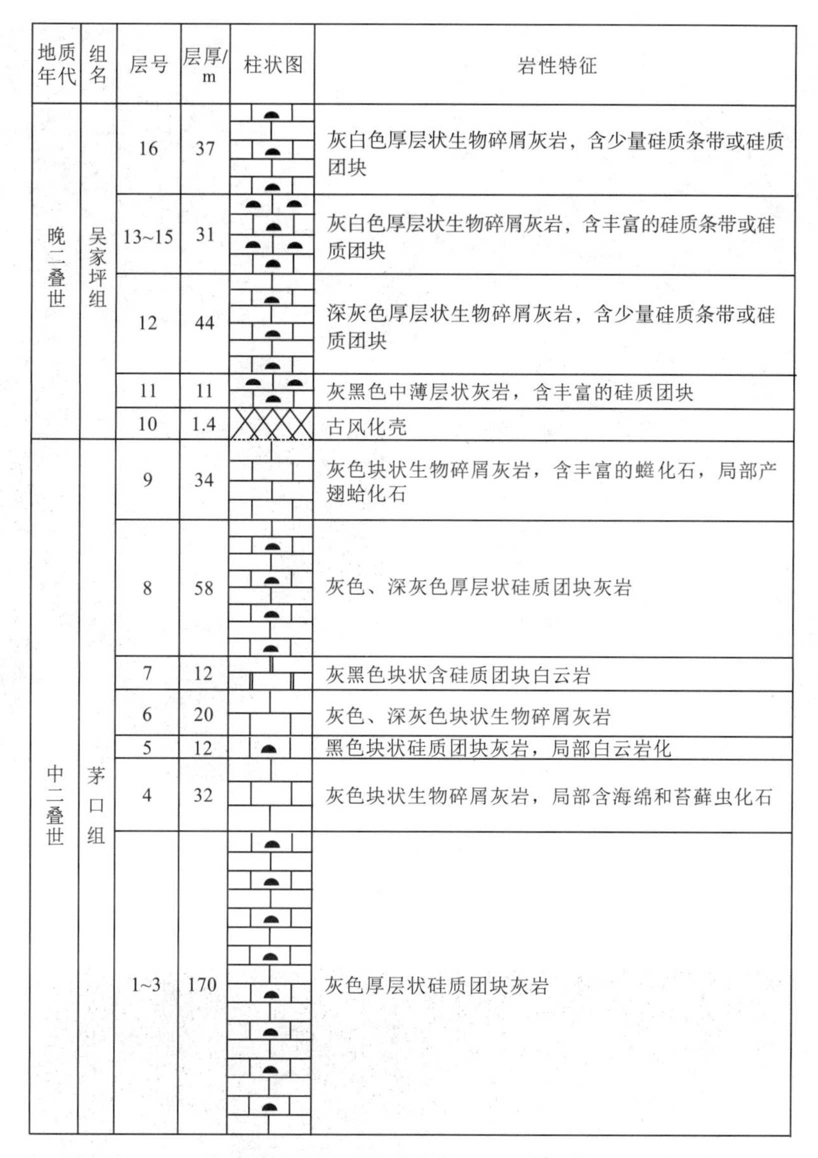

地质年代	组名	层号	层厚/m	柱状图	岩性特征
晚二叠世	吴家坪组	16	37		灰白色厚层状生物碎屑灰岩，含少量硅质条带或硅质团块
		13~15	31		灰白色厚层状生物碎屑灰岩，含丰富的硅质条带或硅质团块
		12	44		深灰色厚层状生物碎屑灰岩，含少量硅质条带或硅质团块
		11	11		灰黑色中薄层状灰岩，含丰富的硅质团块
		10	1.4		古风化壳
中二叠世	茅口组	9	34		灰色块状生物碎屑灰岩，含丰富的蜓化石，局部产翅蛤化石
		8	58		灰色、深灰色厚层状硅质团块灰岩
		7	12		灰黑色块状含硅质团块白云岩
		6	20		灰色、深灰色块状生物碎屑灰岩
		5	12		黑色块状硅质团块灰岩，局部白云岩化
		4	32		灰色块状生物碎屑灰岩，局部含海绵和苔藓虫化石
		1~3	170		灰色厚层状硅质团块灰岩

图 3-18-1　湖北秭归中二叠统茅口组至上二叠统吴家坪组地层层序

(4)蜓灰岩，包括蜓化石类型、大小和含量，蜓灰岩颜色、结构和构造。

(5)含翅蛤灰岩，包括翅蛤的形态、结构和保存状态等。

2. 吴家坪组(P_3w)

在本路线，茅口组灰岩之上出现一套厚约 1.4m 的古风化壳。该古风化壳的基岩层是茅口组顶部的中—厚层状灰岩，半风化层不明显，残积层的主体含有残存的砂岩和灰岩砾石，其上是一层褐黄色、灰白色或紫红色的无层理杂色泥岩，应为古土壤层。该古风化壳与“东吴运动”有关，应该划归到吴家坪组最底部。由于受“东吴运动”的影响，吴家坪组与下伏茅口组之间一般被认为是平行不整合接触关系(图 3-18-3)。

吴家坪组的时代既可以是晚二叠世早期，也可以是整个晚二叠世。吴家坪组与龙潭组的区

图 3-18-2　野外可见的茅口组主要生物化石

A,B. 海绵化石(野外照片);C. 新稀瓦格蜓化石 *Neoschwagerina*(镜下照片,单偏光);D. 费伯克蜓 *Verbeekina*(镜下照片,单偏光)

图 3-18-3　湖北秭归链子崖剖面茅口组与吴家坪组接触关系(野外照片)

别在于前者以海相碳酸盐岩为主，后者则以海陆交互相含煤的碎屑岩沉积为主。吴家坪组与长兴组的区别在于前者常常含有丰富的硅质团块，而后者则少含或不含硅质团块。本路线上看到的吴家坪组总体为中层状硅质团块灰岩，局部层位硅质团块含量高达45%（图3-18-4）。

与本路线上的茅口组相比，吴家坪组灰岩中虽然仍有丰富的生物化石碎屑，但大型蜓化石已经消失，海绵化石也明显减少，局部层位可见较丰富的腕足化石。

图3-18-4　吴家坪组硅质团块灰岩（野外照片）

主要观察和描述内容：

（1）茅口组与吴家坪组之间的接触关系，接触关系类型分析。

（2）古风化壳。

（3）硅质团块，包括团块的颜色、结构、形态、大小和含量描述，画素描。

（4）灰岩特征，包括颜色、结构和化石，注意与茅口组灰岩的区别。

四、教学进程及注意事项

（一）教学进程

（1）教师提前一天提醒学生预习华南二叠纪地史及地层层序。

（2）教师在剖面起点简要介绍任务、目的和要求。

（二）注意事项

（1）由于生物碎屑灰岩中蜓类等化石微小，请带上放大镜。

（2）请不要在危险处采集标本。

（3）请带水。

五、引导及思考

（1）碳酸盐岩中翅蛤和有孔虫化石组合特征及沉积微相。

（2）“东吴运动”对中晚二叠世浅海台地环境生物群的影响。

路线十九　链子崖地层层序及地质灾害观察

一、教学路线

秭归基地—链子崖公园—秭归基地

二、教学任务及要点

(1)了解下志留统罗惹坪组至下二叠统栖霞组地层层序。
(2)了解新滩滑坡体产生的地质背景。
(3)了解链子崖危岩体产生的地质背景。

三、路线内容及观察点

观察点1:链子崖地层层序(图3-19-1)

1. 罗惹坪组(S_1lr)

罗惹坪组整合于新滩组与纱帽组之间。其下部为黄绿色泥岩、页岩,夹生物碎屑灰岩、泥灰岩或透镜体,产腕足类、笔石等混合相生物群;中部为黄灰色泥岩、钙质泥岩与灰岩或泥灰岩互层,产珊瑚、腕足类等壳相生物群;上部为黄绿色泥岩、粉砂质泥岩,不含灰岩。底以灰岩出现为始,顶以砂岩底面为止。厚度为73.7～172m。本组时代为早志留世中期(戎嘉余等,2019)。

2. 纱帽组(S_1sh)

纱帽组整合于罗惹坪组黄绿色含粉砂质泥岩之上,平行不整合于云台观组灰白色厚层状石英岩状砂岩之下。其下部为黄绿色页岩、泥质粉砂岩、粉砂岩夹砂岩或紫红色细砂岩;上部为灰绿色夹紫红色中厚层状细粒石英砂岩,夹中—薄层状粉砂岩、砂质页岩。本组产腕足类、三叶虫、双壳类等化石。本组时代为早志留世晚期(戎嘉余等2019)。

3. 云台观组($D_{2-3}y$)

云台观组为一套灰白色中—厚层状或块状石英岩状细粒石英砂岩,夹少许灰绿色泥质砂岩,区域上有时呈紫红色或肉红色,时夹薄层状粉砂岩或泥岩,底部时具底砾岩或含砾砂岩或黏土岩。链子崖公园内云台观组平行不整合于纱帽组之上,整合于黄家磴组之下。云台观组一般含化石稀少。本组时代为中—晚泥盆世。

4. 黄家磴组(D_3h)

黄家磴组以黄绿色、灰绿色页岩、砂质页岩和砂岩为主,时夹鲕状赤铁矿层,含植物化石和腕足类等。与下伏云台观组的纯质石英岩状砂岩和上覆写经寺组底部的泥灰岩、灰岩均呈整合关系,上、下界线均明显易分,由于剥蚀原因,亦可分别伏于黄龙组、梁山组或栖霞组等地层之下。本组地质时代为晚泥盆世。

5. 写经寺组(D_3x)

写经寺组上部称砂页岩段，以灰绿色、灰黑色页岩、碳质页岩、粉砂岩、砂岩为主，时含鲕绿泥石菱铁矿及煤线，含腕足类和植物化石；下部称灰岩段，以灰色、深灰色泥灰岩、灰岩或白云岩为主，时夹页岩及鲕状赤铁矿层或鲕状绿泥石菱铁矿，含腕足类。区域上因剥蚀所致，上覆地层因地而异(如在链子崖公园，其上覆地层为黄龙组)。本组时代为晚泥盆世。

6. 黄龙组(C_2h)

黄龙组为一套灰色、浅灰肉红色厚层状微晶灰岩、生物碎屑灰岩，底部为粗晶灰岩，含灰质白云岩角砾、团块，含丰富的珊瑚、腕足类等化石。其上与梁山组砂岩呈平行不整合接触，下与写经寺组呈平行不整合接触。本组时代为晚石炭世早—中期。

7. 梁山组(P_2l)

梁山组平行不整合于黄龙组之上，与上覆栖霞组呈整合接触。下部为灰白色中厚层状石英岩状细砂岩、粉砂岩、泥岩及煤层；上部为黑色薄层状泥岩夹灰岩透镜体。厚度为3.8～4.2m。本组时代为早二叠世晚期。

8. 栖霞组(P_2q)

实习区栖霞组岩性较单一，主要为一套深灰色、灰黑色厚层状含燧石结核生物碎屑泥晶灰岩序列，含海泡石、菊花石。仅顶部、底部发育灰黑色厚层状瘤状生物碎屑泥晶灰岩，且底部灰岩层间夹含钙碳质页岩。本组含生物化石丰富，产有䗴类、珊瑚类、腕足类、苔藓虫类、介形虫类、牙形石等，时代属早二叠世晚期，其顶部可能到中二叠世早期。

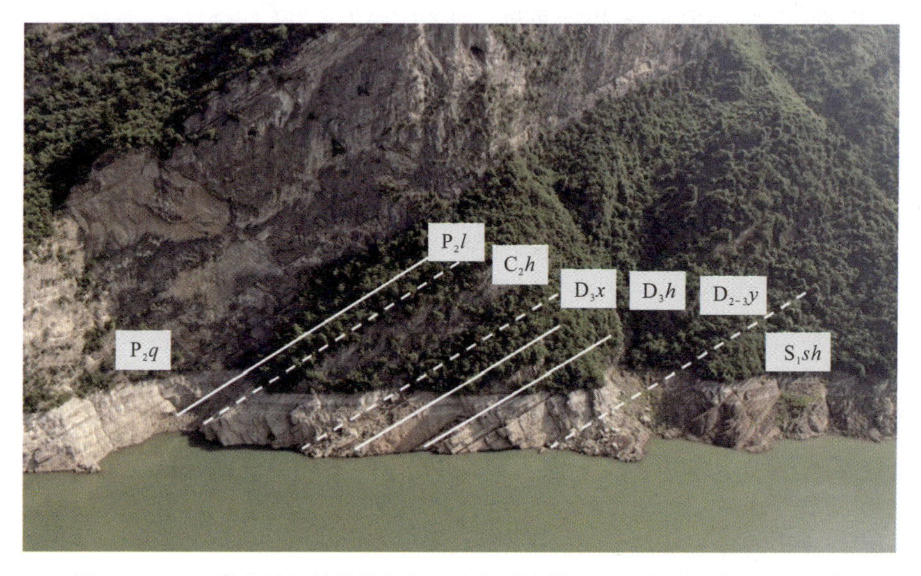

图3-19-1　湖北秭归链子崖江侧面志留系纱帽组至二叠系栖霞组地层层序

观察点2：新滩滑坡体

1. 滑坡概况

秭归新滩镇北岸岸坡历史上曾多次发生滑坡，最近一次滑坡发生在1985年6月12日，滑坡体(图 3-19-2)总体积约 $3\times10^7m^3$,其中约 $2\times10^6m^3$ 滑落江中,堵塞了约 1/3 的长江江面,激起涌浪最高达 54m。

图 3-19-2 湖北秭归新滩滑坡体(蓝色虚线内的部分)野外照片

新滩滑坡体总的地势为北高南低,滑坡长度约 2000m,后缘宽约 220m,前缘宽约 720m。下部基岩为志留系泥岩,基岩表面坡度在纵向上由下到上分别约为:16°、40°、20°~25°。滑坡体主要是岩崩遗留下来的堆积物,以砂岩和灰岩的碎块为主,厚 30~40m。

2.地质因素

地层:滑坡体下部基岩为下志留统罗惹坪组和纱帽组,主要岩性为泥岩。滑坡体的后缘边界为悬崖峭壁,岩性以坚硬的泥盆系砂岩、石炭系灰岩及二叠系灰岩为主。

产状:新滩附近泥盆系、石炭系及二叠系的产状为倾向北西,倾角 30°~40°,但志留系产状与此有些不同,可能受滑坡体(或古滑坡体)的影响。

地貌:自燕山运动晚期以来,三峡地区地壳上升,长江下切河谷,较软的志留系泥岩被风化为缓坡或凹槽,而坚硬的泥盆系、石炭系、二叠系砂岩或灰岩则形成陡崖。陡崖区在长期来看,崩塌频繁,崖壁后退,崩积物堆积于缓坡与凹槽地带,不断积累增厚,成为滑坡的物质基础。

水文及河流:秭归县属亚热带季风气候,夏季雨水频繁,雨水下渗,泥岩和黏土饱水后物质软化,破坏了原来的平衡,促使滑坡体变形。另外,此处长江水流湍急,对河谷的不断侵蚀掏空,动摇了斜坡的基础。

观察点 3:链子崖危岩体

1.概况

链子崖危岩体(图 3-19-3)位于湖北省秭归县屈原镇,距三峡大坝 27km,与新滩滑坡体隔江相对,总体呈南北向展布,长约 700m,宽 30~180m,其北侧和东侧为临空陡壁,主体由栖霞组灰岩夹薄层状页岩组成,底部为梁山组煤系地层。该危岩体发育有 58 条裂缝,大的裂缝有 13 条,其中北部 T8~T12 缝段危岩体紧临长江,变形明显,一旦失稳,将对长江航运和人民财产造成重大威胁。

1992年7月，国务院批准了新滩链子崖危岩体防治工程方案。防治工程包括危岩体锚固、煤层采空区承重阻滑、地表排水、大裂缝防水、拦石、监测等工程。1995年7月3日，链子崖危岩体治理工程正式开工。对最大的T8～T11缝段危岩体，采取回填混凝土、设置阻滑键、增加抗滑力等措施阻止危岩体进一步下滑。为防止T0～T7缝段崩坍危石滚入长江，在猴子岭设置两道防冲拦石坎。对最危险的T11～T12缝段危岩体，采用锚固法，使用了173根直径150mm、长50多米的巨型铁链对危岩体进行铆固。1999年8月，链子崖危岩体防治工程全面竣工。

2. 地质因素

地层：危岩体主体由坚硬的栖霞组灰岩夹多层碳质页岩组成，底部为较软的梁山组煤系地层，这种软基座结构下部易产生塑性变形，从而导致上部岩体变形开裂。另外，对梁山组煤系的开采导致底部采空，进一步加剧了变形，使裂缝增多，并加深加宽。

产状：倾向北西，倾角约35°。

构造：裂缝受区域构造影响与制约，岩石的变形导致构造裂缝进一步发展，并产生新的裂缝。

地貌：同样由于地壳上升，长江下切河谷，二叠系灰岩形成陡崖。在这种高陡临空面的形成中，卸荷作用使岩体张裂，并追踪构造面发育。

水：秭归地区属亚热带季风气候，夏季雨水丰富，岩体软弱层遇水浸泡软化泥化，使煤系地层顶部产生泥化，进一步加剧岩体变形。另外，水的溶蚀作用也导致裂缝进一步发展。

图3-19-3　湖北秭归链子崖危岩体地层层序野外照片

四、教学进程及注意事项

(一)教学进程

(1)教师提前一天提醒学生预习华南古生代志留纪至二叠纪地史及地层层序。

（2）教师在链子崖公园门口简要介绍任务、目的和要求。

（二）注意事项

（1）由于路线经过陡崖，请佩戴好头盔，小心谨慎通过。
（2）链子崖公园内禁止使用地质锤。
（3）夏季爬链子崖须防高温脱水。

五、引导及思考

（1）为什么危岩体在长江南岸发育，而在北岸不发育？
（2）为什么滑坡体在长江北岸发育，而在南岸不发育？
（3）链子崖公园内的地层层序揭示了华南怎样的构造演化史？

路线二十　G348 宜昌城区—三峡大坝地质科普公路地质遗迹及其保护开发

一、教学路线

秭归基地—G348 宜昌城区—三峡大坝地质科普公路—秭归基地

二、教学任务及要点

（1）了解 G348 宜昌城区—三峡大坝地质科普公路的主要地质遗迹及主要的科普设施。
（2）了解 G348 宜昌城区—三峡大坝地质科普公路地质遗迹开发及保护的主要措施。
（3）了解地质科普对 G348 宜昌城区-三峡大坝地质科普公路沿线的旅游和经济发展的影响和意义。

三、路线内容及观察点

观察点 1：主要服务区内的科普设施及重要地质遗迹点

G348 宜昌城区—三峡大坝地质科普公路沿途有多个服务区，如听风谷服务区、悦石潭服务区、柏树亭服务区、山外山服务区、明月台服务区、0.618 服务区、星空服务区、莲沱畔服务区。各服务区均具有地质科普内容，但以 0.618 服务区地质科普内容最为丰富，且设施最多。该服务区有地质演化轴线、生物演化轴线（图 3-20-1），与演化轴线上时间点对应的、采自宜昌地区的 26 块精美地质和古生物标本，以及风景科普绿道上的地质遗迹点。

1. 0.618 服务区地质演化轴线及生物演化轴线

西陵峡 0.618 服务区按照黄金分割原理设立了地质演化轴线和生物演化轴线，其中前者在外环，后者在内环。新元古代之前以代为单位，之后以纪为单位标示了各时期的地质特点、生物特征及时间延限，让行走在演化轴线上的人们感受到一步百万年、千万年甚至亿年的时间流逝，也能够让大家了解岩石圈、水圈、大气圈及生物圈的演化过程，使大家更加热爱大自然、热爱地球。

图 3-20-1　西陵峡 0.618 服务区地质演化轴及生物演化轴

2. 0.618 服务区地质和古生物标本

0.618 服务区展示了采自宜昌地区的 26 块精美且具有重要地质和生物演化意义的标本。地质标本有：距今约 33 亿年的古太古代奥长花岗片麻岩（宜昌地区最老的岩石），距今约 11 亿年的蛇纹石化方辉橄榄岩（古洋壳的证据，来自宜昌庙湾蛇绿混杂岩），形状与猕猴桃极为相似、距今 8.3 亿年的新元古代球状花岗闪长岩，距今约 6.5 亿年的南沱组冰碛砾岩（"雪球地球"事件的产物），寒武纪的核形石灰岩、鲕粒灰岩，寒武纪的羽状交错层理，奥陶纪的网纹状灰岩，志留纪的槽模，泥盆纪的板状交错层理、干涉波痕，二叠纪的海百合茎灰岩，三叠纪大灭绝事件后的蠕虫状灰岩等。古生物标本包括埃迪卡拉纪石板滩生物群中能反映动物出现的遗迹化石，寒武纪的古杯化石（图 3-20-2）、叠层石，奥陶纪的瓶筐石礁、角石，志留纪的蜂巢珊瑚，二叠纪的丛状复体皱纹珊瑚及其构成的珊瑚礁（图 3-20-3）。此外，该区还有宜昌地区整体上升为陆的证据——三叠纪晚期含植物化石的陆相沉积等。

图 3-20-2　0.618 服务区的寒武纪古杯化石

图 3-20-3　0.618 服务区的二叠纪皱纹珊瑚

这些标本中有一些是反映宜昌地区古环境、古生物面貌及古气候的标本，具有极高的科普价值，还有一些具有很好的观赏价值。

3. 听风谷服务区、悦石潭服务区、柏树亭服务区、明月台服务区的古大陆分布图及“金钉子”剖面图

除了 0.618 服务区外，其他几个服务区利用空置的休闲平台布设了不同时期的古大陆分布图以及几个重要的“金钉子”剖面图。通过不同时期（距今约 6 亿年、5 亿～4.6 亿年、4.2 亿～3.8 亿年及 2.2 亿年）的全球古大陆分布图的展示，介绍了全球尤其是与中国相关的主要板块、大洋的分布位置，了解板块运动的机制和运动规律（图 3 - 20 - 4）。

图 3 - 20 - 4　听风谷服务区三叠纪全球古大陆分布图科普点

图 3 - 20 - 5　听风谷服务区印度阶金钉子剖面科普点

服务区选择了宜昌地区的黄花场奥陶系大坪阶金钉子、王家湾奥陶系赫南特阶金钉子、广西柳州石炭系维宪阶金钉子和浙江长兴煤山三叠系印度阶金钉子（图 3 - 20 - 5）进行讲解，以剖面图的形式介绍了年代地层的基本单位——阶是如何划分和确定的，“金钉子”的概念及其地质意义。

4. 服务区风景科普绿道地质遗迹

G348 宜昌城区—三峡大坝地质科普公路修建了多条风景绿道，便于游客观赏峡区风景。这些风景绿道上发育多处现象极好的地质遗迹，因此在绿道的建设中开发了多处地质科普点。其中主要的风景科普绿道有 3 条：0.618 服务区的黄山洞风景科普绿道、崖刻风景科普绿道和星空服务区北风景科普绿道。

黄山洞风景科普绿道上的地质科普点共有 13 处，其中主要有：①寒武纪的风暴沉积（距今 5.1 亿年的寒武纪，发育风暴沉积的代表性沉积构造——丘状交错层理）；②正常陆棚环境下的泥质条带灰岩（距今 5.1 亿年的寒武纪，代表了宁静的浅海陆棚环境）；③节理与溶洞（反映了节理与溶洞的关系，溶洞是在节理不断溶蚀加大的基础上形成的）；④根劈作用（揭示植物对岩石的风化破坏，加速岩石的风化成土作用）；⑤新元古代埃迪卡拉纪的藻纹层（揭示了前寒武纪的生物圈以藻类为主，藻类作用极为普遍，代表了一种海水极浅的滨浅海环境）；⑥白云岩中的刀砍纹构造（揭示了白云岩中的刀砍纹现象及其成因，给大众普及差异风化的知识）；⑦白云岩中的差异溶蚀现象（奇形怪状的岩石具有极佳的观赏性）；⑧寒武纪泥质条带状灰岩（来自于长江北岸高山的崩塌岩石，是岩崩地质作用的产物）；⑨埃迪卡拉系灯影组中发育的溶洞

(图 3-20-6)及溶缝(三峡地区特殊的岩溶景观,以及溶缝和溶洞的形成过程);⑩埃迪卡拉纪灯影组中发育的小型同生断裂[灯影组中硅质岩发生塑性状态下的变形,代表了同生或准同生状态下发生的断裂作用(图 3-20-7)]。

图 3-20-6　灯影组中发育的溶洞

图 3-20-7　灯影组中发育的同生断裂

崖刻风景科普绿道及星空服务区北风景科普绿道开发有 10 余个地质科普点,包括埃迪卡拉纪灯影组白马沱段与石板滩段界线、寒武纪石龙洞组与天河板组界线、断层及断层地貌、溶洞、崩塌等地质内容。

5. 纪念李四光的地质科普设施

为了纪念李四光先生在地质学上,尤其是在宜昌峡区所做的地质工作,G348 宜昌城区—三峡大坝地质科普公路沿线建立了多个地质科普设施。其中最醒目的是莲沱畔服务区的“探索风车”(图 3-20-8),用以纪念李四光先生几十年来孜孜不倦地探索地球奥秘、触碰亿万年真实、为祖国寻找宝藏的精神。“探索风车”底部摆放了李四光先生建立的中国南方南华系和震旦系标准剖面中 4 个组(莲沱组、南沱组、陡山沱组及灯影组)的 5 块典型标本:莲沱组红色岩屑砂岩、南沱组冰碛砾岩、陡山沱组底部“盖帽”白云岩、陡山沱组“飞碟石”、灯影组藻纹层白云岩。除此之外,4 个服务区还设置有 18 个展示牌,其上展示了李四光先生关于地质学的一些经典名言。

观察点 2:公路沿线重要地质科普点

公路沿线出露的地层有南华系莲沱组、南沱组,埃迪卡拉系陡山沱组及灯影组,寒武系水井沱组、天河板组、石龙洞组、覃家庙组及寒武系—奥陶系娄山关组。开发的 99 个地质科普点既涉及地层、沉积及古生物特征,也涉及岩石类型、地质构造和岩溶风化现象,每一个点均配有中英文双语展示牌,并附有二维码,通过二维码可以更深入地了解地质科普点的科普内容(图 3-20-9)。

图 3-20-8　莲沱畔服务区的“探索风车”

图 3-20-9　公路沿线地质科普点展示牌

从基础地质来讲，由于寒武系出露齐全，主要地层组之间的界线清楚，该公路可作为观察寒武纪地层层序和沉积特征的一条极佳路线。

1. 寒武纪地层层序

灯影组顶部天柱山段($Z_2\in_1dy^t$)[①]：灰紫色磷质砾屑砂屑白云岩，富含小壳动物化石，厚3.38m。

水井沱组($\in_1s$)：下部为黑色碳质页岩，中上部为深灰色含碳质泥质灰岩夹碳质页岩、灰绿色含碳粉砂质泥岩，见大量海绵骨针，含浮游型的三叶虫化石，常夹“飞碟石”或“锅底灰岩”，厚24m。本组为区域上很好的烃源岩，是南方产页岩气的重要层位之一。

石牌组($\in_1sh$)：由一套灰绿色—黄绿色黏土岩、砂质页岩、细砂岩、粉砂岩夹薄层状灰岩、生物碎屑灰岩等组成，水平层理发育，含三叶虫化石，厚294m。本组化石丰富，以主要产 *Redlichia* 的三叶虫群为特征。

天河板组($\in_1t$)：由深灰色及灰色薄层状泥质条带灰岩，局部夹少许黄绿色页岩及鲕状灰岩组成，含丰富的古杯类和三叶虫，厚81～377m。

石龙洞组($\in_1sl$)：主要岩性为浅灰色、灰白色中—厚层状泥粒白云岩、颗粒灰岩，夹少量灰质白云岩，局部含燧石结核，厚86.3m。

覃家庙组($\in_2q$)：主要为灰黄色、黄褐色薄层状白云岩，薄层状泥质白云岩，夹中厚层状白云岩、灰质白云岩及页岩，中上部夹厚1～4m的浅灰黄色石英砂岩。本组含三叶虫及腕足类，厚162m。

娄山关组($\in_2O_1l$)：厚569m，具明显的三分特点。下段为浅灰色中—厚层状泥粒白云岩与浅黄色薄层状泥质白云岩组合；中段由灰色、浅灰色厚层状灰质白云岩与白云质灰岩韵律叠覆组成；上部向上逐渐变为较纯泥质灰岩，顶部产奥陶纪的牙形石化石。

2. 典型地质现象

G348宜昌城区—三峡大坝地质科普公路的寒武系出露齐全，多条岩石地层单位界线清楚

① 此处与秭归一带的地层有一定的差别，故地层代号与前文稍有差异。

(图 3-20-10)，划分标志明显，包括天河板组与石牌组界线(图 3-20-10A)、石龙洞组与天河板组界线(图 3-20-10B)、覃家庙组与石龙洞组界线(图 3-20-10C)、娄山关组与覃家庙组界线(图 3-20-10D)。需要指出的是，寒武系覃家庙组中可见一套中细粒长石石英砂岩(图 3-20-11)，为该套碳酸盐岩沉积序列中进行地层划分对比的重要标志层，也是分析海平面变化、进行层序地层划分的重要证据之一。

图 3-20-10　G348 寒武纪岩石地层界线

A. 天河板组与石牌组界线；B. 石龙洞组与天河板组界线；C. 覃家庙组与石龙洞组界线；D. 娄山关组与覃家庙级界线

公路沿线可见多个化石点，包括灯影组石板滩段中的宏观藻类，寒武纪水井沱组中的三叶虫、海绵骨针，石牌组中的三叶虫及遗迹化石，天河板组中的古杯类，娄山关组中的叠层石等。其中娄山关组中的叠层石出现在多个层位，主要为层状和波状(图 3-20-12)，在公路两侧的石壁上非常醒目，具有很好的观赏价值。沉积构造极为发育，包括有多种类型的交错层理、鲕粒、核形石、晶洞、鸟眼构造、石膏假晶、古暴露面等，可进行现场沉积相分析。

（三）地质科普公路沿线的其他配套设施及公路对当地村民的影响

G348 宜昌城区—三峡大坝地质科普公路沿途的地质遗迹点均设有标示牌，在对地质遗迹进行保护的同时还进行科普教育。各服务区还设有各种指示牌引导游客参观游览。配套建设的步行道、护栏、警示牌为游客提供了安全保障。相应的各种配套的休闲生活设施、娱乐设施为游客野外活动提供了便利，也提高了游览的乐趣。

图 3-20-11　覃家庙组长石石英砂岩

公路开通以来，接待了大量来自世界各地的游客，也拉动了当地的经济。各服务区大都建立便民服务网点，方便游客的出行。沿途的民宿数量激增，尤其是节假日常常爆满。2024 年五一节期间，大量游客来此进行科普观光，形成了三峡地区一道亮丽的风景线，中央电视台还专门对此进行了报道。

图 3-20-12　娄山关组叠层石

四、教学进程及注意事项

（一）教学进程

（1）教师提前一天提醒学生预习华南南华纪、震旦纪及寒武纪地史及地层层序，了解地质遗迹和地质科普的概念。

（2）教师在公路起点简要介绍任务、目的和要求。

（二）注意事项

（1）由于公路沿线经过陡崖，请佩戴好头盔，小心谨慎通过。

(2)禁止使用地质锤。

(3)请注意公路两侧的行车,师生路边观察时请使用交通警示牌,师生需要穿着荧光警示衣。

(4)请带水。

五、引导及思考

(1)为什么在G348公路建设中附加上地质科普内容?

(2)G348宜昌城区—三峡大坝地质科普公路对当地老百姓的生活有什么影响?

(3)G348宜昌城区—三峡大坝地质科普公路沿线寒武系是一种什么样的沉积环境?它们是怎样的演化过程?

第四章 教学程序及实习成绩评定

针对秭归实践教学的目标，遵循教学实习大纲要求，本章对实习阶段划分、各阶段主要教学内容和教学要求，以及实习成绩评定标准给予说明，旨在使师生明确秭归实践教学活动的性质、目的和任务，以便实习顺利有序进行。

第一节 实习目的及实习阶段划分

一、实习目的

秭归实践教学实习是在地质学本科生完成周口店综合野外地质调查基本训练的基础上，依据理论和实践相结合的原则，使学生能够系统对比扬子板块地层与华北板块地层的差异及共性，让学生在进一步提高野外地质技能的同时，培养地质科学思维能力，为后续的地质科研工作打下基础。

秭归实践教学实习侧重于培养学生理论联系实践解决具体科学问题的能力，始终将学生地质思维能力的锻炼放在首位，努力使学生具有开拓创新和科学研究意识，为后续课程的教学及创新人才的培养奠定良好基础。同时，秭归实践教学实习也注重提升学生综合素质，培养学生艰苦奋斗、求真务实、团结协作、遵纪守法和吃苦耐劳的精神，充分体现我校办学的传统与特色。

二、实习阶段划分

秭归实践教学实习共 2 周，分为 4 个阶段进行教学活动。

(1)实习动员及准备阶段，1 天。

(2)认知教学(路线地质教学)阶段，8 天。

(3)独立专题研究阶段，2 天。

(4)专题报告编写及考查阶段，3 天。

第二节 各阶段主要教学内容和教学要求

一、实习动员及准备阶段

实习动员由实习队长和带班教师负责，具体内容包括以下几点。

(1)带班教师引导学生认真学习实习大纲，明确实习目的、任务和要求，以及各教学阶段主要教学内容、教学要点、考核评分标准等。强调实习规章制度和注意事项，尤其是学习纪律、安全纪律和保密纪律。

(2)实习队长详细介绍实习区地理概况、区域地质背景和区内地质研究现状，使学生对研究区的地质概况有基本的了解。带班教师应了解学生通过周口店野外实践教学后对基本野外地质技能的掌握情况，以便做好相应的教学安排。

(3)带班教师仔细检查学生的实习装备、仪器、资料和个人文具用品准备情况。其中包括：①野外装备，如工作服、登山鞋、草帽、水壶等；②个人野外实习用品，如地质包、地质锤、放大镜、罗盘、野外记录簿、实习指导书、铅笔、小刀、橡皮等；③小组和个人急救药品等。带班教师应逐人检查严格落实，上述各项如有缺少或未完善者，要采取措施予以解决，否则不得进行野外作业。

二、认知教学(路线地质教学)阶段

该阶段是整个教学实习的重点内容。在教师的引导下，通过对10条野外地质路线的观察与记录，完成以下教学内容。

(1)进一步提高野外技能，加强以下几个方面的训练：矿物、岩石手标本的鉴定、描述和定名；岩石地层单位的野外识别与划分；野外记录格式的规范性；信手剖面图与典型地质现象素描图的绘制。

(2)了解实习区域内超镁铁质—镁铁质火成岩的组合特征及其地质意义；中性长英质火成岩的分布范围、鉴定特征、侵入期次及其对三峡大坝的工程意义。

(3)系统掌握实习区古元古代—中生代地层层序，熟练掌握各岩石地层单位的地质时代、岩性特征、接触关系和沉积环境，并与华北板块相应岩石地层单位进行对比和分析。

(4)了解地层学中"金钉子"剖面确立的岩石学、古生物学和年代学标准。

(5)掌握碳酸盐岩和陆源碎屑岩岩石特征、沉积特征观察和描述方法，以及沉积环境分析方法。

(6)掌握实习区典型构造类型、特征及演化。

该阶段的教学活动安排往往比较紧凑，野外观察内容较多，部分路线教学时间较长，需要师生共同发挥求真务实、艰苦朴素的地大精神，克服一切困难，在教学方法上积极进行探索与创新，保质保量地完成教学任务，为后续的专题实习奠定良好基础。

此阶段教学过程中需要注意以下几点。

(1)充分发挥学生的主观能动性。在野外地质教学活动中，对野外地质现象进行观察、记录和认知的主体是学生，教师在带教的过程中应选择合适的教学方法，充分调动学生的积极性，激发学生的认知热情，提高教学效果。提倡野外教学过程中师生之间就某些地质现象展开发散性讨论，发挥以学生为主体的教学互动功能。

(2)实习区多条野外地质教学路线已经有视频录像、MOOC等网上教学资源，学生可以根据次日的教学内容，观看相关视频、点击MOOC等网上教学资源进行预习。所以，在每条路线教学中，建议实行翻转课堂进行教学：教师将学生带到实习点，提出教学要求；学生以小组为单位进行地质现象观察和讨论，然后选择一个小组进行汇报，随后教师进行点评和现场教学；最后，学生进一步观察、描述、记录、照相和采集样品。

(3)协调好基本教学内容与拓展内容之间的关系。野外实践教学活动具有一定的灵活性，在保证教学大纲的基本教学内容能够被学生理解和接受的基础上，教师可根据学生的实际接受能力和自己的研究方向，适当增加部分外延和提高的内容，促进学生由点到面、由微观到宏观地进行地质思维训练。

(4)在每条路线的观察结束后，教师带领学生把所有观察点串起来，总结地质规律，提高对地质现象的认知，也可以将实习内容进行延伸和扩展，提升观察路线的地质意义，训练学生的地质思维和观察研究方法，培养学生分析问题和解决问题的能力。

(5)加强教学质量的过程控制。在野外带教过程中，教师要加强对学生认知情况的观察，及时发现学生在观察、记录、描述和认知地质现象过程中存在的问题，现场进行纠正。室内应每天抽查野簿，总结存在的不足之处并在次日的带教过程中集中讲解。

三、独立专题研究阶段

该阶段是学生在对实习区火成岩、地层层序、构造样式等地质特征有充分了解的基础上，选择感兴趣的研究专题，自行组成3～5人的科研团队，在专题教师的指导下，进行独立的野外资料收集工作，为撰写专题研究报告打下基础。

独立专题研究阶段，带队教师应尊重学生的选题并给予指导。学生在选定专题研究内容后，应以小组为单位制订较为详细的研究计划，明确组内人员的分工。带队教师要根据各组学生的实际能力，对其研究计划进行合理化的修正，保证其在有限的时间内能够完成相关的野外工作。各小组研究计划需经带队教师确认后方可开展相关的工作。在此阶段，教师尤其要注意对学生科研意识、创新能力和团队协作能力的培养。

四、专题报告编写及考查阶段

该阶段是对教学实习内容的总结和对学生认知情况的考查。专题报告的编写侧重于培养学生对野外数据的处理、归纳和总结能力；运用基础地质理论，结合野外第一手资料，进行合理的地质推理和演绎的能力；综合各类资料，以清晰的思路，有条理性和逻辑性地进行材料组织及报告编写的能力。可鼓励学生按照科研论文形式进行报告编写。

实习考查主要为室内考查，重点是检验学生对野外路线知识点的掌握程度和对研究专题的独立思考程度。考查方式为面试，考查内容由带班教师灵活掌握，如讨论、提问或标本鉴定等。教师根据学生对基本知识掌握的程度和独立思考能力给予综合评分，对未达标者要及时采取有效措施补课。

第三节　实习成绩评定

野外实习成绩的评定主要由专题报告成绩和实习考查成绩综合而成。此外可酌情考虑学生野外教学实习期间的学习态度、基础知识掌握程度、思维能力、野簿记录质量等。

带班教师按照指定表格登记各项成绩，经综合后按优秀(90～100分)、良好(80～89.5分)、中(70～79.5分)、及格(60～69.5分)和不及格(0～59.5分)给出实习成绩。原则上，各班成绩优秀者不得超过总人数的15%。实习队综合各班成绩后，进行教学实习评优，并上报本科生院和学生所在院系。

第四节　野外实习期间学生注意事项

一、实习出发前的准备工作

实习出发前，师生要做好各项准备工作，包括：①教学参考资料和实习用品准备。要求人手一册实习指导书和野簿，地质锤、罗盘、放大镜、三角尺、量角器、铅笔和橡皮等必须每人一套。②实习分组准备。每小组5～6人，其中有一名学生干部或学生党员。身体强健与瘦弱者要每组搭配，便于路途携带较重行李和野外背岩石标本等。每班大致细分5～6个小组。分组工作由辅导员、班主任和班干部共同开展。③生活用品准备。为了便于野外行走，应携带运动鞋和野外工作服。水桶、脸盆及洗漱用品、水壶、饭盒等可以携带，也可以在当地购买。由于实习基地有运动场所，可以携带一些文体用品，在课余时间开展一些文体活动。出发前应准备一些常用药品，如感冒药、晕车药、创可贴、清凉油或风油精和消炎药等，以应急治疗路途和实习过程中可能发生的常见疾病。④实习经费的准备。主要用于实习期间的生活费和返乡路费。学校将给每位学生发放一定数量的实习路费，但只能满足单程到实习站的基本路费，返乡路费由学生根据实习站到家乡距离的远近自己决定。⑤证件准备。为了出行交通或实习结束后在其他地方停留方便，必须携带身份证。为了购买学生票和景点优惠门票，请携带学生证。

二、实习路途注意事项

如果先实习后放假，自离开学校开始，各班级和小组要相对集中，实行班组长负责制，一切行动听指挥。班干部及党员必须带领同学统一乘车，沿途做好组织工作，时刻注意同学的生命及财产安全。在路途中遇到紧急情况，应立即向带队教师报告，采取应急措施。在车上要注意防盗和人身安全。在途中火车停靠时不要擅自下车，如因购物等需要下车必须向班组长报告并结伴同行，不要远离站台，以免错过上车时间。如果先放假后实习，建议联系同学结伴而行，按实习站提供的路线，按时到达实习站。途中应注意个人安全，不可轻信陌生人。如果遇到特殊困难，可以打电话向实习站咨询或求助。

三、实习期间教学管理要求

学生在实习期间要服从教学安排和要求，按时作息和乘车，按时起床和吃早餐，避免耽误开车出发时间；在乘车时不要拥挤，并主动给体弱者和女同学让座；等车时，不要远离等车地点，以免延误乘车和就餐时间。学生实习时每天必须携带坚固的野外工作包、罗盘、地质锤、放大镜、地形图、野簿、铅笔和橡皮等，便于测量、记录和采样等。保管好地形图，如有丢失，将会按照学校保密条例进行处罚。野外实习过程中，特别是登山过程中，不要嬉戏打闹，以免滑倒或被滚石砸伤。在路边观看地质现象时，注意来往的机动车辆，保证人身安全。实习路途中爱护庄稼和果树，不踩踏庄稼和采摘水果。

四、实习结束后的注意事项

如果先实习后放假，实习结束后一般就地放假，学生自己购票回家。学生应清点物品和证件等是否已经携带齐全，宿舍是否清理干净。学生党员、干部或离家比较近的同学，建议迟一点回家，送一送离家比较远的同学，并帮助教师处理遗留的问题。回家途中要注意防盗和防骗以及人身财产安全。乘车前给父母打电话联系，便于父母及时了解情况，防止发生意外。如果先放假后实习，实习结束后一般统一组织返校。

班组长职责：班长、团支书负责本班同学的安全保卫工作，安排和协调各小组的有关事宜。班组长在出队前负责检查同学所带物品是否齐全，清点人数并上报实习带班教师，路途中负责召集本组或本班同学，在实习中负责与实习教师联系并及时收交野簿。实行班组长负责制，有问题班长、组长应及时向有关教师反映。

五、野外实习纪律及处理办法

野外实习期间，所有同学必须严格遵守实习站的有关规定，杜绝自由散漫，不得随意出走或探亲访友，不得私自外出游泳，妥善保管图件资料。强调以下几点。

(1)必须按时参加野外实习，对于无故不出野外者，按情节严重程度从低至高给予通报批评、记过或取消实习资格处分。

(2)实习期间因病或其他原因不能参加实习者，须事先提交书面请假条，由带班实习教师签字后，交带队教师审批，同意后方可准假。班干部无权批假。如果请假时间达到实习总时间的 1/4，则取消本次实习资格。

(3)不得私自外出游泳。根据情节轻重给予通报批评，直至记过处分，如发生危险，后果自负。

(4)严格按照学校有关规定保管好地形图等保密资料，违者按保密规定处分。

(5)野外实习期间应尊重当地风俗，不与当地群众发生纠纷，爱护他人劳动成果。严禁采摘农民瓜果，踩踏农民庄稼。违者根据情节轻重给予批评教育，直至记过处分，造成损失的要给予赔偿。

(6)爱护实习站内公共设施和环境，不与实习站职工发生摩擦。纠纷时应向站长、实习队长和带队教师反映，协调解决，避免发生过激言行。

(7)实习期间注意节约用水，严禁违章用电。如发现违章行为，按学校有关规定处理。

主要参考文献

白瑾，戴凤岩，1994. 中国早前寒武纪的地壳演化[J]. 地球学报(3/4)：73-87.

陈辉明，孟繁松，张振来，2002. 鄂西秭归盆地下侏罗统桐竹园组新型剖面的研究[J]. 地层学杂志，26(3)：187-192.

陈旭，戎嘉余，樊隽轩，等，2006a. 奥陶系上统赫南特阶全球层型剖面和点位的建立[J]. 地层学杂志，30(4)：289-305,图版Ⅰ-Ⅱ.

陈旭，戎嘉余，樊隽轩，等，2006b. 奥陶系—志留系界线地层生物带的全球对比[J]. 古生物学报，39(1)：100-114.

陈旭，袁训来，2013. 地层学与古生物学研究(华南野外实习指南)[M]. 合肥：中国科学技术大学出版社.

邓亚东，陈伟海，孟庆鑫，等，2023. 公路建设对地质公园环境影响评价研究[J]. 公路，68(8)：347-354.

杜远生，2022. 沉积地质学基础[M]. 武汉：中国地质大学出版社.

DAVIS G A，郑亚东，2002. 变质核杂岩的定义、类型及构造背景[J]. 地质通报，21(4/5)：185-192.

鄂西地质大队，1987. 1：5 万兴山东半幅、水月寺幅区域地质调查报告[R]. 宜昌：湖北省地质局第七地质大队.

鄂西地质大队，1994. 1：5 万茅坪河幅、荷花店(西)幅区域地质调查报告[R]. 宜昌：湖北省地质局第七地质大队.

范嘉松，1996. 中国生物礁与油气[M]. 北京：海洋出版社.

富公勤，袁海华，李世麟，1993. 黄陵断隆北部太古界花岗岩-绿岩地体的发现[J]. 矿物岩石，13(1)：5-13.

高山，张本仁，1990. 扬子地台北部太古宙 TTG 片麻岩的发现及其意义[J]. 地球科学(中国地质大学学报)，15 (6)：675-679.

郭俊锋，李勇，舒德干，等，2010. 湖北宜昌纽芬兰统岩家河组结核的特征及形成过程[J]. 沉积学报，28(4)：676-681.

胡军，孙思远，谷昊东，等，2021. 峡东南华系南沱组底部冰川底碛沉积特征及其意义[J]. 地球科学，46(7)：2515-2528.

湖北省地质矿产局，1990. 湖北省区域地质志[M]. 北京：地质出版社.

湖北省地质矿产局，1996. 湖北省岩石地层[M]. 武汉：中国地质大学出版社.

湖北省区域地质测量队，1984. 湖北省古生物图册[M]. 武汉：湖北科学技术出版社.

花友仁，1995. 扬子板块的地壳演化与地层对比[J]. 地质与勘探，31(2)：15-22.

姜继圣，1986. 鄂西黄陵变质地区崆岭岩群时代及特征的新认识[J]. 长春地质学院学报(1)：100.

赖旭龙，孙亚东，江海水，2009. 峨眉山大火成岩省火山活动与中、晚二叠世之交生物大灭绝[J]. 中国科学基金(6)：353-356.

李长安，殷鸿福，陈德兴，等，1999. 长江中游的防洪问题和对策——1998 年长江特大洪灾的启示[J]. 地球科学(中国地质大学学报)，24(4)：329-334.

李福喜，聂学武，1987. 黄陵断隆北部崆岭岩群地质时代及地层划分[J]. 湖北地质(1)：28-41.

李清，王家生，陈祈，等，2006. 三峡"盖帽"白云岩中重晶石研究及其古地理意义[J]. 西北大学学报(自然科学版)，36(专辑)：196-200.

李兴国，1989. 长江三峡新滩滑坡的滑动机理和前景预测[J]. 大坝观测与土工测试(6)：14-22.

李益龙，周汉文，李献华，等，2007. 黄陵花岗岩基英云闪长岩的黑云母和角闪石 ^{40}Ar-^{39}Ar 年龄及其冷却曲线[J]. 中国科技期刊研究，23(5)：1067-1074.

李志宏，陈孝红，王传尚，等，2010. 湖北宜昌黄花场下奥陶统弗洛阶上部牙形刺生物地层分带及对比[J]. 中国地质，37(6)：1647-1658.

凌文黎，高山，郑海飞，等，1998. 扬子克拉通黄陵地区崆岭杂岩 Sm-Nd 同位素地质年代学研究[J]. 科学通报，43(1)：86-89.

刘海军，许长海，周祖翼，等，2009. 黄陵隆起形成(165—100Ma)的碎屑岩磷灰石裂变径迹热年代学约束[J]. 自然科学进展，19(12)：1326-1332.

穆恩之，朱兆玲，陈均远，等，1979. 西南地区的奥陶系[M]//中国科学院南京地质古生物研究所. 西南地区碳酸盐生物地层. 北京：科学出版社：108-154.

彭善池，2009. 华南新的寒武纪生物地层层序和年代地层系统[J]. 科学通报，54(18)：2691-2698.

彭善池，2013. 艰难的历程　卓越的贡献——回顾中国的全球年代地层研究[M]//中国科学院南京地质古生物研究所. 中国"金钉子"：全球标准层型剖面和点位研究. 杭州：浙江大学出版社：1-42.

彭松柏，邓浩，韩庆森，等，2023. 扬子克拉通黄陵穹隆基底地质实习指南[M]. 武汉：中国地质大学出版社.

戎嘉余，1984. 上扬子区晚奥陶世海退的生态地层证据与冰川活动影响[J]. 地层学杂志，8(1)：19-29.

戎嘉余，马科斯·约翰逊，杨学长，1984. 上扬子区早志留世(兰多维列世)的海平面变化[J]. 古生物学报，23(6)：672-693，790-792.

戎嘉余，王怿，詹仁斌，等，2019. 中国志留纪综合地层和时间框架[J]. 中国科学：地球科学，49(1)：93-114.

桑隆康，马昌前，2012. 岩石学[M]. 2 版. 北京：地质出版社.

沈传波，梅廉夫，刘昭茜，等，2009. 黄陵隆起中—新生代隆升作用的裂变径迹证据[J]. 矿物岩石，29(2)：54-60.

涂鹏飞，李红涛，吴学文，2011. 三峡库区链子崖危岩体防治与效果分析[J]. 路基工程(1)：164-166.

汪啸风，STOUGE S，陈孝红，等，2013. 奥陶系中奥陶统大坪阶全球标准层型剖面和点位及研究进展[M]//中国科学院南京地质古生物研究所. 中国“金钉子”：全球标准层型剖面和点位研究. 杭州：浙江大学出版社：122-150.

汪洋，李勇，张志飞，2011. 峡东水井沱组顶部微体骨骼化石初探[J]. 古生物学报(4)：511-523.

王家生，甘华阳，魏清，等，2005. 三峡“盖帽”白云岩的碳、硫稳定同位素研究及其成因探讨[J]. 现代地质，19(1)：14-20.

王家生，王舟，胡军，等，2012. 华南新元古代“盖帽”碳酸盐岩中甲烷渗漏事件的综合识别特征[J]. 地球科学(中国地质大学学报)，37(S2)：14-22.

王永标，2005. 巴颜喀拉及邻区中二叠世古海山的结构与演化[J]. 中国科学(D 辑)，35(12)：1140-1149.

王幼惠，郭成贤，翟永红，1991. 宜昌地区下寒武统沉积环境分析[J]. 江汉石油学院学报，13(3)：15-22.

魏君奇，景明明，2013. 崆岭杂岩中角闪岩类的年代学和地球化学[J]. 地质科学，48(4)：970-983.

魏君奇，王建雄，2012. 崆岭杂岩中斜长角闪岩包体的锆石年龄和 Hf 同位素组成[J]. 高校地质学报，18(4)：589-600.

魏君奇，王建雄，王晓地，等，2009. 黄陵地区崆岭岩群中基性岩脉的定年及意义[J]. 西北大学学报(自然科学版)，39(3)：466-471.

熊成云，韦昌山，金光富，等，1998. 鄂西黄陵背斜核部中段金矿基本特征及成矿规律[J]. 华南地质与矿产(1)：32-40.

熊成云，韦昌山，金光富，等，2004. 鄂西黄陵背斜地区前南华纪古构造格架及主要地质事件[J]. 地质力学学报，10(2)：97-112.

熊庆，郑建平，余淳梅，等，2008. 宜昌圈椅埫 A 型花岗岩锆石 U-Pb 年龄和 Hf 同位素与扬子大陆古元古代克拉通化作用[J]. 科学通报，53(22)：2782-2792.

徐桂荣，罗新民，王永标，等，1997. 长江中游晚二叠世生物礁的生成模型[M]. 武汉：中国地质大学出版社.

徐开祥，林坚，潘伟，1991. 链子崖危岩体的变形特征、形成机制、变形破坏方式预测及稳定性初步评价[J]. 中国地质灾害与防治学报，2(3)：16-30.

叶正伟，2000. 长江新滩滑坡的历史分析，趋势预测与启示[J]. 灾害学，15(3)：30-34.

宜昌市统计局，国家统计局宜昌调查队，2023. 宜昌统计年鉴2023[M]. 北京：中国统计出版社.

尹崇玉，岳昭，高林志，等，1992. 湖北秭归庙河早寒武世水井沱组燧石层中的微化石[J]. 地质学，66(4)：371-380.

喻建新，冯庆来，王永标，等，2016. 三峡地区地质学实习指导手册[M]. 武汉：中国地质大学出版社.

袁学诚，1995. 论中国大陆基底构造[J]. 地球物理学报，38(4)：448-459.

曾庆銮，赖才根，徐光洪，等，1987. 奥陶系[M]//汪啸风，倪世钊，曾庆銮，等. 长江三峡地区生物地层学(2)：早古生代部分. 北京：地质出版社：43-142.

张秀莲，于德龙，王贤，2003. 湖北宜昌地区寒武系碳酸盐岩岩石学特征及沉积环境[J]. 古地理学，5(2)：152-161.

张元动，詹仁斌，甄勇毅，等，2019. 中国奥陶纪综合地层和时间框架[J]. 中国科学：地球科学，49(1)：66-92.

郑月蓉，李勇，2010. 三峡地区极短周期内剥蚀速率、下切速率及地表隆升速率对比研究[J]. 成都理工大学学报(自然科学版)，37(5)：513-517.

中国科学院南京地质古生物研究所，2013. 中国“金钉子”——全球标准层型剖面和点位研究[M]. 杭州：浙江大学出版社.

周琦，杜远生，王家生，等，2007. 黔东北地区南华系大塘坡组冷泉碳酸盐岩及其意义[J]. 地球科学(中国地质大学学报)，32(3)：339-346.

朱茂炎，2010. 动物的起源和寒武纪大爆发：来自中国的化石证据[J]. 古生物学报，49(3)：269-287.

朱茂炎，杨爱华，袁金良，等，2019. 中国寒武纪综合地层和时间框架[J]. 中国科学：地球科学，49(1)：26-65.

AN Z H, JIANG G Q, TONG J N, et al., 2015. Stratigraphic position of the Ediacaran Miaohe biota and its constrains on the age of the upper Doushantuo $\delta^{13}C$ anomaly in the Yangtze Gorges area, South China[J]. Precambrian Research, 271: 243-253.

BAO H, LYONS J R, ZHOU C, 2008. Triple oxygen isotope evidence for elevated CO_2 levels after a Neoproterozoic glaciation[J]. Nature, 453: 504-506.

BASSETT D A, WHITTINGTON H B, WILLIAMS A, 1966. The stratigraphy of the Bala district, Merionethshire[J]. The Quarterhy Journal of Geological Society of London, 122: 219-271.

CAO W C, FENG Q L, FENG F B, et al., 2014. Radiolarian *Kalimnasphaera* from the Cambrian Shuijingtuo Formation in South China[J]. Marine Micropaleontology, 110: 3-7.

CHEN Z, ZHOU C M, YUAN X L, et al., 2019. Death march of a segmented and trilobate bilaterian elucidates early animal evolution[J]. Nature, 573(7774): 412-415.

CONDON D, ZHUM Y, BOWRING S, et al., 2005. U-Pb Ages from the Neoproterozoic Doushantuo Formation, China[J]. Science, 308(5718): 95-98.

DENG H, KUSKY T M, WANG L, et al., 2012. Discovery of a sheeted dike complex in the northern Yangtze craton and its implications for craton evolution[J]. Journal of Earth Science, 23 (5): 676-695.

FAN G H, WANG Y B, KERSHAW S, et al., 2014. Recurrent breakdown of Late Permian reef communities in response to episodic volcanic activities: evidence from southern Guizhou in South China[J]. Facies, 60(2): 603-613.

FIELDING C R, 2006. Upper flow regime sheets, lenses and scour fills: extending the range of architectural element for fluvial sediment bodies[J]. Sedimentary Geology, 190: 227-240.

FLÜGEL E, REINHARDT J W, 1989. Uppermost Permian reefs in Skyros (Greece) and Sichuan (China): implications for the Late Permian extinction event[J]. Palaios, 4(6): 502-518.

FOLK R L, 1962. Spectral subdivision of limestone types[M]//HAM W E. Classification of carbonate rocks: a symposium. Tulsa, OK, USA: American Association of Petroleum Geologists: 62-84.

HOFFMAN P F, KAUFMAN A J, HALVERSON G P, et al., 1998. A Neoproterozoic snowball Earth[J]. Science, 281(5381): 1342-1346.

HU J, WANG J S, CHEN H R, et al., 2012. Multiple cycles of glacier advance and retreat during the Nantuo (Marinoan) glacial termination in the Three Gorges area[J]. Frontiers of Earth Science, 6(1): 101-108.

INGHAM J K, WRIGHT A D, 1970. A revised classification of the Ashgill Series[J]. Lethaia, 3: 233-242.

JAMES N P, 1977. Facies Models 7. Introduction to carbonate facies models[J]. Geoscience Canada, 4(3): 123-125.

JIANG G, KENNEDY M J, CHRISTIE-BLICK N, 2003. Stable isotopic evidence for methane seeps in Neoproterozoic postglacial cap carbonates[J]. Nature, 426: 822-826.

KENNEDY M J, CHRISTIE-BLICK N, SOHL L E, 2001. Are Pretorozoic cap carbonates and isotopic excursions a record of gas hydrate destablilization following Earth's coldest intervals? [J]. Geology, 29(5): 443-446.

KIRSCHVINK J L, 1992. Late Proterozoic low-latitude global glaciation: the snowball Earth[M]//SCHOPF J W, KLEIN C. The Proterozoic biosphere: a multidisciplinary study. Cambridge: Cambridge University Press: 51-52.

KNOLLA H, WALTERM R, NARBONNEG M, et al., 2004. A new period for the geologic time scale[J]. Science, 305(5684): 621-622.

LAN Z W, LI X H, ZHU M Y, et al., 2015. Revisiting the Liantuo Formation in

Yangtze Block, South China: SIMS U-Pb zircon age constraints and regional and global significance[J]. Precambrian Research, 263: 123-141.

LIU S F, QIAN T, LI W P, et al., 2015. Oblique closure of the northeastern Paleo-Tethys in central China[J]. Tectonics, 34(3): 413-434.

LIU S F, STEEL R, ZHANG G, 2005. Mesozoic sedimentary basin development and tectonic implication, northern Yangtze Block, eastern China: record of continent-continent collision[J]. Journal of Asian Earth Sciences, 25(1): 9-27.

LIU S F, ZHANG G W, 2013. Mesozoic basin development and its indication of collisional orogeny in the Dabie orogen[J]. Chinese Science Bulletin, 58(8): 827-852.

LIU P J, LI X H, CHEN S M, et al., 2015. New SIMS U-Pb zircon age and its constraint on the beginning of the Nantuo glaciation[J]. Science Bulletin, 60(10): 958-963.

MAILL A D, 1985. Architectural-element analysis: a new method of facies analysis applied to fluvial deposits[J]. Earth Science Review, 22: 261-308.

MCFADDEN K A, HUANG J, CHU X L, et al., 2008. Pulsed oxidation and biological evolution in the Ediacaran Doushantuo Foramtion[J]. Proceedings of the National Academy of Sciences of the United States of America, 105(9): 3197-3202.

PI D H, JIANG S Y, 2016. U-Pb dating of zircons from tuff layer, sandstone and tillite samples in the uppermost Liantuo Formation and the lowermost Nantuo Formation in Three Gorges area, South China[J]. Geochemistry, 76(1): 103-109.

SHE Z B, MA C Q, WAN Y S, et al., 2012. An Early Mesozoic transcontinental palaeo river in South China: evidence from detrital zircon U-Pb geochronology and Hf isotopes[J]. Journal of the Geological Society, 169(3): 353-362.

SHEEHAN P M, 2001. The Late Ordovician mass extinction[J]. Annual Reviews of Earth and Planetary Sciences, 29(1): 331-364.

WALKER R G, 1967. Turbidite sedimentary structures and their relationship to proximal and dispositional environments[J]. Journal of Sedimentary Petrology, 37(1): 25-43.

WANG G X, ZHAN R B, PERCIVAL I G, 2019. The end-Ordovician mass extinction: a single-pulse event? [J]. Earth-Science Reviews, 192: 15-33.

WANG X F, STOUGE S, ERDTMANN B D, et al., 2005. A proposed GSSP for the base of the Middle Ordovician Series: the Huanghuachang section, Yichang, China[J]. Episodes, 28(2): 105-117.

WANG Y D, 2002. Fern ecological implications from the Lower Jurassic in Western Hubei, China[J]. Review of Palaeobotany and Palynology, 119(1/2): 125-141.

WANG J S, JIANG G Q, XIAO S H, et al., 2008. Carbon isotope evidence for widespread methane seeps in the ca. 635 Ma Doushantuo cap carbonate in south China[J]. Geology, 36(5): 347-350.

WIGNALL P B, 2001. Large igneous provinces and mass extinctions[J]. Earth-Science Reviews, 53(1/2): 1-33.

WIGNALL P B, SUN Y D, BOND D P G, et al., 2009. Volcanism, mass extinction, and carbon isotope fluctuations in the Middle Permian of China[J]. Science, 324(5931): 1179-1182.

WILSON J L, 1975. Carbonate facies in geologic history[M]. Berlin: Springer.

XIAO S H, ZHANG Y, KNOLL A H, 1998. Three-dimensional preservation of algae and animal embryos in a Neoproterozoic phosphorite[J]. Nature, 391: 553-558.

XIAO S H, CHEN Z, PANG K, et al., 2021. The Shibantan Lagerstätte: insights into the Proterozoic-Phanerozoic transition[J/OL]. Journal of the Geological Society, 178(1): jgs2020-135 [2022-10-20]. https://doi. org/10. 1144/jgs2020-135.

YANG J H, CAWOOD P A, DU Y S, 2010. Detrital record of mountain building: provennace of Jurassic foreland basin to the Dabie Mountains[J/OL]. Tectonics, (2010-07-27) [2014-05-20]. https://agupubs. onlinelibrary. wiley. com/doi/full/10. 1029/2009TC002600.

YE Q, TONG J N, XIAO S H, et al., 2015. The survival of benthic macroscopic phototrophs on a Neoproterozoic snowball Earth[J]. Geology, 43(6): 507-510.

YIN L M, ZHU M Y, KNOLL A H, et al., 2007. Doushantuo embryos preserved inside diapause egg cysts[J]. Nature, 446(7136): 661-663.

ZHEN Y Y, LIU J B, PERCIVAL I G, 2005. Revision of two Prioniodontid species (Conodonta) from the Early Ordovician Honghuayuan Formation of Guizhou, South China [J]. Records of the Australian Museum, 57: 303-320.

ZHU M Y, LU M, ZHANG J M, et al., 2013. Carbon isotope chemostratigraphy and sedimentary facies evolution of the Ediacaran Doushantuo Formation in western Hubei, South China[J]. Precambrian Research, 225: 7-28.

附录一　常见地质分类图表

1. 沉积相标志分类图表

附表 1-1　沉积岩的层厚分类图(据杜远生,2022)

类型	层厚/mm
极薄层	＜1
薄层	1～＜10
中厚层	10～＜30
厚层	30～＜100
巨厚层	100～200
块状	≥200

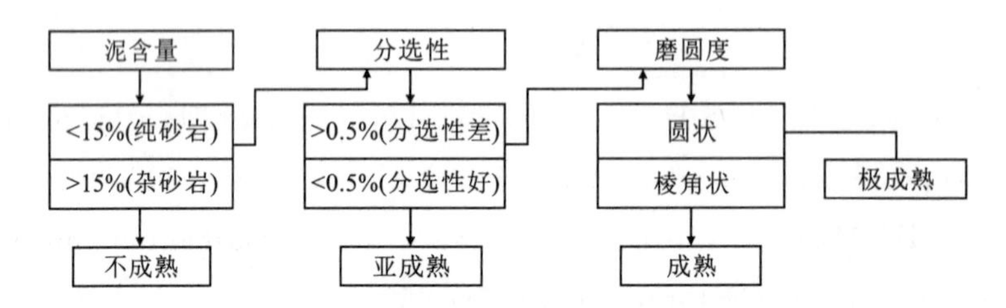

附图 1-1　结构成熟度划分图(引自杜远生,2022)

附表 1-2　沉积构造分类表(引自杜远生,2022)

<table>
<tr><td rowspan="4">物理成因沉积构造</td><td rowspan="2">层面构造</td><td>流动构造</td><td>波痕、冲刷痕、工具痕、细流痕、渠痕、障碍痕、菱形(波)痕</td></tr>
<tr><td>暴露构造</td><td>泥裂、雨痕、冰雹痕、泡沫痕、帐篷状构造、古喀斯特层、渣状层</td></tr>
<tr><td>层理构造</td><td colspan="2">水平层理、平行层理、水流交错层理、浪成交错层理、风成交错层理、丘状交错层理、冲洗交错层理、递变层理、块状层理、均质层理等</td></tr>
<tr><td>软沉积变形构造</td><td colspan="2">负载构造和火焰构造、枕状构造和枕状层、同沉积断裂(含地裂缝)、同沉积褶皱(微褶皱)、液化构造(液化脉、沙火山)、变形层理、泄水构造、落石沉陷构造、滑塌构造等</td></tr>
<tr><td>化学成因沉积构造</td><td colspan="3">结晶构造、压溶构造、增生和交代构造</td></tr>
<tr><td>生物成因沉积构造</td><td colspan="3">生物遗迹构造、生物扰动构造、生物生长构造</td></tr>
</table>

附表 1－3 层理分类表(引自杜远生,2022)

<table>
<tr><th>分类</th><th colspan="2">分类标准</th><th>类别</th></tr>
<tr><td rowspan="11">形态分类</td><td rowspan="2">纹层平行、平行层面</td><td>细碎屑(颗粒)-黏土沉积</td><td>水平层理</td></tr>
<tr><td>粗碎屑(颗粒)沉积</td><td>平行层理</td></tr>
<tr><td rowspan="4">纹层平直或波曲状、斜交层系面,相邻层系组纹层倾向一致</td><td>层系面平面、相互平行</td><td>板状交错层理</td></tr>
<tr><td>层系面平面、斜交</td><td>楔状交错层理</td></tr>
<tr><td>层系面曲面、相互平行</td><td>波状交错层理</td></tr>
<tr><td>层系面曲面、斜交</td><td>槽状交错层理</td></tr>
<tr><td colspan="2">纹层平直或波曲状、斜交层系面,相邻层系组纹层倾向相反</td><td>双向交错层理</td></tr>
<tr><td colspan="2">纹层缓波曲状,层系面缓波曲状</td><td>丘状交错层理</td></tr>
<tr><td colspan="2">层系面低坡度斜交层面</td><td>爬升层理</td></tr>
<tr><td colspan="2">块状、均质状无纹层</td><td>块状层理、均质层理</td></tr>
<tr><td colspan="2">碎屑颗粒粒度递变</td><td>递变层理</td></tr>
<tr><td rowspan="5">成因分类</td><td colspan="2">水流成因</td><td>水流交错层理</td></tr>
<tr><td colspan="2">波浪成因</td><td>浪成交错层理</td></tr>
<tr><td colspan="2">风成因</td><td>风成交错层理</td></tr>
<tr><td colspan="2">潮汐成因</td><td>潮汐层理</td></tr>
<tr><td colspan="2">冲洗成因</td><td>冲洗交错层理</td></tr>
</table>

附表 1－4 化学成因的沉积构造分类表(引自杜远生,2022;据周江羽等,2010)

<table>
<tr><th>成因作用</th><th>类型</th><th>形成阶段</th></tr>
<tr><td rowspan="3">结晶构造</td><td>假晶和晶痕</td><td rowspan="3">沉积期-准同生早期</td></tr>
<tr><td>鸟眼构造和晶洞构造</td></tr>
<tr><td>示顶底构造</td></tr>
<tr><td rowspan="2">压溶构造</td><td>缝合线构造</td><td rowspan="2">成岩压实期</td></tr>
<tr><td>叠锥构造</td></tr>
<tr><td>增生与交代构造</td><td>结核构造</td><td>成岩期</td></tr>
</table>

附表 1-5　沉积岩的粒度分类表(引自杜远生,2022;引自周江羽等,2010)

十进制式	粒级划分			2 的几何指数制
颗粒直径/mm				颗粒直径/mm
＞1000	巨砾	砾	巨砾	＞256
1000～100	粗砾		中砾	256～64
100～10	中砾		砾石	64～4
10～2	细砾		卵石	4～2
2～1	巨砂	砂	极粗砂	2～1
1～0.5	粗砂		粗砂	1～0.5
0.5～0.25	中砂		中砂	0.5～0.25
0.25～0.1	细砂		细砂	0.25～0.125
			极细砂	0.125～0.062 5
0.1～0.05	粗粉砂	粉砂	粗粉砂	0062 5～0.031 2
0.05～0.01	细粉		中粉砂	0.031 2～0.015 6
			细粉砂	0.015 6～0.007 8
			极细粉砂	0.007 8～0.003 9
＜0.01		黏土(泥)		＜0.003 9

附表 1-6　过渡岩类的分类方案(引自杜远生,2022)

XX 碎屑含量	YY 碎屑含量	命名	实例:砾岩-砂岩过渡	实例:黏土岩-粉砂岩过渡
＞5%	＞95%	YY 岩	砾岩	黏土岩
5%～25%	75%～95%	含 XXYY 岩	含砂砾岩	含粉砂黏土岩
25%～50%	50%～75%	XX 质 YY 岩	砂质砾岩	粉砂质黏土岩
50%～75%	25%～50%	YY 质 XX 岩	砾质砂岩	黏土质粉砂岩
75%～95%	5%～25%	含 YYXX 岩	含砾砂岩	含黏土粉砂岩
＞95%	＞5%	XX 岩	砂岩	粉砂岩

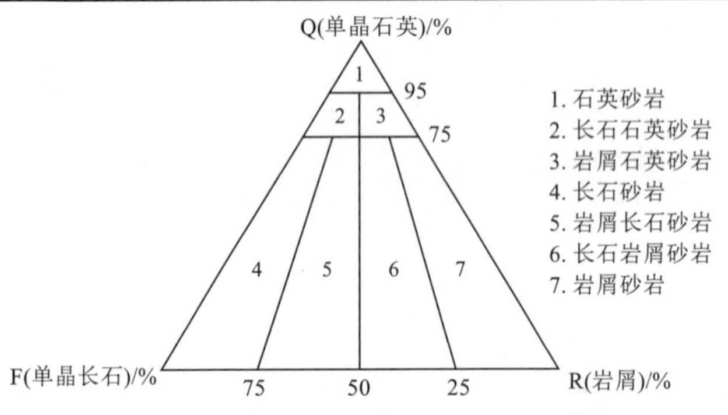

附图 1-2　砂岩的成分分类(引自桑隆康等,2012)

附表 1－7　灰岩和白云岩过渡类型的分类方案(引自杜远生,2022)

岩石名称	灰岩	含白云石灰岩	白云质灰岩	灰质白云岩	含灰质白云岩	白云岩
方解石	＞95%	95%～75%	75%～50%	50%～25%	25%～5%	＜5%
白云石	＜5%	25%～5%	50%～25%	75%～50%	95%～75%	＞95%

附表 1－8　Folk 碳酸盐岩分类方案(据 Folk, 1962)

<table>
<tr><td colspan="4" rowspan="3"></td><td colspan="5">石灰岩、部分交代白云岩化灰岩及原生白云岩</td><td colspan="2">交代白云岩</td></tr>
<tr><td colspan="2">异化粒＞10%
异常化学岩</td><td colspan="2">异化粒＜10%
微晶岩</td><td rowspan="2">未受扰动礁灰岩</td><td rowspan="2">有异化粒</td><td rowspan="2">无异化粒</td></tr>
<tr><td>亮晶胶结物＞微晶基质</td><td>微晶基质＞亮晶胶结物</td><td>异化粒含量1%～10%</td><td>异化粒含量＜1%</td></tr>
<tr><td rowspan="5">异化颗粒含量</td><td colspan="3">内碎屑含量大于 25%</td><td>内碎屑亮晶灰岩</td><td>内碎屑泥晶灰岩</td><td>含内碎屑泥晶灰岩</td><td rowspan="5">微晶灰岩或微晶白云岩</td><td rowspan="5">生物岩</td><td>细晶内碎屑白云岩</td><td rowspan="5">结晶白云岩</td></tr>
<tr><td rowspan="4">内碎屑含量小于25%</td><td colspan="2">鲕粒含量大于 25%</td><td>鲕状亮晶灰岩</td><td>鲕状泥晶灰岩</td><td>含鲕粒微晶灰岩</td><td>粗晶鲕粒白云岩</td></tr>
<tr><td rowspan="3">鲕粒含量小于25%</td><td>化石/球粒＞3/1</td><td>生物碎屑亮晶灰岩</td><td>生物碎屑微晶灰岩</td><td>含生物碎屑微晶灰岩</td><td>隐晶生物白云岩</td></tr>
<tr><td>化石/球粒为1/3～3/1</td><td>生物球粒亮晶灰岩</td><td rowspan="2">球粒微晶灰岩</td><td rowspan="2">含球粒微晶灰岩</td><td rowspan="2">极细晶球粒白云岩</td></tr>
<tr><td>化石/球粒＜1/3</td><td>球粒亮晶灰岩</td></tr>
</table>

附表 1－9　碳酸盐岩结构分类方案(引自杜远生,2022)

岩石类型	结构	矿物粒径范围/mm
巨晶灰岩或白云岩	巨晶	＞2
粗晶灰岩或白云岩	粗晶	2～0.5
中晶灰岩或白云岩	中晶	0.5～0.25
细晶灰岩或白云岩	细晶	0.25～0.062 5
粉晶灰岩或白云岩	粉晶	0.062 5～0.003 9
泥晶灰岩或白云岩	泥晶	＜0.003 9

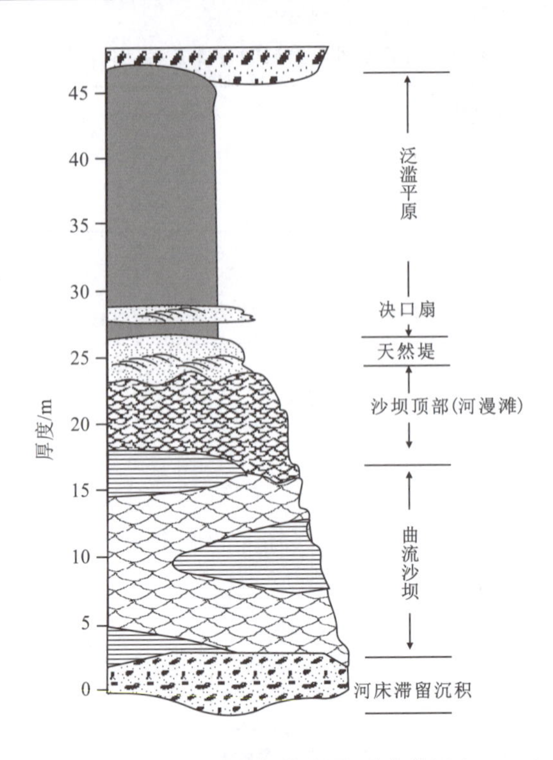

附图1-3　曲流河沉积相模式图(引自杜远生,2022)

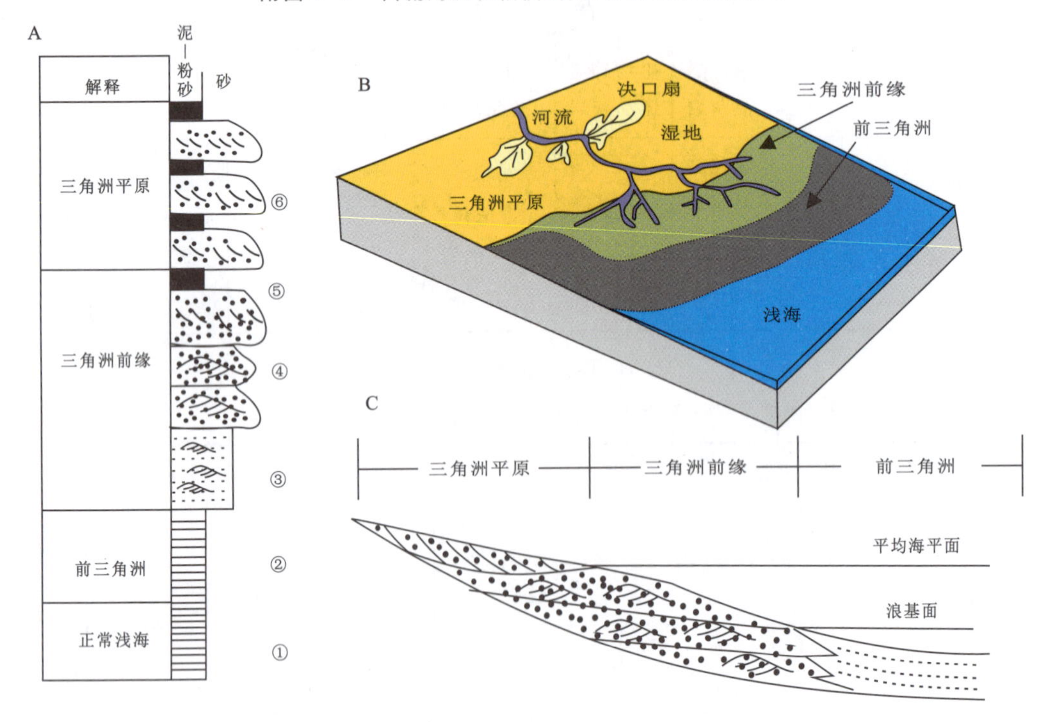

附图1-4　河控三角洲沉积相模式(引自杜远生,2022)

A.沉积序列,①～⑥为序列号;B.平面模式;C.剖面模式

附表 1-10　碳酸盐台地相模式图(引自杜远生,2022;据 Wilson,1975)

平均低潮面　平均高潮面　浪基面

环境单元	潮上带 潮间带	局限台地	开放台地	台地边缘 浅滩	台地边缘 生物礁	礁前斜坡	斜坡脚	浅海陆棚	盆地
颜色	浅灰色—灰色	灰色—深灰色	浅灰色—灰白色	浅灰色—灰白色	浅灰色—灰白色	灰色—浅灰色	灰色—深灰色	灰色—深灰色	深灰色—灰黑色
层厚	中—厚层	厚—中厚层	厚层	厚—巨厚层	块状	厚层—块状	薄—厚层	中—薄层	薄层
岩性	菌藻类白云岩或蒸发岩	含生屑球粒泥状灰岩、粒泥灰岩	泥粒灰岩、颗粒灰岩、泥粒灰岩	颗粒灰岩、泥粒灰岩	骨架灰岩、黏结灰岩、障积灰岩	粗砾灰岩、漂砾灰岩	泥状灰岩、递变层灰岩	泥状灰岩、粒泥灰岩	泥质岩、硅质岩
结构	泥状结构	泥状、粒泥、泥粒结构	泥粒结构、粒泥结构	颗粒结构	骨架结构、黏结结构、障积结构	角砾结构	泥状结构	泥状结构	泥状结构
沉积构造	泥裂、鸟眼	均质层理	浪成层理	浪成层理、冲洗层理	块状构造	块状构造	递变层理	水平层理	水平层理
生物	生物碎屑	广盐度生物	狭盐度生物						
生物保存	异地	原地近原地	异地	异地	原地	异地	异地	原地	

2. 岩浆岩分类图表

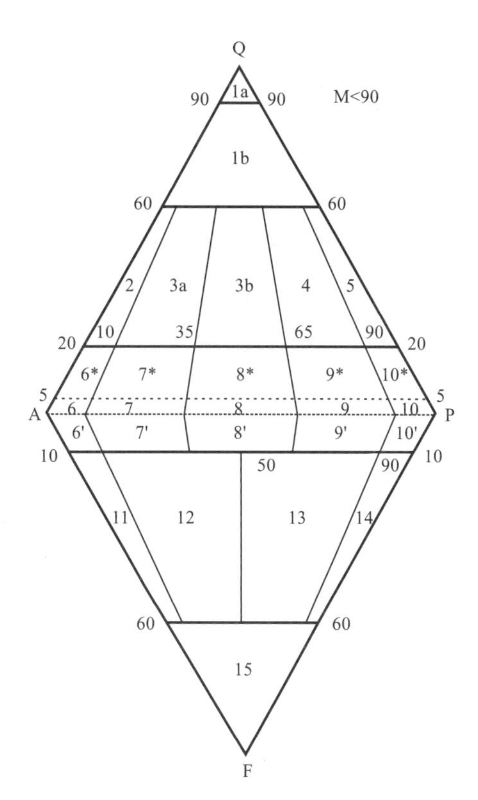

Q.石英;A.碱性长石(正长石、微斜长石、条纹长石、$An_{0\sim5}$的钠长石等);P.$An_{5\sim100}$的斜长石;F.似长石(霞石、方钠石、黄长石等);M.铁镁矿物及相关矿物(云母类、角闪石类、辉石类、橄榄石类等不透明矿物及绿帘石、石榴子石、榍石等副矿物)。1a.硅英岩;1b.富石英花岗岩;2.碱长花岗岩;3.花岗岩(3a.正长花岗岩或普通花岗岩;3b.二长花岗岩);4.花岗闪长岩;5.英云闪长岩;6*.石英碱长正长岩;7*.石英正长岩;8*.石英二长岩;9*.石英二长闪长岩/石英二长辉长岩;10*.石英闪长岩/石英辉长岩/石英斜长岩;6.碱长正长岩;7.正长岩;8.二长岩;9.二长闪长岩/二长辉长岩;10.闪长岩/辉长岩/斜长岩;6'.含似长石碱长正长岩;7'.含似长石正长岩;8'.含似长石二长岩;9'.含似长石二长闪长岩/二长辉长岩;10'.含似长石闪长岩/辉长岩/斜长岩;11.似长正长岩;12.似长二长正长岩;13.似长二长闪长岩;14.似长辉长岩/似长闪长岩;15.似长石岩。

附图1-5　侵入岩的QAPF双三角分类图

(据Le Bas et al., 1986)

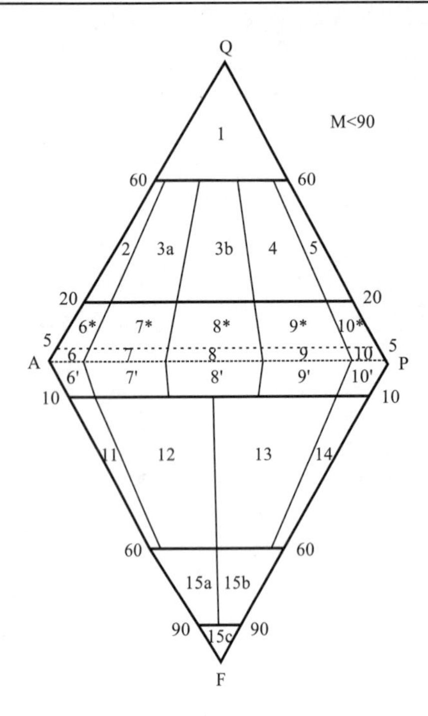

1. 富石英流纹岩；2. 碱长流纹岩；3a, 3b. 流纹岩；4, 5. 英安岩；6. 碱长粗面岩；7. 粗面岩；8. 安粗岩；9,10,9*, 10*, 9', 10'. 玄武岩、安山岩；6*. 石英碱长粗面岩；7*. 石英粗面岩；8*. 石英安粗岩；6'. 含似长石碱长粗面岩；7'. 含似长石粗面岩；8'. 含似长石安粗岩；11. 响岩；12. 碱玄质响岩；13. 响岩质碧玄岩(Ol>10%), 响岩质碱玄岩(Ol<10%)；14. 碧玄岩(Ol>10%), 碱玄岩(Ol<10%)；15a. 响岩质似长岩；15b. 碱玄质似长岩；15c. 似长岩。

附图1-6 火山岩的QAPF分类命名图
(据Le Bas et al., 1986)

3. 变质岩分类图表

附表 1－11 变质岩岩相学分类表(据桑隆康等，2012)

岩类			说明
面理化变质岩		糜棱岩	具糜棱结构的动力变质岩，通常具有 S－C 面理构造
		板岩	具板状构造的变质岩，如钙质板岩、铁质板岩
		千枚岩	具千枚状构造的变质岩，如绢云母-石英-千枚岩
		片岩	具片状构造的变质岩，如蓝晶石-绿泥石-白云母片岩
		绿片岩	主要由钠长石、绿帘石和阳起石、绿泥石组成的绿色片岩
		蓝片岩	含蓝闪石的片岩总称，如蓝闪石-钠长石-绿泥石片岩
		白片岩	主要由滑石、蓝晶石组成的浅色片岩
		片麻岩	具片麻状构造的变质岩，如石榴子石-黑云母-斜长石片麻岩
	混合岩	眼球状混合岩	具眼球状构造的混合岩，眼球状新成体分布于古成体中
		层(条带)状混合岩	具层状(条带状)构造的混合岩，新成体与古成体互层
无面理至弱面理化变质岩	脆性断层岩	构造角砾岩	具碎裂结构、角砾状构造。碎块呈棱角状，无定向的动力变质岩
		构造砾岩	具碎裂结构、角砾状构造，角砾圆化、无定向至弱定向的动力变质岩
		碎裂岩	具碎裂构造、块状构造的动力学变质岩
		假玄武玻璃	具玻璃质碎屑结构的动力变质岩
		大理岩	主要由碳酸盐矿物组成的块状变质岩，如透闪石-透辉石大理岩
		石英岩	主要由石英组成的块状变质岩，如白云母石英岩

续附表 1-11

岩类			说明
无面理至弱面理化变质岩		蛇纹岩	主要由蛇纹石组成的块状变质岩，如滑石-蛇纹岩
		绿岩	主要由钠长石、绿帘石和阳起石、绿泥石组成的绿色块状区域变质岩
	区域变质岩	角闪石	主要由斜长石和普通角闪石组成的区域变质岩，如石榴子石角闪岩
		绿帘角闪石	主要由钠长石、绿帘石和普通角闪石组成的区域变质岩
		麻粒岩	具粒状变晶结构和麻粒岩相矿物组合的长英质和斜长石-辉石质(基性)区域变质岩，如辉石麻粒岩、石榴子石-紫苏辉石麻粒岩
		榴辉岩	主要由石榴子石和绿辉石组成的无长石的区域变质岩
		粒岩或××岩	具变晶结构的无定向、块状构造区域变质岩，通常具粒状变晶结构者称“××粒岩”，如长英质粒岩，其余称“××岩”，如黑云母-角闪石岩、角闪石岩
		钙硅酸盐粒岩	主要由钙硅酸盐矿物组成的粒岩总称，如钙铝榴石-透辉石粒岩
	混合岩	角砾状混合岩	具角砾状构造的混合岩，角砾状古成体分布在新成体之中
		云染状混合岩	具云染状构造的混合岩
	接触变质岩	角岩	无定向、块状接触变质岩，如红柱角岩、矽线石-长英角岩
		钙硅酸盐角岩	主要由钙硅酸盐矿物组成的角岩总称，如钙铝榴石-透辉石角岩
		钠长-绿帘角岩	主要由钠长石、绿帘石和绿泥石、阳起石组成的基性角岩
		普通角闪石角岩	主要由斜长石和普通角闪石组成的基性角岩
		辉石角岩	主要由斜长石和辉石组成的基性角岩
	交代变质岩	矽卡岩	主要由钙-镁-铁(铝)硅酸盐矿物组成的接触交代变质岩，如石榴子石-辉石矽卡岩
		云英岩	主要由石英、白色云母和萤石、黄玉、电气石等组成的交代变质岩
		黄铁绢英岩	主要由石英、绢云母、黄铁矿及碳酸盐岩组成的交代变质岩
		次生石英岩	主要由石英及绢云母、叶蜡石、高岭石、红柱石、明矾石组成的交代变质岩
		滑石菱镁岩	主要由石英、铁菱镁矿、铬云母、黄铁矿、绿泥石、滑石、蛇纹石和铬铁矿组成的交代变质岩

4. 构造地质分类图表

附表 1-12　常见断层分类简表

<table>
<tr><th>分类依据</th><th colspan="2">类型</th></tr>
<tr><td rowspan="10">据两盘相对运动特点</td><td colspan="2">正断层</td></tr>
<tr><td rowspan="3">逆断层</td><td>高角度逆断层:倾角一般大于 45°</td></tr>
<tr><td>低角度逆断层:倾角一般小于 45°</td></tr>
<tr><td>逆冲断层:位移显著,角度低缓</td></tr>
<tr><td rowspan="2">平移断层</td><td>左旋平移断层</td></tr>
<tr><td>右旋平移断层</td></tr>
<tr><td colspan="2">平移-逆断层:以逆断层为主,兼平移性质</td></tr>
<tr><td colspan="2">平移-正断层:以正断层为主,兼平移性质</td></tr>
<tr><td colspan="2">逆-平移断层:以平移为主,兼逆断层性质</td></tr>
<tr><td colspan="2">正-平移断层:以平移为主,兼正断层性质</td></tr>
<tr><td rowspan="4">据断层走向与岩层走向关系</td><td colspan="2">走向断层:断层走向与岩层走向基本一致</td></tr>
<tr><td colspan="2">倾向断层:断层走向与岩层倾向基本一致</td></tr>
<tr><td colspan="2">斜向断层:断层走向与岩层走向斜交</td></tr>
<tr><td colspan="2">顺层断层:断层面与岩层面等原生地质界面基本一致</td></tr>
<tr><td rowspan="3">据断层走向与褶皱轴向或与区域构造线之间的几何关系</td><td colspan="2">纵断层:断层走向与褶皱轴向或区域构造线基本一致</td></tr>
<tr><td colspan="2">横断层:断层走向与褶皱轴向或区域构造线基本直交</td></tr>
<tr><td colspan="2">斜断层:断层走向与褶皱轴向或区域构造线斜交</td></tr>
</table>

附表 1-13　褶皱位态分类简表

序号	类型	特征
Ⅰ	直立水平褶皱	轴面倾角为 90°～80°,枢纽倾伏角为 0°～10°
Ⅱ	直立倾伏褶皱	轴面倾角为 90°～80°,枢纽倾伏角为 10°～70°
Ⅲ	倾竖褶皱	轴面倾角为 90°～80°,枢纽倾伏角为 70°～90°
Ⅳ	斜歪水平褶皱	轴面倾角为 80°～20°,枢纽倾伏角为 0°～10°
Ⅴ	斜歪倾伏褶皱	轴面倾角为 80°～20°,枢纽倾伏角为 10°～70°
Ⅵ	平卧褶皱	轴面倾角为 0°～20°,枢纽倾伏角为 0°～20°
Ⅶ	斜卧褶皱	轴面及枢纽的倾向、倾角基本一致; 轴面倾角为 20°～80°,枢纽在轴面上的倾伏角为 20°～70°

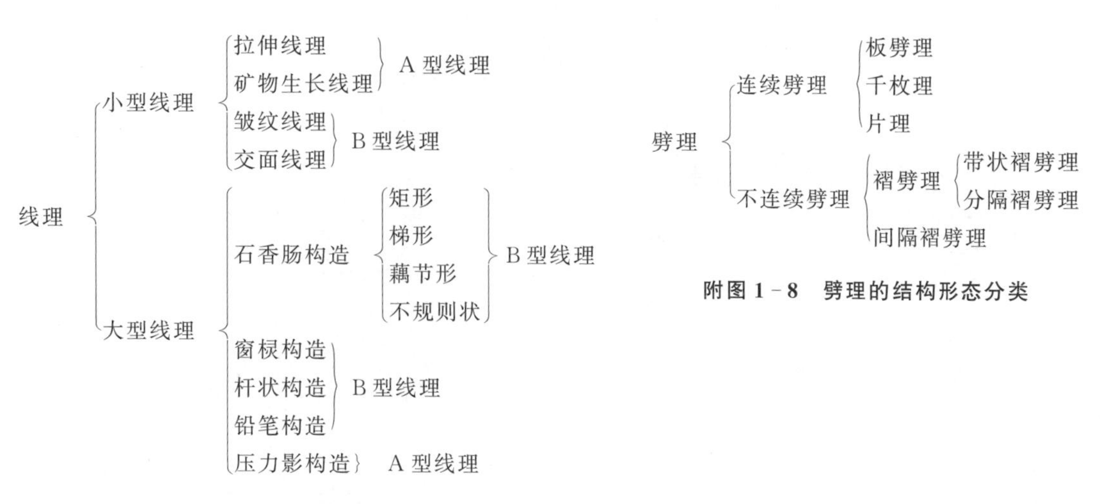

附图 1-7　线理综合分类

附图 1-8　劈理的结构形态分类

附录二　图例及符号

1. 岩石特征成分、结构构造图例

砂质	凝灰质	玻基橄榄质
粉砂质	复成分(硬砂质)	玄武质
泥质	E　生物碎屑	安山质
钙质	超基性	流纹质
Si　硅质	基性	英安质
白云质	中性	等粒(以花岗岩为例)
C　碳质	酸性	不等粒
有机质	碱性	斑状

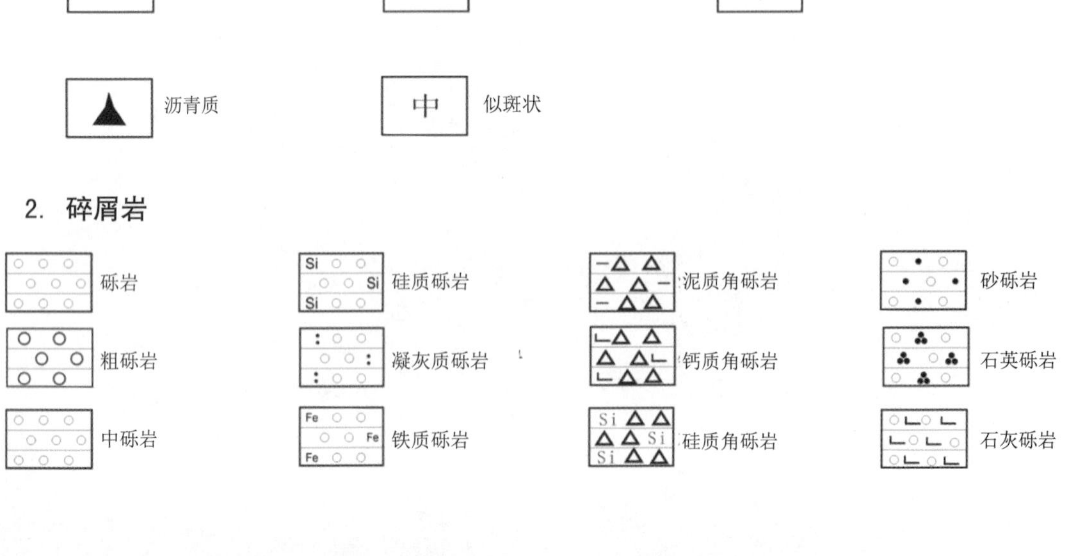

细砾岩　冰碛砾岩　铁质角砾岩　复成分砾岩

含角砾砾岩　砂质砾岩　巨砾岩　钙质砾岩

角砾岩　砂质角砾岩

砂岩　粉砂岩　泥质粉砂岩　含磷砂岩

含砾砂岩　长石质砂岩　铁质砂岩　含油砂岩

粗砂岩　长石石英砂岩　含铜砂岩　交错层理砂岩

中砂岩　碎屑砂岩　铁质粉砂岩　斜层理砂岩

细砂岩　海绿石砂岩　含碳质粉砂岩　长石砂岩

石英砂岩　复成分砂岩　含钾粉砂岩　泥质砂岩

凝灰质砂岩　黏土粉砂质砂岩　钙质砂岩　含砾粉砂岩

钙质粉砂岩　黏土砂质粉砂岩　凝灰质粉砂岩　含砂粉砂岩

铁质页岩　油页岩　含钾页岩　水云母黏土岩

铝土页岩　黏土岩(泥岩)　沥青页岩　蒙脱石黏土岩

含锰页岩　高岭石黏土岩　页岩　粉砂质页岩

硅质页岩　凝灰页岩　砂质页岩　钙质页岩

碳质页岩　含碳质页岩

3. 灰岩、白云岩

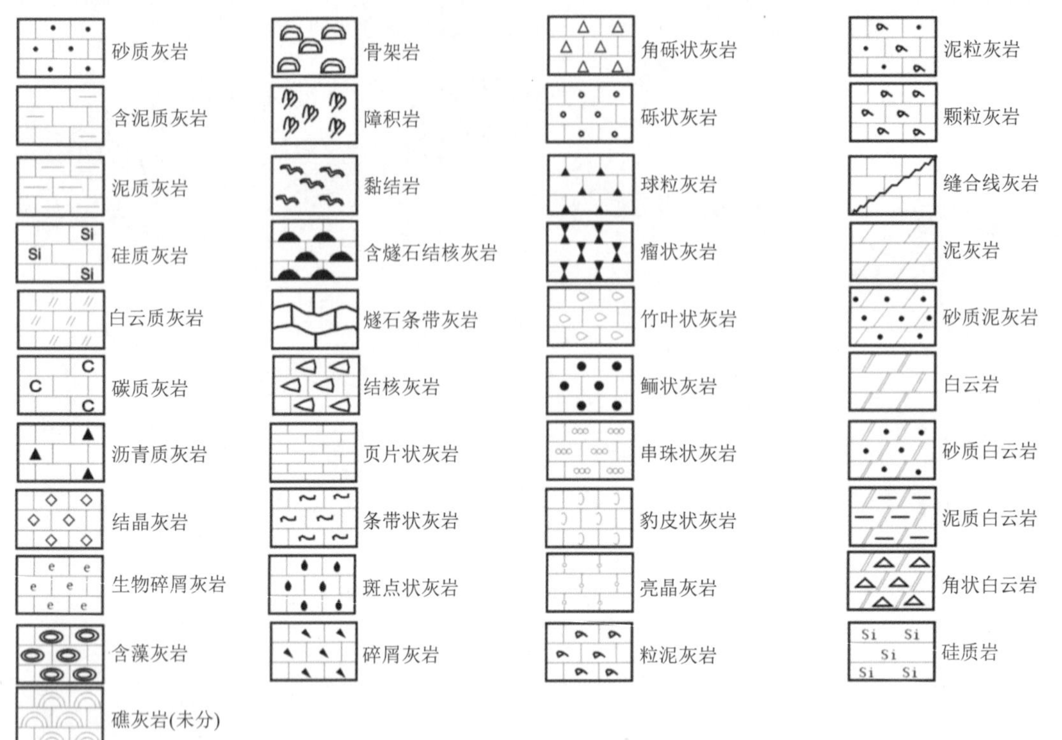

4. 侵入岩

辉石橄榄岩　异剥辉石岩　橄榄岩　含长二辉岩

辉橄岩(橄辉岩)　透辉石岩　镁铁橄榄岩　含长透辉石岩

橄榄辉岩　角闪石岩　纯橄榄岩　二辉辉长岩

辉岩　角闪辉石岩　角砾云母橄榄岩(金伯利岩)　橄榄辉长岩

二辉岩　角闪紫苏辉石岩　苏长岩　玢岩

紫苏辉石岩　角闪二辉岩　辉长岩　辉长玢岩

古铜辉石岩　角闪透辉石岩　含长辉岩　辉绿岩

顽火辉石岩　斜长岩　含长紫苏辉岩

5. 喷出岩，熔岩

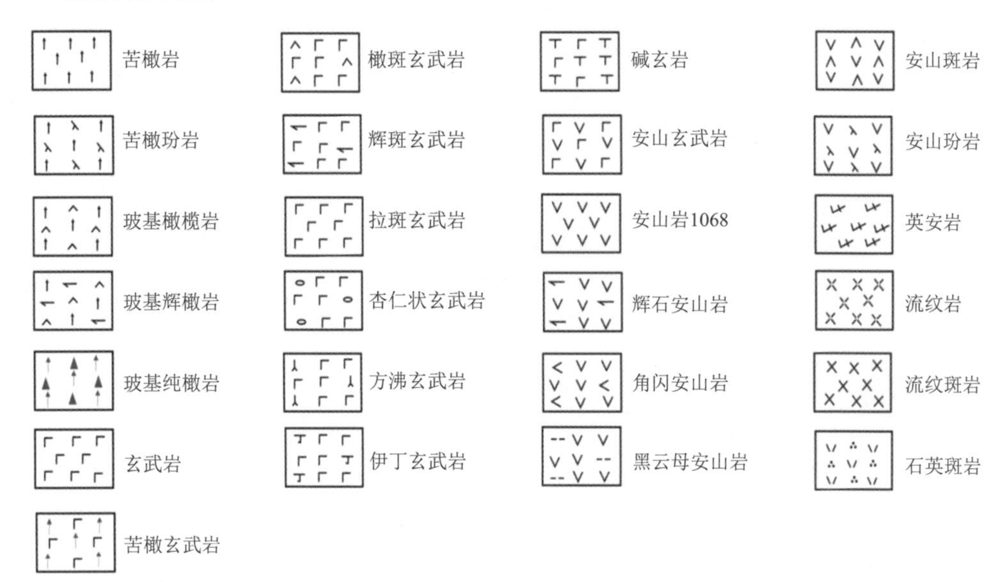

6. 区域变质岩

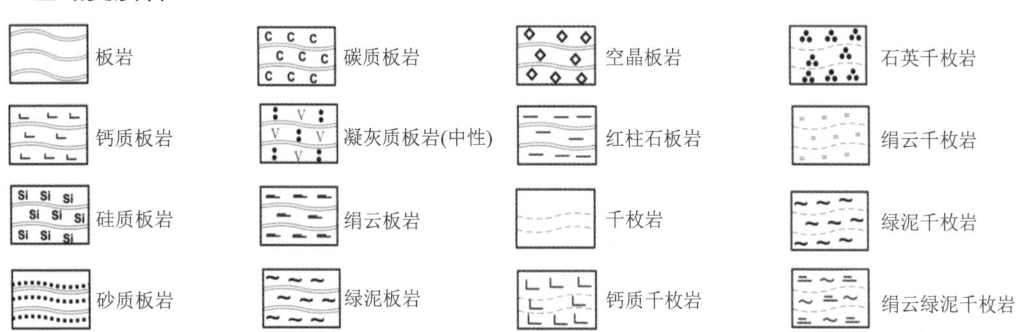

7. 接触变质交代蚀变岩

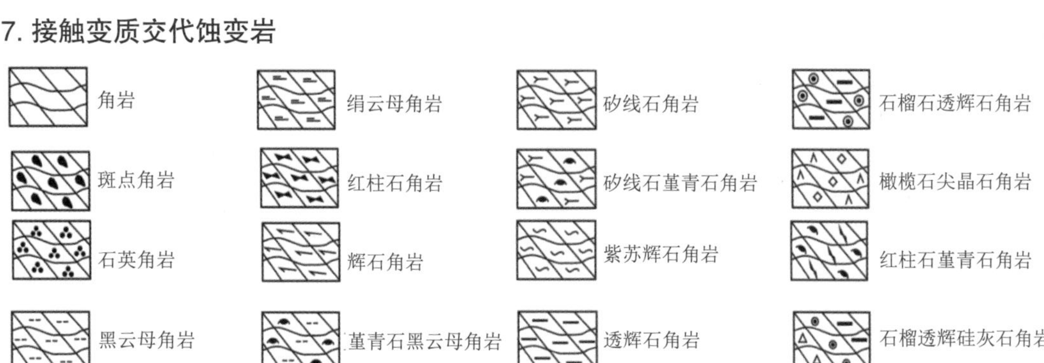

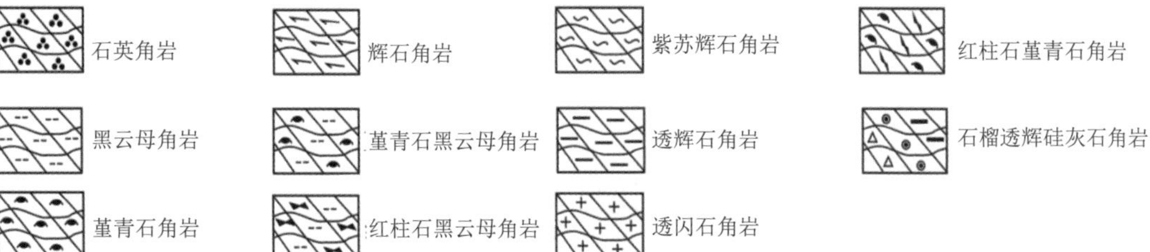

8. 沉积构造图例

平行层理
爬升层理
平面遗迹
石膏假晶
水平层理
正粒序
收缩裂隙
生物礁
板状交错层理
逆粒序
对称波痕
龟裂
藻席纹层
缝合线
不对称波痕
雨痕
楔状交错层理
生物扰动
沟模
雹痕
槽状交错层理
钻穴
槽模
核形石
丘状层理
潜穴
重荷模
30°
擦痕及方向
脉状层理
叠瓦构造
变形层理
泥裂
透镜状层理
层状晶洞
压刻痕
40°
线理及方向
鱼骨状交错层理
有胶结物晶洞
碟状构造
反丘交错层理
包卷层理
帐篷构造
鸟眼构造
波痕(未分)
滑塌层理
渗流豆石
示底构造
石盐假晶
叠层石
内沉积
9. 化石图例
植物化石及碎片
叠层石
竹节石
叶肢介
无脊椎动物化石(未分)
笔石动物
鹦鹉螺
孢粉
脊椎动物化石(未分)
三叶虫
箭石
钙藻
有孔虫
苔藓动物
菊石
海绵骨针
蜓
棘皮动物
放射虫
疑源类
珊瑚动物
腕足动物
牙形石
鱼类
海绵动物
双壳动物
介形虫
遗迹化石
古杯动物
腹足动物

10. 构造符号

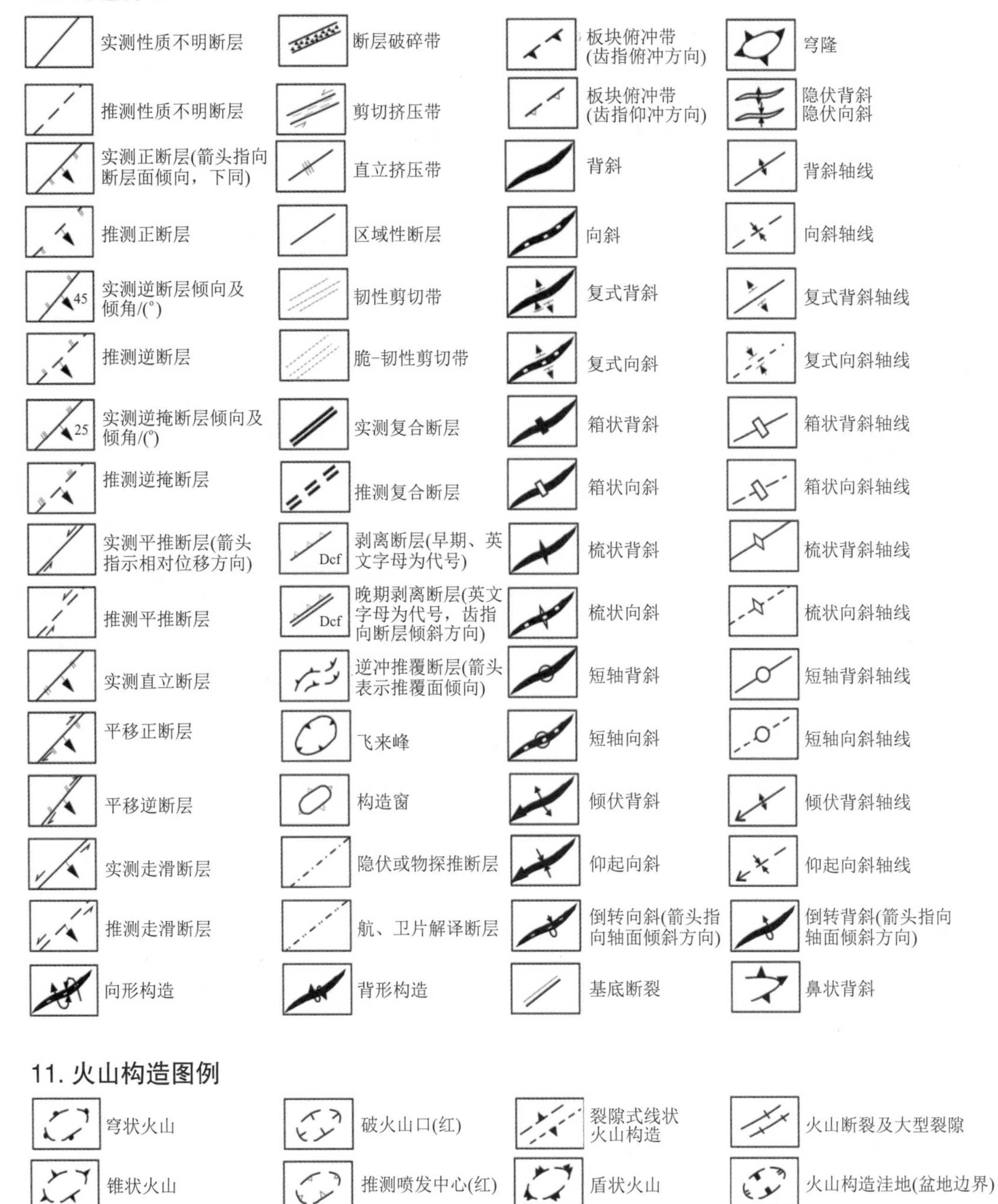

11. 火山构造图例

穹状火山
锥状火山
熔岩穹隆或穹丘(红)
火山锥(红)
破火山口(红)
推测喷发中心(红)
火山口或火山通道(红)
活火山(红)
裂隙式线状火山构造
盾状火山
层状火山
火山断裂及大型裂隙
火山构造洼地(盆地边界)
火山喷发带(区)边界(多用于中小比例尺)

12. 地质体产状及变形要素符号

符号	说明	符号	说明
30°	岩层产状(走向、倾向、倾角)		岩层水平产状
	岩层垂直产状(箭头方向表示较新层位)		倒转岩层产状(箭头指向倒转后的倾向)
	片理产状		交错层理及倾斜方向
	片麻理产状		